爱迪亚丛书

EPC工程总承包项目管理逻辑与方法

杨海林　著

中国建筑工业出版社

图书在版编目（CIP）数据

EPC 工程总承包项目管理逻辑与方法 / 杨海林著 .—北京：中国建筑工业出版社，2022.3
（爱迪亚丛书）
ISBN 978-7-112-27207-5

Ⅰ . ① E… Ⅱ . ①杨… Ⅲ . ①建筑工程－承包工程－项目管理－研究 Ⅳ . ① TU723

中国版本图书馆 CIP 数据核字（2022）第 041985 号

建筑业传统的碎片化管理模式，是影响行业高质量发展的关键因素。加快推进工程总承包，便是从承包商角度出发，通过整合项目管理，来改善供给侧的服务质量，以有效推进建筑业的转型升级。本书系统阐述了工程总承包的概念和意义，并结合国际通用的实践方法，努力为建筑企业的转型和国际化进程，提供一些参考。

项目管理是建筑企业的根基，其不仅直接决定项目能否成功，也制约着企业的可持续发展能力。本书运用现代项目管理理论，从项目管理实践者的视角，对项目投标、策划和实施过程进行了描述，强调了项目进度与成本的计划与控制，也包括项目经理个人技能及 BIM 应用等方面，旨在使项目经理理解项目管理的内在逻辑和方法，并能成功地“计划、监督和控制”项目。

本书供管理、总承包、施工、设计人员使用，并可供大中专院校师生参考。

责任编辑：毕凤鸣　封　毅
责任校对：姜小莲

爱迪亚丛书
EPC 工程总承包项目管理逻辑与方法
杨海林　著
*
中国建筑工业出版社出版、发行（北京海淀三里河路 9 号）
各地新华书店、建筑书店经销
北京建筑工业印刷厂制版
北京中科印刷有限公司印刷
*
开本：787 毫米 × 960 毫米 1/16 印张：25¾ 字数：408 千字
2022 年 5 月第一版　2022 年 5 月第一次印刷
定价：**80.00** 元
ISBN 978-7-112-27207-5
（38927）

前　言

自改革开放，尤其是近20以来，我国建筑行业无论在规模还是质量上，都取得了世所罕见的进步，其市场化进程也得以快速发展。这不仅极大地改善了人们的生活水平，而且建筑业已成为国民经济最重要的支柱产业之一。这些有目共睹的事实，使得建筑业的科学化发展更为重要。然而，在建筑业迅猛发展的背后，由于发展方式不合理，导致的管理效率低下、重复建设和资源浪费、生态环境破坏严重等诸多问题，已引起社会各界的高度关切，国家有关部门已将建筑业发展方式的结构性改革提上了日程。

2017年，国务院办公厅印发《关于建筑业持续健康发展的意见》，提出加快推进工程总承包，培育全过程工程咨询，拉开了建筑业转型升级、高质量发展的序幕。随后，中央及各省市住房城乡建设部门和发展改革委连续发文，大力推进工程总承包和全过程咨询的发展。实质上，这两项举措是关于一个事物的两个方面，目的都是为了促进建设行业的项目管理整合，以有效解决我国建筑业碎片化管理的现状。推进工程总承包模式，是从承包商的角度出发，强化对项目的综合管理能力，减少并行发包模式导致的管理冲突和矛盾，降低资源的无益消耗和浪费，以期为投资业主提供更高的增值服务。而推行全过程工程咨询模式，却是要求从业主角度出发，进一步提升对项目开发的集成化管理，以更加专业化的管理方式，运用全生命周期思维，来提高项目的投资和开发效率。

随着我国经济的市场化不断发展，客户需求也在发生着深刻变化。最明显的两个趋势是：客户对产品和服务专业化要求的提高；以及客户对整体解决方案的追求。这对于建筑行业来讲，更加直观和迫切。原先分散的碎片化管理模式，已给很多项目业主带来极大的困扰，管理中错综复杂的矛盾和冲突，让很多业主管理团队焦头烂额，造成工期严重拖延或投资大幅超支，致使项目无法达成预期的投资效果。鉴于此，国内外建设开发业主，都在设法通过改变发包方式，来转移项目管理的风险，以期保障自身的利益。工程总承包及其延伸的PPP等模式，在某种程度上，业主不仅能够合理地分配项目的固有风险，而且也是获得整体解决方案的有效途径。另外，伴随总承包商管理责任的增加，对其管理的专业化要求也明显提高，因为缺乏综合项目管理能力，将是承揽工程总承包业务所面临的最大风险。

尽管我国已是世界最大的建筑市场，也被国外媒体称为“基建狂魔”，但总体来讲，我国建筑业项目管理水平还存在较大差距。尤其施工企业的项目管理，仍以粗犷式的推着干为主，而源于西方发达国家的项目管理知识体系，并未在国内建筑市场落地生根，自然更谈不上开花结果。由于缺乏对项目生命周期、系统性和整体性等理论的充分理解和运用，建筑企业的管理升级显得举步维艰。当前，为响应国家号召和满足客户需求，大量施工企业开始转型从事工程总承包或PPP业务，但在具体实践中，却仍然秉持传统施工思维，运用传统管理方法，来运作具有更大风险的建设任务。可以说，很多建筑企业在经营模式上已大步向前，而在项目管理上仍在原地踏步，这无疑将给企业带来巨大风险，并成为建筑业科学化发展的最大障碍。

所谓工程总承包商，其实就是国际上通用的总承包商概念，是指业主与之签约进行项目建设的合同主体，而为业主提供设计，或其他顾问服务的企业便称为咨询单位。根据住建部文件和国际惯例，工程总承包项目不一定包含设计，也不能与EPC项目画等号，EPC模式仅是工程总承包一种模式而已。工程总承包是相对于传统并行发包模式而言，其合同至少应包含项目施工和采购的绝大部分内容。在极端情况下，业主会采用EPC（交钥匙）模式，将项目的整体管理责任，都交由总承包商承担，相应地把所有管理风险也转移给总承包商。

推行工程总承包的意义，在于有效整合项目管理的各个阶段，加强项目管理的系统性和整体性，以便推进项目全过程管理的理念。众所周知，设计采购和施工，是达成一个项目目标的不同过程，尽管各自工作侧重点不同，但其最终目标的统一性毋庸置疑。在传统管理模式下，三者被人为地分割开来，形成不同的利益主体，进而使管理变得碎片化，也相应制造了大量矛盾和冲突，从而使项目缺乏系统化的整合和科学化的管理。工程总承包商模式，以业主利益最大化为前提，充分将项目不同阶段的工作，整合到一个利益统一的主体中，这不仅有助于管理冲突的内部解决，而且对于目标协同和管理系统性也大有益处。当然，工程总承包项目管理的重点，已不再是施工技术和劳务组织，而是从项目设计到收尾的全过程优化，这对传统建筑企业提出了全新的挑战。

传统模式下成长起来的承包商，大多习惯于施工项目的投标流程，将重点放在工程算量和单价核实上，而对于工程总承包项目来讲，这就远远达不到项目的投标要求了。鉴于工程总承包项目发包阶段不同，投标重点也将有所区别，但对于项目管理标的重视是不可或缺的。这是因为工程总承包的项目重点，在于对项目的整体管理，而非只是施工或设计过程。由此可见，项目管理逻辑和方法是如此之重要，其不仅决定企业能否承担工程总承包项目，而且在很大程度上，决定项目是否会成功。本书的项目投标管理部分，系统地介绍了工程总承包项目投标的重点和难点，希望对项目实践者起到一定的参考作用。

项目实施前策划，是项目管理最重要的组成部分，而这却是我国建筑企业项目实践中的薄弱环节。尽管大多项目经理懂得项目计划的重要性，通常也会执行这个过程，但在具体实践中，很多人会以“计划跟不上变化”为由，忽视对项目认真深入的过程策划。事实上，项目成功与策划质量息息相关，因其不仅是大量（人财物）投入之前的过程预演，而且是优化方案、识别风险的最后时机，可以用最小的成本换来高额的回报。与传统施工业务不同，工程总承包需要关注项目管理计划和项目实施计划两个方面，前者侧重于项目管理程序和制度，后者则具体部署活动的实施路径，两者互为补充、相辅相成。

建设项目的生命周期可分为多个阶段，而设计和施工的作用尤其突出，这也是项目管理最核心的阶段。传统管理模式下，因设计和施工的主体分离，在设计阶段考虑施工过程的动力严重不足，而到施工阶段所能优化的空间又已明显减少，以至无法实现项目管理价值的最大化。工程总承包模式，加强了项目各阶段的整合，强调设计施工过程的一体化，为设计和施工的高度融合提供了机会。相比较而言，在设计阶段开始整个项目策划，具有明显的控制优势，这是因为设计过程还未形成实质性投入，改正错误的代价要低得多。本书重点阐述了，项目信息从设计到采购和施工过程的流动方式，重点放在对三者的计划、监督和控制过程，这也可以说是建设项目管理的本质。

投资大和工期长，是建设工程项目的基本特征，而项目经理们最头疼的莫过于对成本和时间的管控了，因其是两个最难以预估和控制的变量。但是，保证在规定预算和工期内完成项目，是项目经理的首要义务，否则其存在就失去了意义。因此，进度计划和成本预算的编制，以及对其绩效的跟踪与控制，是项目管理的根本，也是本书的重点内容。值得注意的是，很多项目经理对挣得值法都有所耳闻，但真正诉诸实践的却寥寥无几，这也许是因为项目从业者大多依循惯例，对挣得值概念理解不深入所导致。项目管理最核心的内容，就是对进度和成本的计划和监控，无论是WBS（工作分解结构）、CPM（关键路径法），或者挣得值法，都是其中非常重要的管理工具。本书从实践者的角度，对这些工具的应用进行了详细介绍。

信息化技术在深刻地影响着人们的生活和工作。项目管理信息化技术的发展，也推动着建筑业日新月异的变革。然而，我国建筑业在信息化和智能化的推广方面，与发达国家相比，还存在不小的差距。造成这些差距的根源，并非缺少电脑软件和工具，而是因为应用人员对软件背后的管理逻辑理解不足。这使得建筑企业推广信息化的过程，有点像“狗熊掰棒子”，出现新技术便抛弃旧工具，到头来却发现一无所有。因此，无论是推广 P6、BIM 还是其他管理信息技术，都需要先掌握其理论基础，理解项目管理的逻辑，进行认真的实施策划，才能一步一个脚印地达到良好的效果。目前，数据化转型已成为建筑企业刻不容缓的工作，传统的信息化技术，如何适应转型升级的需要，值得建筑从业者思考。

BIM 的推广应用，为建筑业项目管理整合提供了平台，不仅使设计流程更加高效，而且能通过设计信息虚拟施工过程，来排除施工中的预期干扰。同时，BIM 可以集成建筑物几乎所有实体信息，以及项目管理过程数据，为项目管理者做出更明智的决策提供了保障，还能为后期运营留下完整资料。不得不说，BIM 的发展对改善建筑业效率低下的现状，具有革命性的意义，而其最大价值，并非仅是专业系统间的碰撞检查，而应是 BIM 环境对项目参与者密切合作提出的要求，以及完整的信息数据对决策者提供的支持。深化 BIM 的推广应用，对提升建筑项目管理的作用突出，对于推动建筑业转型升级的意义明显。

无论建筑业如何变革，信息化技术如何发展，其都必须以项目管理提升为基本前提。本书针对国内建设项目实践的现状，结合国际通用的项目管理理论，阐述了工程总承包项目管理的逻辑和方法，旨在推动项目管理在建筑业的应用和发展。当前，可以说国内建筑业的开发模式紧跟世界潮流，有些甚至处于国际领先地位，但企业项目管理水平却未能与时俱进，无法满足新开发模式提出的要求。这导致建筑企业普遍存在头重脚轻，项目经理赶鸭子上架的情况，非常不利于建筑业可持续健康发展目标的实现。

多年以来，建筑企业都面临着转型升级的压力，这是因为传统的经营管理模式，已不能适应市场形势的发展。然而，很多企业对转型升级存在错误的理解，认为转型升级即是向产业链的高端发展，纷纷进入投资或房地产开发领域，以求在战略上占据制高点。实际上，这种战略转移，在某种程度上是在“转行”，而非真正意义上的转型升级，因为只有以管理提升为基础的转型才可持续，否则便是无根之木、无源之水。一般来讲，建筑企业的核心竞争力，主要体现在管理能力和技术水平两个方面，而建筑企业的管理重点就在项目管理，因项目才是真正产生经济效益的源泉。所以，项目管理能力的提升，是建筑企业转型升级的根本所在。

项目管理能力的提升，也将大大促进企业的国际化进程，因为管理也只有管理，才是应对市场风险、满足客户需求的根本手段。本书借鉴了国际通用的项目管理理论和方法，对于我国建筑企业的项目实践与国际接轨有较好的参考价值。这不仅有助于建筑企业应对国内市场的模式升级，而且也将促进对国际市场的开发与管理。尤其对于“一带一路”倡议的推进，科学而高效的项目管理必不可少，只有如此，才能保障企业利益的实现和国家战略的推进。

在编写本书过程中，笔者参考了大量的国内外有关书籍，并结合本人

20 多年的国内外建筑项目管理从业经验，形成本书 12 章节的内容。当然，项目管理是一个庞大的知识体系，涉及众多学科领域，况且每个地区和企业都有其管理实践的独特性，所以内容肯定存在某种程度的片面性。笔者基于实用的原则，对数据化转型、碳排放和价值工程理论等内容未深度涉及，只是希望为读者提供一些基于现实管理的参考。本书旨在为工程总承包项目管理人员，提供相应的工作指南，也可以帮助工程管理专业的大学生，了解建筑行业的实践知识。衷心希望对建设项目管理感兴趣的读者，能够学以致用、举一反三、思有所悟，结合各自经验再有新得，以期汇成建设项目管理革新的洪流，为建筑行业健康可持续发展贡献力量。

目　录

第 6 章
项目收尾管理

第 7 章
项目进度计划管理

第 10 章 项目跟踪与控制

第 11 章 项目经理个人技能

第1章

项目管理概论

1.1 项目管理的概念

随着建筑业的发展，工程项目变得越来越复杂，需要专门人员对其绩效和结果负起责任，项目管理作为一门专业化的学科便诞生了。其作用是通过对具体资源的计划、监督和控制，来达成项目的一系列目标。项目被定义为具有明确而独特目标的一次性努力，并有时间和成本的条件限制。项目具有一次性特征，它与制造业的重复性特征形成鲜明对比。制造业具有提前定义并随时修订的系统和流程；而项目管理与之相比，就需要实践者使用完全不同的模式和技巧。对项目经理最主要的考验是其是否在规定的预算和时间框架内，达成了项目所有的目标，包括工程可交付物及其质量标准。

针对建筑工程行业，可以对项目管理的定义做进一步的修订。工程项目管理是对限定的资源——材料、人工、设备、分包，进行专业化的计划、安排、监督和控制，以达到项目的目标。通常是对一个独特的一次性活动（项目）的工程完善，并且计划、安排、监督和控制必须在确定的工期与预算内进行。更复杂的情况是，项目会面临诸多无法预测的因素，如恶劣天气、工人罢工、图纸延误、材料短缺，还有各相关方提出的各种目标及日程冲突等。最后，别忘了如果达不成项目目标还会面临的合同罚款。因此，项目经理要在如此众多的挑战下去完成任务，确实要切实掌握项目管理的技能，并具备各方面的知识。

1.2 项目管理的方法

传统项目管理方法在建筑行业应用最广，也是最适合的方法，其中包括五个清晰的过程：启动、计划、执行、监控、收尾。这五个过程适用于项目的不同阶段，也适用于整个项目，形成项目管理过程的循环。下面对每个过程做简要介绍：

1. 启动过程

启动过程决定项目的性质和工程范围。业主的需求是什么？本项目能满足业主需求吗？业主预算能满足这些需求吗？业主期望得到的东西，是通过项目的形式来体现，但又必须与其能够支付的预算相匹配。这是非常重要的一个阶段，必须要准确地完成，因其结果将指导项目所有后续活动。关于商业模式、行业增长或经济环境的错误假设，都可能导致项目无法满足业主需求。启动过程应涵盖以下内容：

- 定义当前的商业模式
- 调查最新的实践方法
- 定义增长预期
- 以可衡量的指标来分析商业需求
- 从利益相关方 / 最终用户获得需求共识
- 分析成本和收益
- 决定项目是否继续

项目启动过程一般由业主自己或借助咨询公司来完成，通常设计团队或工程经理需要执行这个过程的大部分工作。这一般是项目可行性研究工作的一部分，在工程总承包项目招投标之前就应该已经完成了。

2. 计划过程

计划过程，有时也称为计划和设计过程，主要是调查和评估达成启动阶段所定义目标的最佳方法。计划过程将进一步明确项目的工作范围和各项参数：时间、成本和资源等，也要识别出项目团队成员并明确其组织架构。计划过程包括如下步骤：

- 选择编制计划的团队（内部和 / 或外包）
- 对团队成员和其他参与者分配责任
- 编制工作范围说明
- 确定编制计划所需的资源，以及这些资源的可得到性
- 识别并评估项目潜在的实施方法

- 估算达成项目目标的成本：预算
- 明确实施项目的可用工期
- 将项目可交付物分成阶段（如需要）
- 执行风险分析，并根据分析结果编制风险管理计划
- 决定项目是否继续执行

成功的计划过程经常是项目整体成功的决定性因素。承包商层面的计划过程也可以认为是：在编制计划和确定工程实施方法时，项目经理及其团队持续进行的“头脑风暴”和策划工作，以确定如何来执行工作。其目的是达成实施工作的方式和方法，也就是确定执行工作的“游戏规则”，这是承包商应该提供的管理技能。尽管合同需要按照图纸和规范来履行，但仍有不同的方法可以实现这些目标；而计划的目的就是选择成本效率最高的方法，通常需在时间和成本之间做出权衡。

3. 执行过程

执行过程就是将计划过程的成果付诸行动。工作在这个阶段被完成，并且各种资源要努力达成项目目标。执行过程包括在规定时间和预算内协调可用的资源，以满足项目产品目标。为了达到更好的效果，就需要领导艺术和管理技能的结合。在这个过程中，具体执行项目的人员可以向管理层和计划团队提出合理化建议，对项目计划和工作的某些部分进行调整与修改，也就是所谓的“反馈循环”。这对于达成项目目标至关重要。执行过程应包括如下的步骤：

- 选择执行工作的内部和外部资源
- 为每个关键任务选择一个实施方法
- 编制工作的进度计划（关键路径法）
- 根据进度计划执行任务
- 根据项目计划执行任务
- 建立绩效测量的基准

尽管有人可能对前面几步提出异议，认为这是计划阶段的工作。然而，计划和实施可能是由两个团队完成。因此，作为专业人员，他们对实施方法需要一定的自由度，以决定什么“方式和方法”的效果最佳。计划常会在执行过程中进行修订，但这些修订不应降低项目的效率目标。

4. 监督和控制过程

监督和控制过程，尽管是单独的，但需要一起执行。它们包括观测执行过程的一系列步骤。这需要建立一个指导体系或一套标准，用以进行实际绩效的测量，并与计划绩效做对比。对实际的和计划的成本与进度的差异（称为偏差）分析，是项目管理的重要组成部分。如果需要，将执行一系列的纠偏行动，以达到基于计划的原始预期结果，帮助项目回到初始计划的轨道上来。

任何管理的本质都是控制，这对于项目管理也是根本性的。如果一个人要管理，他就必须进行控制。项目管理中的定义是：控制是“对比实际绩效与计划绩效，分析偏差并采取纠偏行动的过程”。这个过程如果执行得当，将使团队随时了解项目进展的状态，对项目目标的达成有极大的益处。监督和控制过程包括如下步骤：

- 更新绩效测量的标准（基准）
- 测量正在执行任务的绩效（在执行过程中）
- 依据基准来监测项目的变量（成本、时间、资源、质量）
- 分析基准值和实际值之间的偏差，以及产生的原因
- 识别并贯彻纠偏行动，以使项目回到预计轨道

还有一些辅助性任务，例如变更管理和价值工程，也是这个过程的一部分。上述第一步的绩效基准经常在执行过程中确定，但随着项目进展会进行更新或调整。

5. 收尾过程

在项目结束或临近结束的正式验收过程被称为收尾过程。在建筑行业，这也称作“项目收尾”。在项目实施的整个框架内，它是从实质性竣工（初验）到最终竣工（终验）的持续过程。收尾过程包括：

- 编制并完成缺陷清单
- 完成项目记录文件
- 业主人员的培训
- 操作和维修手册的移交
- 项目文件的归档
- 财务决算和合同关闭

- 经验教训总结

这是整个项目的一个关键部分，并且对于成功项目也是必要的步骤。

如果能够遵照上述的过程来执行项目，就可以想象，作为业主就可以利用每个过程来建设新的设施，以扩大公司业务；也适用于总承包商新授标的工程项目，或设计公司拿到的设计项目。整个项目团队的每个成员都可以执行类似的步骤，来管理项目中属于他们的那一部分工作。

1.3 正确计划的好处

项目管理的每个过程对于项目的整体成功都至关重要，每一步都为下一步提供过程信息，使得下一步的工作建立在上一步工作基础之上，这就是所谓的“瀑布模型”。这种模型成功地应用于建筑业的刚性环境中，其中很多变更的代价非常高昂。然而，对于项目专家们来说，每个过程根据其贡献大小可能会给予不同的权重。

例如，负责项目设计的建筑师和工程师会将重点放在理解业主的需求上，并将这些需求转换成一个方案，然后向工程建设者传递这些信息。与其他行业一样，建筑师和工程师也会对某类建筑的设计比较擅长，如医院、办公室、图书馆等。只有当他们知道向业主问什么问题，并能将业主的构想正确地体现在设计文件中时，才能产生更好的效果。当然，如果设计师不能完全理解业主的需求，项目注定会失败。

作为建造项目的承包商来说，可能会将更高权重置于计划过程，因为详细的计划过程会迫使团队对项目进行深入的思考，使得项目经理（或团队）可以“在脑海里建设项目”。项目经理及团队可以考虑不同的实施方案，以便决定什么方法可行、什么方法根本行不通。这种深入的思考可能是唯一的方法，来发现投标估算时未能识别的约束或风险。另外，在计划过程中发现某项技术或材料不可行，比在完工过程中才发现要好得多。

承包商计划过程的目标就是要生成一个可行的方案，以便能在允许的时间和分配的预算内有效地使用资源。当然，一个很好的计划并不能保证实施过程完美无缺，甚至也不能保证项目能成功达到目标，但其可以大大提高项目成功的可能性。项目计划过程最重要的贡献是建立绩效基准，因这对于项目控制是必不可少的。试想，如果没有一个详细的计划，那承包商用什么标准来衡量进展情况呢?

当对计划设定了时间后，就成为进度计划。施工进度计划是由熟悉现场施工的专家编制，他们需要对施工方法有深刻的理解，并具备想象任务及其与其他任务相互依赖关系的能力。在项目计划过程中获得的知识，对于编制进度计划非常有益。

尽管进度计划并不需要所有参与者达成一致，但它确实需要那些在现场执行或管理工程的人员意见。现场经理、总工长、分包商、供应商都可能会针对工程如何实施提出有价值的建议，分包商可以将其负责的计划插入到总承包商的计划中。允许相关人员参与进度计划的编制，不仅能够增加关于项目的知识基础，并且还可以创造“认同感”。因为他们被允许对某些想法或决策提供建议，这种“认同感”会使这些想法或决策得到更广泛的支持，这对于一个项目的成功异常重要。当一个参与者提供的建议被包含在项目计划或进度计划中时，对于这个参与者来讲，就会产生一种自然的渴望，希望看到他们的建议获得成功。这种渴望经常会促进后续的一系列行动，以保证建议的成功。所有这些都是正确计划的好处。

1.4 项目经理的角色

要理解总承包商项目经理的角色，就必须先了解建筑行业的项目。建筑项目大部分情况是独特的、动态的、复杂的。在某些不太温和的气候条件下，即便在同一地块建设完全相同的建筑，如在一年中的不同季节施工，就可能是完全不同的项目。项目受到业主、设计专家、承包商的影响，那些有合作精神并能及时履行其义务的专家会有助于项目的进展，反之则会阻碍项目的进展。项目变化具有常态性，其本身的性质就是动态的，期望项目没有变化只能是幼稚的想法，而管理这些变化就是成功项目管理的本质。

综上所述，承包商项目经理的角色可以提炼成三个行动：计划、监督和控制。尽管这些行动和所需的技能绝对不是那么简单，但项目经理的几乎每个行动都可以归入其中一类。那么，项目经理应如何融入这些过程呢？

1. 领导项目团队

项目经理是管理团队的核心，对项目进度提前或延误以及成本的盈亏负责，并被授予有效使用公司资金、设备、资源和企业内部优势的权力。项目经理领导承包商的整个团队，是项目的主要决策者。项目团队可以定义为：承包商的雇员（由承包商直接雇用的管理人员和技术工人等），执行项目任务的分包商，提供具体设备或加工产品的供应商，以及提供必要建筑材料（例如：预拌混凝土、木材、建筑材料等）的供货商。

项目经理也将以其他方式领导团队，包括代表承包商参加与业主、设计院、投资人、贷款机构、工会组织、当地政府机构等的会议。项目经理将向公司的高级管理层汇报项目的绩效情况，他们针对项目的决策及沟通被认为是承包商的正式决定和沟通。

2. 编制项目计划

项目经理领导项目团队编制项目计划。在某些小型项目上，项目经理可能就是整个团队。如前所述，项目计划是达成项目预期目标的可行性方案。项目经理必须在合同文件、合同约束条件、规定的成本预算范围内来策划这些方案。它首先必须是正常人可以达到的一个符合实际的计划，并且必须考虑所需的资源，以及这些资源最快捷和有效的使用。计划必须考虑那些无法预见的情况，例如材料短缺、工人罢工、价格上涨甚至恶劣天气等。计划还要有可以衡量的活动或可交付成果，以用来评估计划是否可行。

项目经理将组织和监督执行计划最合适的人员和公司，并负责分析哪些关键工种对于项目成功至关重要。项目经理也必须能识别出高风险区域，并努力消除或降低这些风险。最后，项目必须满足合同规定的各种绩效和质量目标，最重要的是，计划必须在限定的时间框架内完成。

3. 编制项目进度计划

除了大型项目会配备专业的进度计划人员外，在大多数中小项目中，进度计划的编制通常是项目经理的责任。即使在最简单的项目上，进度计划也是一个复杂的、随时变化的、有项目针对性的管理工具。进度计划将整个项目分解成可以管理的单个任务，将这些任务按照时间顺序进行组织，并清楚地展示它们之间的相互依赖关系。进度计划需列出明确的、被认可的里程碑或中间目标，并为这些目标设定时间参数。

进度计划上的每个任务，被称为“活动”，且都有负责执行的一方，它被称作“资源”。这些资源可能是在项目中有持续界面关系的分包商，例如电器分包商或空调分包商，或者是出入项目相对较快的一次性分包商，例如防潮分包或厕所隔断安装分包。

除了这些实际的生产活动，还有一些管理性和采购活动需要纳入进度计划中，例如样品提交和采购前置时间，它们对项目进度有直接的影响。进度计划也应包括外部单位的活动，例如业主或质检站，他们的工作对项目进度也会造成影响。一旦进度计划被项目团队所接受，它就成为了进行绩效对比的基准线。

4. 监督项目进展

为了确定项目是否按进度计划和项目计划执行，项目经理需要监督项目的进展，这就不仅仅是对进度情况的草率浏览。随着项目的进展，进度计划必须得到定期更新，以反映实际的进度情况。监督过程就是要建立在实际进度和计划进度之间的对比，显示出哪些活动提前了、哪些按计划执行了，以及最重要的，哪些活动落后了。监督过程是基于信息反馈，这是决策过程至关重要的组成部分。反馈信息常以不同的形式呈现：口头沟通、现场书面日报、劳工跟踪报告、材料交货单、完成的里程碑节点及将要开始的活动等。如果没有反馈的信息，就不可能进行有效的监督或明智的决策。监督也包括对项目实际发生成本的监督。

5. 控制项目

项目经理最重要的责任之一就是控制项目。控制在大多数情况下可以定义为主动而非被动地做出决策，以指导项目的方向。决策必须是在考虑了当时可以得到的所有信息的情况下做出，并以项目利益最大化为目标。控制项目包括在情况变化时，对进度计划和项目计划做出调整。事实证明，这些变化是不可避免的。项目经理应始终记着，总会有不同的方法来达成项目的目标。当然，项目经理也不可能在所有情况下都会有前瞻性，有时危机管理也是必要的管理主题。再卓越的计划也会发生变化，有时还会彻底失败；不幸的是，这正是工程建设业务的性质。因此，项目经理能多快地将项目拉回正确的轨道，才是优秀项目管理的本质。

6. 采取纠偏措施

当项目落后于计划或偏离进度计划时，项目经理必须乐于并有能力采取及时而有效的行动，以纠正这些偏差。纠偏行动包括从发出书面指令到终止合同等一系列的措施，这些必要的行动必须是基于从反馈循环中所得数据的分析，并与团队成员进行了充分的讨论，考虑了这些行动可能带来的任何潜在后果后决定的。

很必要的是，采取纠偏行动应是及时的和专业化的，而且纠偏行动要有一个目标，那就是，将项目带回到正确的轨道，而千万不要以惩罚为目的。

不是每个行动都能达到期望的或预计的结果，事实上，很多纠偏行动根本没有积极的效果，承认错误并转向 B 方案常常就是下一步的行动。项目经理不应将这看成是一个失败，而应看作是走向成功的一个步骤，不行动或消极等待常比采取了错误行动更糟糕。

7. 达成项目目标

总之，项目经理的主要责任就是达成项目目标。对工作的计划、监督、控制都是为达成项目目标而设计的。

1.5 项目的目标

项目的目标就是项目团队的目标。作为团队的领导者，项目经理的目标与团队的目标是一致的。它们是在计划过程中对项目文件充分理解而得出的结论。有些目标是合同要求的，有些则是由公司高层管理者强加的。理解这些目标并将其作为团队持续关注的焦点，对任何项目的成功都是极其重要的。这也是项目经理的基本责任。很多项目毫无希望地偏离轨道，皆因团队失去了对目标的关注。还有更糟糕的情况是，团队从项目开始就不清楚目标是什么。

1. 合同履约义务

每个工程合同都有具体的履约要求，其中包括材料和工艺的质量标准、具体的可交付成果及最重要的履约要求——项目完工时间。用最简单的词汇来描述，合同定义了质量、工期和价格。满足合同的履约要求是项目团队的基本目标，不能满足这些义务就会使其他目标的实现毫无可能。因此，项目经理和团队必须对合同要求有透彻的理解。

2. 财务目标

虽然这个目标听起来有些肤浅或不神圣，但所有项目经理都应负责达到（或超过）成本估算中测算的利润指标。也就是说，项目应按照公司的财务指标底线贡献利润。与任何以盈利为目的的商业一样，管理风险并获得回报是项目成功的决定性因素之一。项目经理通常是利润的守门员，他们要负责维持投标时测算的利润，以及通过谈判、有效决策、控制相关方以及卓越的进度管理而获得的利润。在建筑承包企业中，领导者往往将净利润回报看成是项目成功与否的最重要评判标准之一。

3. 防止或减少延误

在建筑工程中，最令人恐惧的词汇大约就是"延期"了，主要原因是对延期的补救，即使有可能存在，也需要付出高昂的代价。一旦项目形成延误，就会引起受影响各方的一大堆索赔：业主的损失索赔、材料成本涨价索赔、清算赔偿甚至设计人员为延期服务的额外收费等。解决延期争议非常耗时、耗力，会使项目经理无法集中精力到项目的真正管理中。

只有通过对进度计划的认真监督，并严格控制实施工程的承包商绩效，才能防止或降低延期的可能性。

4. 避免索赔或诉讼

因延期、赶工或涨价成本而形成的额外工程索赔，是建筑项目很正常的情况。对于那些按照正常的商业规则无法证明或批准的索赔，常会需要一个第三方来监督争议的解决。对争议的诉讼、仲裁或调停的准备，会占用项目经理许多时间，且经常耗费大量精力。由于大部分解决争议的行动会在事件之后发生，所以项目经理必须审查和研究项目记录，并重新了解这些细节。避免索赔或法律诉讼是项目经理的基本责任，因其会快速将一个盈利项目变成亏损项目。

5. 控制业主—咨询—承包商的关系

业主—咨询—承包商关系是在建筑行业最常用的一种三角关系。业主与咨询公司签订合同，最普遍的是设计咨询公司，以提供设计和管理服务，业主也单独与承包商签订建造实体项目的合同。尽管咨询公司和承包商之间没有直接合同关系，但他们为了业主利益需要合作来完成项目。作为财务风险最大的一方，总承包商项目经理需要控制好这个三角关系以及项目团队。项目经理必须获得咨询公司和业主的尊重和信任，以便能够主动地管理项目，而非被动地接受咨询公司和业主的指令。对项目及其独特性有清晰理解的项目经理，能够指导项目工作并按计划进行，是每个项目业主和咨询公司都特别盼望的。

6. 扩大市场份额

在所有的商业活动中，一次成功的交易、一个执行完美的合同或一个客户满意产品的销售，都能提升业务并增加公司的市场份额，建筑行业亦不例外。企业的广告宣传毕竟有限，而成功的项目履约可以提高公司声誉，建立更多客户群体，进而使公司业务蓬勃发展。尽管增加公司业务可能不是项目经理的基本目标，但其应当是顺带目标，是项目完美执行的副产品，是对项目经理卓越表现的嘉奖。

1.6 进度计划和预算

如前文所述，项目经理最重要的工作之一便是项目控制，而项目控制最关键的两个工具就是进度计划和成本预算。前面重点讨论了进度计划，以及其对项目管理过程的整体作用。同样重要的是成本预算，它是为达成可交付成果而执行工作所能支付的可使用资金额。预算是成本估算的修订版，是通过估算师的眼睛看到的工程价值，被分解成可用以在执行工作中跟踪成本的元素。进度计划和成本预算有明显区别，但两者有紧密联系。正是通过进度计划和预算的整合来建立绩效测量的基准，才使得项目控制得以实现。这些内容非常重要，将在后面章节详细描述。

1.7 项目阶段划分

项目存在生命周期已得到普遍认可，并认为由一些相互分离的阶段组成。根据不同组织和专家的定义，这些阶段可以分为2～12个不等，前者是关于产品的开发，被分为两个阶段—产品开发和产品制造，而后者是根据英国皇家建筑师协会（RIBA）的定义，包括：启动、可行性研究、概念性方案、初步设计、详细设计、施工信息、工程量清单、招标投标活动、项目计划、现场施工、竣工验收、总结反馈。

在建筑行业的其他领域，这些阶段又被划分为：预可行性研究、可行性研究、设计、合同/采购、施工、试运行、移交和运行。不同作者给每个阶段起了不同的名字，例如，预可行性研究阶段又称作启动阶段、初步可行性研究阶段、概念阶段或项目识别阶段。然而，确切使用什么词汇并不重要。总的来说，这些生命周期和识别出的阶段大体是相似的，如图1-1所示。

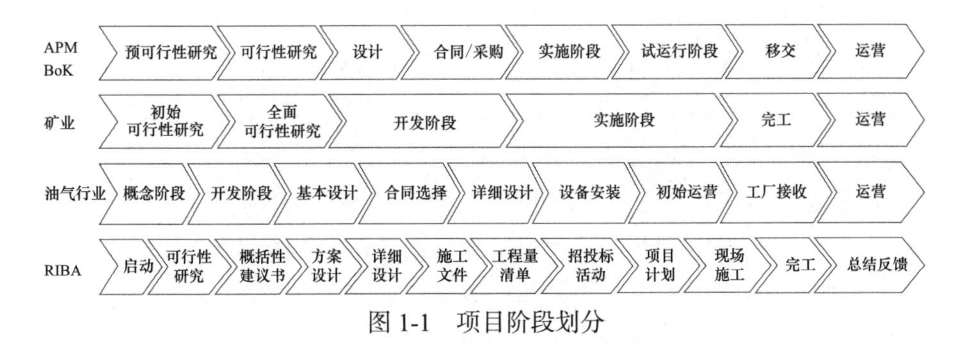

图1-1 项目阶段划分

其他行业根据其特点定义了不同的生命周期和阶段，也使用了不同词汇。尽管在词语表达和阶段数量上存在区别，但针对所有情况其本质是相同的。项目被划分成一些相互分离的阶段，每个阶段都有预定的目标，因而就有可识别的工作范围。在每个阶段结束时，将有一个决策点评审截至目前的进展情况，并明确下一步的行动计划。现在人们已认识到，在每个阶段产生的最重要信息就是对项目风险的评估。因此，在每个决策点，风险评估是决策进入项目下一阶段的一个关键性内容。

传统的管理模式下，项目生命周期的不同阶段由不同单位负责。使用图 1-1 中 APM BoK 的分类模式，业主将主要负责项目的预可行性研究阶段。如果决定继续进行，那就需要授权一个咨询公司（建筑师或工程师）来进行项目可行性研究，其目的是为了对比实施项目的不同方案。如果这个可行性研究阶段的结论是项目被认为可行，在考虑了成本、收益和风险的情况下，那么设计的下一个阶段也将由这个咨询公司来承担。在设计阶段完成后，对进度情况进行审查；假如项目继续进行，那么下一步将是合同 / 采购阶段。再下一步便是将合同授标给成功的投标人，开始项目的施工。这个施工阶段可以被细分为几个子阶段，例如项目计划和现场施工。在现实中，承包商会涉及很多其他的子阶段，例如分包工程的招标文件编制和回收等。然而，这些跟整个生命周期中识别出的主阶段内容存在区别。在工程结束后通常会有一个试运行过程，才能进入运行阶段。

从业主的角度来讲，并且由于环保要求也变得越来越重要，资产的报废和处理可能需要引起更高的关注。这是因为在原来建设过程中可能使用了有毒物质，例如石棉材料或在运营时生产了有毒产品，处理这些物质的难度是极大的。

这种项目组织方式的主要好处是一些关键决策点被识别了出来。例如，在预可行性研究阶段完成时，业主自己可能就决定这个项目不值得跟踪了。特别重要的是，要将那些低概率和高损失的风险包括在评估中，不应假设“它们不会发生在我们身上”而被忽略掉。这同样也适用于可行性研究阶段完成后的评估。一般来说，如果项目被认为是可行的，那么业主将继续投入来进行详细设计，直至采购招标阶段。每个决策点都应被看作是一个关口，并具有是否通过到下一阶段的明确评判标准。很重要的一点是，成本花费幅度会快速升高，因此，是否进入详细设计阶段是业主一个重要的决定。当然，最大的承诺要在合同招标阶段做出。首先，由投标承包商承诺，如果其投标被接受，将承担执行项目的义务；其次是，当一个投标被接受并签订合同后，业主就有义务继续项目的实施。项目风险的分配在很多标准合同中有明确的定义，因此，合同形式的选择是风险管理的关键性决策。

1.8 项目阶段对风险的影响

一个项目被划分成很多单独的阶段，在每个阶段结束要进行一次评估，评估其中涉及的风险，决定项目是否继续进行。因此，风险管理是一个持续的过程，应贯穿项目的所有阶段。由于项目风险是动态的，也就是说，他们会持续地变化，因此在每个阶段结束和下一阶段开始之前，必须进行风险评估。事实上，积极的风险管理必须在审查节点之间持续进行，直到项目结束。

风险也可能会在一个阶段内发生变化。如果有重大变化，就需要进行一次彻底的重新评估。在工期较长的项目上，每个阶段可能都要跨越几个月甚至几年，必须进行定期的风险评估和更新，这是高效管理和有效决策的前提条件。

另外，随着阶段的变化，项目参与方会跟着变化，风险本身的性质也会变化。在项目早期阶段，可能的方案选择范围会比较宽。很重要地是要认识到，从设计角度来讲，达成目标的一个方案可能就是实施一个完全不同的项目。对任何变化都必须管理，确保设计变化能反映在成本估算、进度计划和商业计划书中。

随着项目通过可行性研究阶段，将有一到两个方案（通常是一个）进入详细设计阶段。这时，就可以看到风险的性质发生了变化，从宽泛的例如项目类型、项目规模、项目地点，到范围更狭窄的问题。当最终方案确定后，重点将是更加狭窄的内容，例如实际成本的预测、详细设计、详细进度计划的编制，以便使项目获得最好的物有所值。在项目实施阶段，风险的范围将进一步变窄，主要涉及采购、制造、材料交付和现场施工活动等。对于项目每个单元及其相关风险的管理，可能需借助专业化的技术手段。

宽泛地说，项目最早的阶段主要关注价值管理，来优化设计目标的定义；设计阶段更关注于价值工程，以最小成本获得必要的功能；施工阶段将主要围绕质量管理，确保按照设计正确地施工，不造成昂贵的返工成本。系统工程可能会用于管理复杂项目的技术问题和界面关系。

很重要的是，要认识到每个阶段都会包含一些关键的假设，做这些假设是为了使项目能够继续下去。随着项目的进展，这些假设将被明确的信息所取代。有时，这些信息与原来的假设不同，就需要将其置换。这就有必要重新评估项目，看看这些信息是否从根本上改变了前期工作的基础，以及这对项目未来开发有什么影响。全新的风险会经常不断地出现，但随着项目进展，风险通常会逐步减少。很必要的是，要确保那些未发生并且不会发生的风险从以后的评估和分析中删除，也要从风险登记簿和报告中去掉，这有助于对风险的管理。

还有一点，对于很多项目是很重大的风险，那就是，现实中很多项目不是连续进行的。在项目生命周期内会有停顿和中断，这常常是由于项目下一阶段的融资没有到位、市场发生了变化或其他环境变化等所导致。即使项目没有中断，后两个变化也可能发生，这就是为什么项目定期评审是如此之重要。

对于那些所谓的快速通道项目，正常的项目阶段会被压缩，进行某种程度的合并和重叠。这在石油天然气项目中比较常见，例如土建工程基础和结构的设计开始一段时间后，管道和设备的详细设计就开始了。这种方法在建筑和土木工程领域也逐渐得到广泛应用：设计＋建造（DB）模式和EPC 模式。对于 DBFO 模式和 PPP 模式，通过将商业风险和设计施工风险的评估前移到项目早期阶段，使得这种方法向前更进一步。尽管这些一体化模式通过风险向承包商的转移，被认为是比较有利的，但其不利的方面是减少了业主一步步管理和决策的过程。即使市场情况发生变化，项目也很难在过程中被叫停。当然，具体使用什么管理模式，要视业主具体管理策略而定。在有些项目上，可能会使用多种方法的组合，这可能更有利于项目获得最佳的物有所值。

1.9 项目交付方式

采用何种项目合同模式，完全是业主综合考虑各方面因素得出的结论，其中包括：项目性质、项目规模、业主管理能力、风险策略、建筑市场环境、承包商能力等。尽管可以使用的合同模式多种多样，但并不能说哪种模式最好、哪种最差，因其都有各自的优势和劣势，要视具体情况而定。建筑业项目管理模式经历了较长的发展历史，每种模式都在过程中发挥了重要的作用，其产生及存在都与当时的发展阶段和历史背景有直接关系，绝不应在推广新模式时将旧模式看得一无是处，毫无价值可言。

当然，社会在发展，科技在进步，管理在不断创新，建筑业管理模式也一样，需要跟上时代的步伐。随着信息化技术的发展，社会已逐步进入信息化和智能化时代，各种新管理思想和方法应运而生。BIM 技术的产生和推广对项目管理有着深刻的影响，颠覆着人们对传统项目管理的认知。这就说明，社会进步不可阻挡，管理创新也是大势所趋。只有认识并适应环境，才能做到与社会发展同步。

总而言之，项目合同模式并没有固定的要求，一般是业主考虑各方面因素后所做出的选择。同一业主针对不同项目，也会选择完全不同的模式。长期实践过程中，在国内外建筑市场上基本形成了如下一些管理模式，但每种模式并不是一成不变的，往往根据业主要求会或多或少地进行一些调整和变化。

1. 设计 / 招标 / 建造交付模式

设计 / 招标 / 建造（DBB）通常被认为是传统的项目交付方式。在开始招标和施工过程之前，所有设计工作已经完成。这种交付方式适用于成本控制是主要目标，进度相对次要，范围定义详细的项目。

设计 / 招标 / 建造交付模式是一种包括业主、设计师和承包商的三方安排。业主与设计师签订一个设计服务合同，与承包商签订另一个施工服务合同。设计师和承包商都为业主工作。虽然承包商不是为设计师工作，但在施工过程中，业主通常指定设计师作为其代表来监督工程。设计师通常根据预先确定的费用或施工合同的百分比进行收费。承包商按照固定总价金额获得支付。

由于在招标之前设计即已完成，所以业主有机会在开始施工前知道项目将是什么样的。承包商也对项目要求有明确的理解，因此能够比较准确地估算项目的施工成本。这将使业主在签订施工合同之前就知道了项目成本。在设计 / 招标 / 建造模式下，各方的责任、风险和参与度有清晰的定义。业主在设计过程中有相对较高的参与度和控制力，而在施工过程中参与度较低，这是因为合同文件明确定义了承包商必须完成什么。

这种项目交付方式最大的劣势是在开始实际施工之前，完成设计和招标所需的时间较长。施工合同签订后发生的变更有时对业主也非常昂贵。

2. 设计 / 建造项目交付方式

选择设计 / 建造（DB）项目交付方式常常是为了压缩项目的工期。由于施工可以在所有设计完成之前开始，完工时间通常能够减少。业主在整个项目过程都有较大的控制力和参与度。这对于业主在施工过程中修改设计提供了灵活性。这种项目交付方式通常是针对进度是主要目标，成本相对次要，范围尚未详细定义的项目。

设计 / 建造（DB）模式是一个两方安排，包括业主和总承包公司。在业主和总承包公司之间签订一个执行设计和施工服务的合同。所有设计，包括施工图纸，都由总承包商完成。所有施工由总承包商完成，尽管其可能会分包给一个或多个分包商。DB 公司通常会有内部设计人员和有经验的施工人员。这种安排可以减少在传统交付模式下的设计师和承包商之间的矛盾和冲突。有时，一个施工承包商会与一个设计院合作，或一个设计院与一个施工承包商合作，来共同向业主提高设计 / 施工总承包服务。

通常，是通过以资格为基础的选择程序来选择设计 / 建造（DB）公司。业主从一个资格预审的或预先筛选的公司名单中寻求投标。针对每个潜在的 DB 公司以往项目的质量、安全记录、进度计划和成本绩效及其他因素进行评估。因此，总承包商选择是基于资格而不是单纯价格因素。DB 服务的成本通常是基于某种类型的成本加酬金合同安排，成本加一个固定金额，或者成本加一个百分比。

对于范围定义相对明确的项目，有时会基于价格来选择DB承包商。为了起到激励作用，合同会规定一个保证最高限价。当最终成本低于保证最高限价时给予奖励，当最终成本高于保证的限额时给予罚款。

尽管项目总成本是一个主要考虑因素，但在项目开始时总成本尚且不能确定，因为设计还没有完成。过程检查问题也必须在项目早期做好安排，因为这种情况下设计师同时也是承包商。如果业主内部具备合格人员，业主可能自行检查。在某些情况下，会利用一个独立的第三方监理来提供检查服务。

3. 工程管理（CM）交付模式

工程管理（CM）交付模式，在我国称之为“代建”模式，有很多不同的类型。一种CM模式被称作代理型CM，有时在设计和施工行业被称为纯粹的CM。在这种安排下，CM公司是业主单位之外的一个公司，以业主代表的身份出现。代理型CM公司不执行设计或施工任务，但要协助业主选择设计公司和承包商来建设项目。代理型CM公司基本不承担风险，因为所有合同都是在业主和设计及承包商之间签订。通常，代理型CM只是获得一定的管理费用。

公司内CM（工程管理）和代理型CM很类似，只是工程管理服务是由业主单位的内部人员提供。设计和施工任务由组织外部的公司来实施，并由公司内的工程管理人员来管理和协调整个工作。目前，我国建筑项目开发主要采用这种模式，业主自行组织项目管理团队，负责项目从设计到施工的全过程工程管理。

风险代理型CM模式是CM模式的另外一种。之所以叫风险代理型CM，是因为CM公司将实际履行某些项目工作，因而他们需要承担与质量、成本和进度相关的风险。工作范围可能包括部分或全部设计，以及部分或全部施工。风险代理型CM还有两种情况，一种是施工企业提供CM服务，另一种是设计院提供CM服务。施工承包商执行风险代理型CM，通常主要集中于项目施工方面的工作，而雇用一个设计公司对施工提供支持。这有时也会叫做承包商CM。设计院执行风险代理型CM，会更多集中在设计方面，并雇用一个承包商来执行施工任务。有时这又叫做设计院CM。风险代理型CM公司可能以固定总价、成本加酬金或一个保证最高限价为基础来提供服务。

无论 CM 模式如何变化，但 CM 都应是项目管理的唯一来源，这将使业主控制其参与项目的程度。为了获得成功，CM 公司需要在项目开始就应介入。在项目早期确定 CM 公司，可以提高降低成本的潜力，因其至少能降低合同管理的费用。通过从项目开始到完成整合项目所有各方，也可以节约大量时间。这能使业主更关注于项目的整体方面，而不是被日常事务管理缠身。

工程管理（CM）公司必须严格地监督多个施工合同，以确保在工作中没有漏项或重叠。对多个施工合同的成本监督也需要认真的态度，还必须严格地监控项目进度，以防止由于工作干扰而引起的延误。

4. 接力式项目交付方式

这种模式是建筑类项目的一种混合式交付方法。合同文件是由业主设计师来准备，这些文件定义项目的功能和外观要求。功能性规范被用来规定施工技术。施工细节由施工承包商来编制。项目的最终设计（包括施工图纸）将由一个工程总承包商来完成，其将利用分包商来完成最终设计和施工服务。

5. 建造－运营－移交模式

建造－运营－移交（BOT）模式，涉及在私营企业与公共部门之间的一种合作关系。这种安排是由私营企业建设一个项目，并运营一定的时间，最终项目所有权移交给政府部门。这种形式主要用于长期的基础设施项目，例如收费公路、电站或水处理设施等。

私营企业设计并建造项目，然后运营一个足够的时间来收回建设成本，再加上一个合理的投资回报。在项目运营过程中，私营企业通过使用项目的收费来获得收益。所有权的转移在 BOT 合同协议的特许经营权日期中规定。

6. EPC（交钥匙）项目模式

EPC（交钥匙）模式是指那些在移交给业主之前，由承包商设计、建造并投入运营的项目。提供交钥匙服务的公司可能会获得项目土地、执行或管理设计的各个方面、组织并管理施工合同、管理项目施工、培训设施运营人员，然后将项目移交给业主。EPC（交钥匙）项目一般适用于偏远地区的制造或工艺类项目。

1.10 工程总承包概念

2019年12月23日，住房和城乡建设部、国家发展改革委联合印发《房屋建筑和市政基础设施项目工程总承包管理办法》。文件表明，工程总承包是项目业主为实现项目目标而采取的一种承发包方式。即从事工程项目建设的单位受业主委托，按照合同约定对从决策、设计到试运行的建设项目周期实行全过程或若干阶段的承包。

工程总承包是为了与传统施工总承包模式相区别而创造的词汇，在国外的建筑行业并未见到类似的定义。目前，我国普遍采用的是设计/招标/建造模式，也是国内外建筑业最成熟的一种交付方式，通常被称为施工总承包。然而，我国建筑业采用的施工总承包更偏向于项目肢解发包模式，施工总承包商往往仅负责项目的土建结构，而机电和装饰装修由业主再次发包出去。这就使得施工总承包任务非常简化，几乎不包含设计和关键设备的采购，自然也不需要复杂的项目管理能力。

从工程总承包模式的定义来看，这种模式包含了国外目前普遍采用的施工总承包模式，因为国外的施工总承包项目一般都至少包括采购和施工两个过程。这里所说的采购，是指专业分包商、主要材料设备的采购和管理，而不仅仅是地材的购买。因此，工程总承包并不一定非要包含设计、采购和施工等所有过程，只是因所包括的阶段不同，需要的项目管理能力也会有区别。总体来说，承包商负责项目生命周期的阶段越多，项目管理的要求就越复杂，项目的风险就相应越大。

从国内外建筑业的实践来看，项目承包模式各式各样，但项目管理本身的性质并未改变，项目所具有的风险也没有因交付方式的变换而减少。但是，通过交付方式的变化可以将风险转移，使风险责任分配更加合理，让有能力承担风险的一方来承担风险。各种项目交付方式的优缺点都很明显，迄今并没有一种模式被证明是完美的。然而，推行工程总承包模式的重点不在于风险如何转移，而是通过这种转移来提升总承包商的项目管理能力。实践证明，项目管理水平越高的承包企业，适应新市场环境的能力就越强，转型升级的速度也会越快。因此，在建筑企业向更高层次转型升级过程中，在研究商业模式变化的同时，应着重提升项目管理能力，这才能做到以不变应万变，适应不断变化的市场环境。

1.11 工程总承包分类

目前，我国建筑业采用的项目承包模式主要为肢解发包模式。业主负责项目综合管理和大型设备采购；设计院负责规划设计；总承包商负责土建结构施工；专业分包商负责专业工程。在这种模式下，施工总承包商主要负责土建施工，并为专业分包商提供支持配合，收取少量的管理费，并没有综合管理项目的要求。这使得我国施工企业项目综合管理能力普遍较弱，基本以土建施工和劳务组织为根本技能。

工程总承包与传统模式的区别在于，总承包商必须能够承担至少两个阶段以上的项目任务，这就要求其具备较强的项目管理能力，也就是计划、组织、监督、控制项目的能力。这不仅包括项目内部管理，还包括对项目相关方的协调和管理。对于以习惯土建施工的项目经理来讲，工程总承包模式无疑具有较大的挑战性。目前，国内推行的工程总承包模式大体包括如下一些类型。

1. 采购＋施工总承包（P-C）

这种模式实际上就是国外普遍采用的施工总承包模式。在项目设计全部完成后，业主进行总承包商招标，然后由总承包商按照设计文件进行施工和安装，通常会将部分工程分包给一个或多个分包商。业主仅与总承包商签订总承包合同，由其负责项目主要材料设备、专业分包商的采购和管理，分供商与总承包商签订合同。总承包商要对项目采购和施工的质量、进度、成本负责，任何因采购或分包商造成的进度延误或成本超支都由总承包商负责，合同通常为固定总价形式。

相较于传统肢解发包模式，业主管理协调的责任相对减少，管理风险也相应降低，而总承包商的管理责任增加，项目风险也随之增大。尽管这是工程总承包商模式最简单的一种，但管理跨度和协调幅度也增加不少。对于传统施工项目经理来讲，需要转变项目管理思维，提高系统管理意识，掌握项目管理的基本方法，增强风险识别和应对能力，才能有效达成项目管理的目标。

2. 设计施工总承包（D-B）

这种模式要求承包商承担部分或全部设计工作，进一步提升设计采购和施工之间的融合度，以增强项目管理的整体性和系统性。从业主角度来说，采购＋施工（P-C）模式虽消灭了总承包商与分包商和供应商之间的矛盾和冲突，但其与设计之间的问题依然存在，仍会因设计变更或错误而导致总承包商的索赔。

根据承包商承担的设计阶段不同，DB 模式又分为几种情况：

1）施工图设计－采购－施工总承包；

2）初步设计－施工图设计－采购－施工总承包；

3）方案设计－初步设计－施工图设计－采购－施工总承包。

这几种情况都要求总承包商负责设计或设计管理，同时也要具备项目综合管理能力。根据项目的性质、规模、业主能力等各种不同因素，上述三种模式在国内外建筑业都有广泛的应用。尤其第一种模式目前在国际市场中应用最多，也应是我国建筑业推行工程总承包采取的主要模式。

3. 设计＋采购总承包（E-P）

这是一种适合于设计院承接工程总承包项目的模式，设计院完成设计并负责施工承包商、设备材料的招标和采购，由施工承包商完成项目的施工任务。这种模式在国际工程中应用较多，在国内尚不多见，或许与我国推行工程总承包时间较短、市场发育不健全等因素有关。随着建筑业的不断转型升级，这对于设计院转型做工程总承包商，是一种相对容易的过渡性方式。

这种模式通常可以延伸出以下几种模式：

1）设计－采购－施工管理（EPCm）；

2）设计－采购－施工监理（EPCs）；

3）设计－采购－施工咨询（EPCc）。

总之，设计院向工程总承包转型，最重要的一点还是项目管理能力的提升。如果仅以设计思维来管理整个项目的采购和施工，无疑将很难取得成功，还会面临较大风险。

4. 设计－采购－施工总承包（EPC）

EPC 也称交钥匙模式，是工程总承包的最高级形式。也就是说，业主和承包商在项目责任与风险分配方面走到了一个极端。传统承包模式下，业主承担绝大部分管理责任和风险；而 EPC 模式却由承包商承担几乎全部的设计、采购和施工责任，并对项目的进度、成本、质量、安全负全责。选择这种模式，通常是因为业主认为，将所有责任交给承包商，对实现项目目标更加有利，因为承包商无论在技术实力、融资能力、管理水平等方面，都比业主自行管理更有优势。

然而，对于总承包商来说，就需要具备超强的技术和管理实力，还需要较强的融资和垫资能力，以及丰富的风险识别和应对能力。这不但是业主评估和选择承包商的关键因素，而且是承包商利用专业技术和管理水平来满足业主需求、应对项目风险、获取超额利润的必要条件。现实实践中，很多承包商为了拿项目不惜弄虚作假、东拼西凑，编造无中生有的技术能力和管理经验。项目中标后却一筹莫展、问题频出，甚至选不出一个合格的项目经理，最终导致项目陷入泥沼而无法自拔。此类案例在国内外建筑市场可以说随处可见，不仅中国承包商存在类似情况，国外承包商陷入困境的项目也不在少数。

这充分说明，项目风险是其固有性质所决定的，不会因为合同模式的变换而自动消除，正确的做法是让能控制风险的一方来承担风险。如果业主选择的承包商控制风险能力不够，那风险的发生就不可避免，结果可能是项目各方都会损失，项目目标也无法实现。因此，无论是业主选择承包商，还是承包商选择项目，都要经过审慎分析和认真评估，不应仅以风险转嫁思维去逃避责任，也不应以急功近利思想去大胆冒险。只有使用科学态度去理性对待风险，才能使项目始终处于可控状态。

EPC 模式主要适用于技术性强、工艺要求高、功能目标单一的石油、化工、电力、铁路、公路、工厂等工业和基础设施项目。业主根据项目可行性研究提出功能目标，总承包商利用自身的专业技术和管理优势来实现这些目标。因这种模式要求承包商承担几乎全部风险，所以投标价格会比传统模式下要高，因其包含项目一定的风险储备金。经验丰富的承包商会有效识别并化解风险，进而获得丰厚的利润回报，而管理经验不足的承包商就不会那么幸运，常因管理不当而导致风险频繁发生，最终蒙受较大亏损。

除了医院、学校等具有特定功能的项目外，EPC 模式在房屋建筑领域应用较少。这主要是因为业主对建筑的功能要求相对复杂，并且建筑项目的利益相关方众多，需要在前期进行大量的研究、讨论和分析。如果使用 EPC 模式将全部设计责任交给承包商，很可能导致项目许多必要功能无法实现，对后期运营产生较大不利影响。

1.12 工程总承包项目特征

工程总承包有很多不同的类型，选择标准主要取决于项目性质、规模，业主管理能力、业主风险策略、市场环境、承包商能力等诸多因素。从项目管理的角度来讲，选择的合同模式应遵循如下一些基本原则，这也是工程总承包项目具备的一些普遍特征。

1. 风险的合理分配

业主在项目策划过程中，首先根据需求确定项目目标，然后选择达成目标的方式和方法。选择使用怎样的合同模式是最为关键的决策。合同模式决定管理模式，合同作为业主与承包商签订的最重要文件，其内容不但规定工作范围、各方义务和责任，而且最重要的是明确项目风险的分配方式，这是保护合同双方利益的关键。

风险管理的基本原则是，应由具备风险控制能力的一方承担风险。这就要求业主在进行风险策划时，考虑方方面面的因素，将自身控制能力不足的部分风险合理转移，交由专业化的咨询公司或承包商来承担。例如，设计管理、采购管理、质量管理、投资控制、项目综合管理等。

项目风险分配是一把双刃剑，需合理平衡才能达到最佳效果。如果业主转移给承包商的风险过大（如 EPC 模式），则导致承包商投标价格较高；假如业主风险自留过多（如传统的肢解发包模式），则会因管理能力不足而引起较多索赔。这就说明，选择怎样的合同模式异常重要，既要使风险得到有效控制，又要合理自留风险以免付出过高的代价。这里就需要运用价值管理的原则，以物有所值（Value For Money）为评价标准，来确定最合理的项目交付方式。

2. 设计采购施工的融合性

在工程建设项目中，设计采购和施工的作用以及相互间的关系是很容易理解的。设计提供项目创意并制作施工文件，是项目的龙头。设计师对项目的设想使用图纸和文件进行描绘，但这不是业主所要的最终产品。因此，设计意图必须由施工人员将设想变成现实。采购是设计与施工之间的桥梁和纽带，没有材料设备交付现场，施工人员技术和管理水平再高，也是“巧妇难为无米之炊”。当然，采购的价值并不在采购过程本身，而是以合理的价格采购到规定质量和数量的材料设备，并在现场需求日期之前交付现场。施工是设计和采购的最终目的，并最终在计划工期和预算内，向业主交付一个质量合格的满意产品。从上述可以看出，设计、采购、施工的目标具有高度一致性，相互间高度融合并不存在原则性矛盾。

然而，由于设计、采购和施工的人为分离，经常造成各方对项目最终目标追求的错位，仅仅关注各自利益的得失。设计师以完成图纸为目标，对于采购和施工的效果并不关心；采购以买到材料设备为目标，至于是否影响项目整体进度也关注不够；施工以设计变更索赔为目标，对于项目延期和投资超支也较淡漠。

相对于传统承包模式，工程总承包模式将设计、采购和施工融合到一个利益主体中。也就是说，让本应目标一致的三方形成利益共同体，一荣俱荣、一损俱损。这种管理体制的变革符合人性的特点。在整体利益驱动下，不但设计采购施工间的融合度会明显增强，而且相互监督和配合的氛围也将会大大改善。原来设计与施工间的冲突和矛盾也会减少，承包商向业主的设计变更索赔也不复存在。

3. 项目管理的系统性

因长期使用肢解发包模式，我国建筑企业的项目管理呈碎片化现状，无法体现出项目管理的系统性特征。在实施项目的设计、采购和施工过程中，不仅缺乏相互之间的联系，而且也体现不出计划、执行、监督和控制的基本管理原则。这样的管理状况在某种程度上，是建筑业整体效率低下的主要原因。

工程总承包模式通过增强项目各阶段的融合，使碎片化的项目管理得到有效整合，项目管理的系统性大大加强。为达到系统管理项目的要求，建筑企业必须运用项目管理的基本理论，将设计、采购和施工过程联系在一起，并通过对范围、进度、成本和质量的计划和监控，来实现项目的预定目标。项目管理最基本的原则就是管理的系统性，缺乏系统性也是项目管理薄弱的根本原因。

4. 管理目标的一致性

业主目标就是项目目标，也是项目团队目标。所有项目参与者，无论是业主、咨询公司、设计院、承包商或供应商，都应将业主目标作为其努力的方向。因此，从理论上讲，所有项目参与者的目标应该是一致的，他们都应为了实现项目目标而贡献最大力量，这是项目管理的理想情况，也是所有业主都渴望的状态。

然而，在传统管理模式下，项目各方利益不同，参与者大都负责项目一个阶段（比如设计、采购或施工）。这就使得项目团队成员“只见树木，不见森林”，甚至不知道项目目标到底是什么，那共同为目标努力也就无从谈起。这常常造成各方只顾自身利益、忽略全局目标，人人只想干完交差、不考虑下道工序是否顺利，进而造成团队之间矛盾重重、内耗严重。

工程总承包模式不但能有效增强管理的系统性，而且通过设计、采购和施工形成的利益共同体，让各方目标统一起来。从某种程度上讲，目标的一致性是项目成功的最重要因素，也是根本性因素。如果项目参与者各奔东西，那无论多优秀的团队都会处处掣肘，再完善的管理体系也无济于事。所以，工程总承包模式是解决项目目标一致性的关键举措，也是其重要特征之一。

5. 项目信息的完整性

在传统管理模式下，不仅设计、采购和施工处于分离状态，而且工程咨询也是各管一段，这就造成大量的项目信息掌握在不同单位甚至在不同个人的手中，形成所谓的“信息孤岛”。在项目竣工时，很多信息会被遗失，无法形成完整的信息系统。这在我国建筑业管理实践中非常突出，甚至很多竣工资料只能靠后补来解决，与实际情况严重失真，给业主后期运行维护带来极大不便。现实生活中，建筑物因建造过程资料不完整而导致维修困难的情况比比皆是，造成巨大的社会资源浪费。

工程总承包模式下，通过对项目参与者的整合，对项目过程信息的完整性有很大的促进作用。在增强项目管理系统性的同时，总承包商将通过建立一个项目信息中心来集中管理过程资料。这不但有助于信息查询，而且会大大减少信息丢失的可能性，进而能形成完整的竣工文件。随着 BIM 技术的推广，项目信息化管理水平得到了快速发展，为解决项目信息完整性问题提供了有效的工具。

1.13 推行工程总承包的意义

1. 项目业主层面

1）整体解决方案

随着市场经济的发展，社会化分工越来越细，客户对产品和服务的专业化要求不断提高。近些年有明显的趋势，客户不再满足于零散的产品或服务，对整体解决方案的诉求越来越高。现代信息和通信技术的发展，使社会化资源的整合更加方便，产业联盟、跨界合作、强强联手、上下游一条龙服务等概念层出不穷，为客户提供大量的整体解决方案，彻底地改变着人们的工作和生活方式。

传统工程管理模式下，业主将项目分成若干阶段或合同包，需要投入大量人力、物力对各阶段进行管理。由于很多业主项目管理能力较弱，故而形成大量的设计冗余、资源浪费和承包商索赔，这给投资方的预算控制造成很大难度。在这样的背景下，建筑行业不断寻求解决方案，演变出不同的项目交付方式，期望改善传统模式下的不利局面。

取决于业主的选择，项目的交付方式有很多种。工程总承包模式的基本原则是能为业主更多地提供整体解决方案。当然，由于业主本身管理能力不同，对承包商的期望也有区别。有的业主希望将设计完全控制在自己手中，以便能准确体现业主需求，然后发包给一家总承包商负责施工；有些业主可能会仅仅提出功能要求和质量标准，然后将设计、采购和施工任务全部委托给承包商完成；公共部门还会利用BOT等特许经营模式，将投资、建设和运营交给一个承包商负责。总之，工程总承包模式是提供整体解决方案的有效模式，不仅有助于业主的风险策略选择，也会促进承包商管理能力的提升。

2）项目风险控制

风险的存在是由项目本身的性质决定的。无论采用怎样的管理模式，都不可能将风险完全消除。然而，通过科学地选择交付方式，可以有效降低风险发生的概率和影响程度。例如，业主对于没有能力控制的风险，可以采取风险转移的方式让有能力控制的人承担；而对于自己有能力控制的风险则可以自留。因此，选择项目管理模式要考虑的重要因素之一就是风险管理策略。

在传统管理模式下，业主承担项目管理的主要责任，也自留了项目的大部分风险。如果业主有很强的项目管理能力，对风险能够有效识别、策划和控制，这自然是最好的交付方式。然而，很多业主并不具备项目综合管理能力，甚至缺乏项目全过程管理的概念，这就难免有大量管理风险的发生。

工程总承包模式提供了多种选择，每种交付方式的风险分配也不相同。业主可以根据风险策略和自身优势，以合同形式将风险合理地分配，使有能力控制风险的一方成为风险的拥有者。这不仅是业主规避风险的重要策略，也是社会化分工的最大好处，“术业有专攻”便是这个道理。因此，建筑业管理的转型升级，关注重点之一应是管理分工是否合理，是否由正确的人承担合适的风险。

3）工期和投资控制

在建设项目中，工期和投资控制往往是管理者最关注的方面。这是因为时间和成本的动态特征，随时会发生变化且难以控制。项目管理有三个主要目标：进度、成本和质量。质量一般有明确的标准和规范，是相对容易控制的一个方面。时间和成本的不确定性很大，是项目管理的两个最大变量，即使有完善的计划也难以保证按计划执行。因此，项目管理的核心便是对时间和成本的计划及控制。

传统管理模式下，业主负责项目的综合管理，需要具备较强的计划、组织、监督和控制能力，才能使项目处于有序而可控的状态。在现实中，很多业主并不善于项目的计划和控制工作，更习惯于发号施令，处于宏观控制的层面。这就很容易让项目失去控制，使得各参与方缺乏统一的计划和协调，也没有达成一致的时间和成本控制基准，造成管理混乱就在所难免。

工程总承包模式的总体思路，是将项目管理的责任向总承包商转移。这对于以管理项目为主业的承包商来说，要比投资者管理项目专业得多。通过将各参与方置于一个利益主体内，会大大提高项目管理的协调性，也有助于项目的整体进度控制。况且，工程总承包项目可以采用固定总价形式，承包商要在规定工期以固定总价向业主交付合格产品，成本控制就变成了总承包商的内部责任。

2. 承包商层面

1）管理和技术创新

无论是设计单位或是施工企业，都希望能通过技术和管理创新为客户提供增值服务，进而提高企业的核心竞争力和市场份额。在建筑市场竞争日益激烈的当下，传统的设计和施工业务的利润率已非常微薄，对创新求变的渴望也变得越加强烈。传统建筑企业都认识到，走传统的老路已相当困难。没有管理和技术创新，将逐步被市场所淘汰，什么做强、做优、做大也根本无从谈起。

在传统管理模式下，设计和施工企业遵循既定的程序，缺乏创新的动力和基础。也就是说，传统模式下缺乏创新的激励机制，创新产生的价值也会被忽略。这造成了建筑市场剧烈的同质化竞争，设计或施工企业都基本处于同一个层面，项目利润率自然是一压再压。大部分企业都认识到了这种趋势，已引起了国家有关部门的高度重视，建筑行业的改革迫在眉睫。

工程总承包模式的推行，为建筑企业管理和技术创新提供了机遇。由于项目管理跨度和难度的增加，工程总承包企业必须提升项目管理能力，以满足越来越复杂的合同要求。同时，通过设计和施工技术的创新，可以极大地提高企业的增值服务能力，也将产生更好的利润回报。缺乏创新能力的企业在新市场模式下将面临巨大风险。对于建筑承包企业来讲，应以管理模式变革为契机，完善企业的创新机制，加快创新步伐，提升企业的核心竞争力。

2）企业的转型升级

在传统管理模式下，设计和施工企业都只负责项目的一个阶段或部分，没有全面管理项目的责任，也就缺乏对项目管理的需求。然而，随着建筑市场的转型升级，企业首先需要的便是项目管理的升级；否则，即使有再高明的商业模式，转型升级也一定是空中楼阁。经验证明，缺乏管理根基的跨界经营、多元化发展，成功的案例非常之少，甚至已成为企业沉重的负担。任何事物都其有发展规律，违背规律的发展必然会面临无数陷阱。

工程总承包模式让施工和设计企业有了向价值链高端延伸的基础。通过步步为营的渐进式发展，逐步提升工程总承包管理能力，打好企业转型升级的基础。当然，在转型升级过程中，最重要的是项目管理人才的培养，企业管理水平主要体现的是项目团队的管理能力。

3）促进企业国际化进程

我国建筑企业开始参与国际市场竞争已有 30 多年。尽管从最初的劳务分包、施工分包，至今已发展到与国际大型承包商同台竞争的层面，但是，我国企业国际竞争实力仍然较弱，项目管理水平差距较大。尤其在“一带一路”倡议推动下，国际工程市场营业额迅速攀升，但发展质量却差强人意。近些年来，很多大型国际工程项目问题不断，失败案例频频发生，给企业带来沉重的负担，也在国际社会形成恶劣的影响。

在国内传统管理模式下成长起来的建筑企业，最擅长的是施工生产管理，属于较低层次的项目管理。国际工程项目对总承包商要求很高，需要具备较强的国际化资源整合能力及项目综合管理能力。这使得我国企业对国际工程的管理很不适应，抓不住项目管理的重点环节，忽视设计和采购的关键作用，常以施工思维应对复杂的合同模式。这充分说明，我国企业的项目管理能力与国际工程市场的要求仍存在差距。只有弥补这些差距，才能从根本上解决问题。

推行工程总承包模式，无疑将促进建筑企业项目管理水平的提升。建筑企业向工程总承包的转型，必须认识到项目管理是各种模式的基础。另外，通过参与工程总承包项目，将促使企业管理层的思维转变，加快建立适应新市场形势的管理体系，培养具有综合管理能力的复合型项目经理。这些进步能更快地改变企业领导层对国际市场的认知，认识到国际工程管理不只是简单的施工或设计管理，涉及的风险也远远不是国内传统管理模式可比拟。以此为基础，建筑企业参与国际建筑市场的层次会迈上新的台阶，进而加快企业的国际化进程。

3. 行业发展层面

1）项目全生命周期管理

项目生命周期概念是项目管理理论最重要的概念之一。它强调每个过程或阶段之间的信息需要顺畅流动，以输入和输出的形式，上一个过程为下一个过程提供依据，并最终形成完整的项目信息库。这个概念使项目管理的系统性和整体性大大加强，对于达成项目最终目标至关重要。生命周期概念不仅是项目管理体系建设的基础，也是项目信息化建设的依据。BIM 技术正是利用项目生命周期概念，逐步积累项目的信息和数据。业主将最终得到一个完整的数据系统，对后期运行维护提供极大的便利。

在传统管理模式下，项目被分成若干阶段且由不同的单位负责执行。如果业主没有完善的项目管理系统，信息很难顺畅流动，输入和输出的信息常常脱节，对项目的有效管理损害极大。经验表明，信息的遗漏、错误和差异是导致项目决策失误、管理混乱的主要因素，常引起承包商的工期索赔和成本索赔，给项目后期运营和维护带来诸多困难。

工程总承包模式通过整合项目不同阶段，将项目综合管理责任交给专业化的承包商，对于提高项目全生命周期管理具有较大优势。总承包商从设计阶段入手，根据业主需求与项目目标，规划设计、采购和施工，并最终向业主交付符合要求的产品。这不仅能增强所有项目参与者全生命周期管理的意识，而且对项目信息的完整流动提供了可能，将有效促进项目目标的实现。

2）科学的总分包关系

良性可持续发展的产业链应该像金字塔一样，由处于产业链顶端、中端和底端的企业组成。这样就会形成有序而良性的竞争，促成行业的健康发展格局。在建筑行业，顶端企业是具备超强投融资、工程咨询、项目管理、资源整合、核心技术等优势的建筑集团；中端企业应是具备专业化项目管理能力的工程总承包公司；底端企业应是大量具备独特技术优势的专业分包企业。

受发展历史和管理体制的影响，我国建筑企业的层次感不太明显。无论是设计单位或是施工企业，基本处于类似的管理和技术水平。尽管有个别企业在管理和技术方面走在前列，但其管理能力并未发生质的变化，这是导致同质化竞争严重的根本原因。在传统管理模式下，建筑施工管理的难度不大、门槛较低，体现不出大型建筑集团管理的优势。长此以往，大型建筑集团只是人数较多、规模较大而已，并没有形成超强综合管理能力，因为市场并未提供培养这种能力的土壤。因此，也就失去了形成科学总分包关系的客观条件。

工程总承包包括多种不同模式，还可以向更复杂的EPC＋F、DBFO、BOT等模式演变。经过市场竞争和淘汰，必将有一批超级总承包企业脱颖而出，成为建筑行业的巨无霸。这些企业将作为行业的龙头，进行大型工程项目的投融资运作和管理，站在金字塔的顶端。很多转型成功的中型承包企业将具备较强的项目管理能力，主要承担工程总承包业务，体现的是其核心技术和管理优势。绝大部分中小型企业将分化成专业化的分包商，为顶端和中端企业提供专业配套服务。这是目前西方发达国家的建筑行业格局，也将是中国建筑业的发展方向，能体现出科学的总分包关系。

3）供给侧结构性改革

供给侧结构性改革是我国经济发展到一定阶段，必须从高速增长向高质量转型的重要举措。供给侧改革的目的是提升经济发展水平，提高产品和服务质量，以满足人们日益增长的需求。对于建筑业来说，供给侧结构性改革尤为重要，因为建筑产品和服务渗透到了社会生活各个方面。另外，供给侧结构性改革还需要转变发展方式，达到降本增效的目的。这对于建筑业改革意义更大，因为传统管理模式的效率低下已引起社会的高度关注。

在传统建筑管理模式下，项目各阶段和管理职能的碎片化，使项目管理的系统性大大减弱，项目各项指标达成率极不稳定。产品质量提高依靠的是管理质量的提升，而管理质量的主要表现则是系统管理能力。如果没有完善的质量保证系统，产品质量只能掌握在操作工人手中，具有很大的不确定性，这是造成产品质量不稳定的根本原因。另外，工程项目成本浪费严重，投资效率较低，已是建筑业不争的事实。所以，建筑业供给侧结构性改革迫在眉睫。

推行工程总承包模式，是建筑业供给侧结构性改革的重要举措，这不但能促进企业的发展质量，而且也是整个行业结构性调整的基础。只有通过循序渐进的管理创新和提升，企业才能行稳致远，行业才能实现良性可持续发展。实践证明，跨越式发展并不能解决行业的可持续问题，反而会使企业陷入困境。因此，推进行业的供给侧结构性改革，就必须从改变管理体制抓起，不要期望一蹴而就。只要政策导向明确、客户需求旺盛，建筑企业定会实现项目管理能力提升，突破发展的瓶颈。

第2章

项目投标管理

2.1 工程项目招标投标概念

1. 工程招标投标定义

招标投标是订立合同的一种法律程序。建设工程招投标，是指由建设业主作为招标人，就特定工程项目诱引多个勘察设计、施工单位等作为投标人，由其根据招标人要求和自身情况编制标书并投标，然后由招标人以法定方式开标并做出决策，选定中标人并与其签订相关合同。

招标和投标是形成一项承包合同的两个方面，包括招标发包和和投标承包两项内容。所谓招标，是指业主按照规定的招标程序，采用符合其要求的招标方式，择优选择承担设计、施工和材料供应等任务的投标人。投标是指具有法定资格和能力并有承包意愿的投标人，按照招标人的意图和要求，根据规定的投标程序和方式提交报价及建议书，供招标人进行选择。招投标对于打破垄断、促进竞争、提高企业自身素质、推动市场经济发展，有着极其重要的作用。

招标投标双方应遵循自愿公平、等价有偿和诚实守信原则，讲求商业道德。招投标作为一种制度，受到各国法律的约束和保护。

2. 工程招投标来历

工程投标的原始理论依据源自古老的拍卖理论。拍卖作为商品交易的一种方式，在人类历史上存在了 2500 多年。虽然拍卖行为由来已久，但对拍卖理论的研究要到 20 世纪 60 年代才开始。通过对比密封式拍卖与工程投标过程发现，两者程序上非常相似，所不同的就是拍卖的成功买主要付最高价或次高价，而工程投标中标者则是最低价或合理最低价。

投标招标制度最早起源于英国。自“二战”以来，招标投标影响力不断扩大，先是西方发达国家，接着是世界银行在货物采购、工程承包中大量推行招标投标方式。近几十年来，发展中国家也日益重视和采用招投标方式进行货物采购和工程建设。招标投标作为一种成熟的交易方式，其重要性和优越性在国内外经济活动中日益被各国及各种经济组织广泛认可，进而在很多国家和国际组织中立法推行。

自 20 世纪 50 年代后的近 30 年时间里，我国实行高度计划经济体制，招标投标活动被认为是市场经济的产物，因而未被采纳和应用。改革开放后，国家提出要重新肯定并按经济规律办事，要重视价值规律的作用，招投标制度才被提上了日程。经过近 20 年推广和应用，我国于 1999 年正式颁布了《中华人民共和国招标投标法》，确立了招标投标的法律依据，使我国的招标投标制度逐步走向成熟和完善。

2.2　项目投标管理的重要性

1. 投标是项目实施的预演

投标之前任何形式的项目跟踪、调研、洽谈等活动，都仅是为投标或签订合同做准备，不会形成法律上的契约关系。只有按照规定程序，以书面形式递交投标书并被招标人接受，才能实质性地成为合同双方。因此，投标过程是理解业主要求，针对业主要求做出响应，提供业主要求的最佳解决方案的过程。投标人需要以书面形式向业主递交项目实施的方法和报价，表明投标人所做的正式承诺。

投标成败一般是指项目中标与否，而中标与否又取决于投标的方案和报价。尽管标价高低是业主决策的重要因素之一，但在很多情况下，业主对投标人实施项目的能力更加重视，因为这是保证项目成功的前提条件。投标建议书就是要能准确反映企业的真正实力，并以最明确的方式将这些信息传递过去。在投标实施中，弄虚作假、夸大其词现象经常存在，但这并不可取。因为一旦被发现就会给企业带来欺诈罪名，并且会被列入黑名单。同样，企业实力表述不清也会影响投标质量，甚至导致投标失败。

投标过程是项目实施过程的预演，不仅是为了说服业主认可自己的实施方案和价格，而且是通过投标过程全面理解项目需求、约束和风险，并针对这些条件制定最佳的解决方案和最合理的价格。因此，投标需要考虑项目全过程的各种场景，利用企业的技术知识和管理经验，描述实施项目的方式和方法，并通过各种方案的比选和优化，报出最合理的价格。这个过程需要集中企业最优质的资源，以充分体现企业的技术和经验，属于高度智力密集型的工作。

2. 投标对项目成功的影响

投标是承包商向招标人做出的正式承诺，投标建议书将是合同文件的重要组成部分，其中的信息和数据也将成为实施项目的依据。在具体实践中，经常出现投标信息与实际不符的情况。这不仅会引起业主对承包商的怀疑，甚至还会导致合同纠纷。所以，承包商建立完善的数据库非常重要，不仅能有效加强企业的投标能力，而且对于实施过程也有很好的促进作用。传统施工企业习惯于施工数据的积累，而缺乏复杂合同模式下的项目管理数据，这对工程总承包项目的投标有很大影响。

投标实施方案是资源配备的基础，而资源配备又是成本估算的依据。施工总承包项目主要在于施工方案的可行性，而工程总承包项目需要考虑设计、采购和施工的全过程管理，项目管理方法的可行性就更加关键。这就要求建筑企业在转型过程中，积累并掌握项目综合管理的系统方法，针对具体项目制定恰当的项目管理方案。

工程总承包项目的风险识别和应对是投标的关键内容之一，因其对实施方案和投标价格产生直接影响。传统施工承包模式下，业主负责项目整体管理，对大部分风险采取自留方式，因而承包商在传统承包模式下的风险相对较小，也导致了对投标风险识别和管理策划的不重视。工程总承包模式下，业主转移了项目管理责任，同时风险也转移给承包商。这就要求在投标时高度重视风险策划，并使用科学的方法进行风险识别和应对，才能保证项目的投标质量，这也将决定项目实施能否成功。

3. 投标书是实施计划的主要依据

项目成功的标志是业主目标的达成，业主需求通过招标文件来体现，而投标文件则是为响应招标文件的要求。因此，项目实施计划应以投标文件为主要依据，并对达成项目目标的方案进行优化，以便更好地满足业主要求。这既能体现项目信息的连贯性，也能保证信息流动的完整性，是项目全生命周期概念的具体体现，对于项目管理的成功至关重要。

业主接受的投标文件作为合同文件的一部分，是合同双方对项目实施达成的协议，具有重要的法律地位，应得到高度重视。在投标实践中，很多企业为项目中标而做过度承诺；实施策划时就另起炉灶，试图推翻原来承诺的方案。这不仅会构成违约行为，而且也影响项目目标的实现，还会使企业丧失市场信誉。因此，将投标文件作为实施策划的主要依据，是对合同履约的基本要求，对于项目成功实施及企业商业信誉的建立都很重要，应得到认真对待和履行。

相比于施工总承包，工程总承包项目涉及的方面更多、内容更复杂。投标时需要对项目管理和实施的各个方面进行整合，形成相互吻合的系统；否则，将造成不能自圆其说的现象。在项目实施策划时，如果不沿用投标的方案，而采用不同的思路，不仅会产生合同方面的问题，而且也会使各个系统之间发生冲突，导致后期管理的混乱。总之，保证项目信息完整性是成功项目管理的关键，而信息的连贯性是其完整性的重要保障。

2.3 工程总承包投标特点

1. 重视项目管理计划

我国长期使用传统施工承包模式，总承包商基本以土建施工为主，一般由业主或其咨询公司负责项目整体管理和协调。这使得总承包商更擅长编制施工组织设计，注重土建施工方案和技术研究，而对项目整体管理缺乏足够认识，也不太具备全过程项目管理的能力。传统施工承包商项目管理能力不足，与我国建筑业的管理体制有直接关系，而与企业本身关系不大。市场需求是企业能力的决定性因素，没有这样的市场需求，自然就失去了培养相应能力的积极性。

工程总承包模式的推行，是我国建筑业转型升级的重要步骤，也是供给侧结构性改革的关键举措。通过改变管理体制，将项目管理的责任逐步转移至工程总承包商，由其承担项目的主要风险。这不仅是对投资者利益的有效保护，也能促进总承包商管理能力的提升。在新的市场环境下，总承包商必须加强项目管理的组织，完善管理系统建设，积累项目管理经验，提升企业综合管理能力；否则，实现转型升级便是一句空话。

项目管理计划是工程总承包投标的一个重点内容，需要投标人编制项目整体管理的计划和措施，包括设计、采购、施工到收尾的各个阶段，并涉及项目进度、成本、质量、安全等各个方面。由于在传统施工投标中一般不含此类内容，所以项目管理计划对国内承包商而言相对陌生。然而对于工程总承包项目来说，这是必不可少的内容，需要加强对项目管理的学习，培养编制项目管理计划的能力。

2. 风险识别与策划

项目存在风险是其固有性质决定的，不会因为项目交付方式的改变而消失。一般来讲，管理责任越大，承担的风险越大。推行工程总承包模式，业主将更多项目管理责任转移给承包商，风险也随之发生了转移。相比传统施工总承包模式，随着总承包商承担项目范围的不断增大，其面临的风险也逐步增加。

因此，工程总承包项目投标时，总承包商要通过对标书综合分析，采用科学的方法对项目风险进行识别和策划，估算应对风险的合理储备金额，并将其纳入投标估算中。否则，在实施过程项目风险一旦发生，就会造成严重的经济损失。这需要总承包企业领导和投标团队增强风险意识，充分理解风险管理的意义；并学会使用正确的方法，对项目风险进行有效预测和管理。

3. 价值工程方法应用

价值工程是一种技术与经济紧密结合，而又非常注重经济效益的现代管理技术。它是以提高研究对象（包括产品、工艺、工程、服务等）的价值为目的，以功能系统分析为核心，以创造性思维、开发集体智力资源为基础，以最低的全生命周期成本来实现研究对象必要功能的一种科学方法。价值工程的目的是提高研究对象的价值，价值与功能和成本有关。对于不同对象，其价值体现不同，提高价值的方法也不同。

在传统施工模式下，业主作为项目综合管理的一方，是运用价值工程来提高产品价值的主体。应用价值工程通常要在设计阶段进行，在施工阶段应用意义已经不是很大，因此，施工承包商对此没有太大兴趣和积极性。然而，工程总承包模式改变了这一现状，总承包商要对项目全生命周期管理负责，包括设计、采购和施工，甚至涵盖投资和运营。这就需要总承包商站在项目整体利益角度来思考，应用价值工程方法来提高产品价值，以降低项目成本并增加经济收益。运用价值工程既符合“以客户利益为中心”的理念，也可以给企业带来更好收益，是工程总承包项目非常重要的管理技术之一。

在工程总承包投标时，运用价值工程原理和方法，是赢得项目合同的重要手段。提高项目价值的方法有两个方面：一是在成本不变情况下，提高产品的功能；二是在功能不变的情况下，降低项目全生命周期费用，两种方法对于赢得项目都会有较大好处。工程总承包项目的范围涵盖设计、采购和施工等主要阶段，发挥设计过程的创造性非常重要。可以通过新工艺、新材料比选、可施工性分析等价值工程方法，来降低项目全生命周期费用，以提高项目的整体价值。

2.4　工程总承包招标形式

项目招标形式取决于业主选择的交付模式，而交付模式选择依赖于业主对各种因素的综合考虑和决策。通常来讲，业主会根据项目性质、项目规模、工期要求、投资控制、技术难度、风险策略、业主能力、市场惯例、承包商水平、商业环境等诸多因素，来选择最适当的交付模式。决策原则是通过对项目风险的合理分配，将管理责任交给有能力承担的一方，以确保项目目标的实现。在选择模式过程中，应适当考虑项目各参与方的利益，尽量达到项目多赢的效果。

招标形式的选择可以由业主自行决策，也可以通过咨询公司协助完成。致力于项目开发的投资集团一般有比较成熟的经验和模式，常常自行选择招标形式。对于临时性的开发机构，往往需要咨询公司的协助，以便选择最恰当的交付模式。下面针对工程项目的常用招标形式做一些简要介绍。

1. 基于可研报告的工程总承包

这种招标形式在可行性研究报告获得批复后，开始工程总承包招投标，招标文件的依据是可行性研究报告、项目选址地形图、规划条件等内容。其中，可行性研究报告及批复会明确项目规模、建设标准、投资限制、功能要求、质量标准和工期要求，有时也会附有建筑装饰和机电安装专业的概念性方案，通常在招标文件的业主要求部分补充完善。

这种模式下，业主和承包商都会面临较大风险，因为在这个阶段很多项目要求还不明确。对于业主来讲，可能会造成对项目失控或功能较大范围变更，从而导致工期拖延、投资增加；对于承包商来讲，在业主要求尚不清晰的状态下投标，无法准确估算项目成本，导致实施过程的管理难度加大，产生意想不到的费用支出。因此，这种模式一般适用于功能定义比较单一的厂矿和基础设施项目，如石油炼化、化工厂、水泥厂、电站、码头等。有时，在规模较小、工期很短、功能简单的建筑项目上也会采用。

2. 基于方案设计的工程总承包

这种招标形式是在可行性研究报告和设计方案获得批复后，开始招投标工作。通常，可行性研究与方案设计会同时进行，并由同一家咨询设计公司完成。招标文件的依据便是可行性研究报告和方案设计文件，包括：功能要求、建设标准、投资限制、工期要求、各专业方案设计文件、质量标准，在招标文件的业主要求部分补充完善设备材料档次等。

在这种模式下，业主前期工作更为细化，通过提供方案设计来进一步明确了业主目标，使项目透明度提高，风险也相对容易控制。这时，业主要根据风险评估结论，决定是否继续项目；如果继续，就要开始工程总承包招标过程，一旦招标就意味着业主对项目的承诺。这种招标形式要求投标人投入较大，需要完成初步设计和主要材料设备选型，在此基础上计算出合理报价。因此，对于大型工程来讲，投标人一般不超过 5 家。

3. 基于初步设计的工程总承包

这种招标形式是在可行性研究报告完成后，咨询公司完成项目的方案设计、初步设计、设计概算，并获得业主审批后才开始招标。这种模式在国内外建筑工程领域应用最广，也充分证明这是风险分配相对合理、管理效果较好的一种模式。这时，招标文件的依据更加充分，业主要求更加明确，承包商面临的风险也相对较低，投标报价也更有针对性。

在这种模式下，因前期设计过程比较深入，功能分区、结构形式、设备选型、材料规范、装修风格等内容都已确定，承包商在施工图设计中的优化空间大大减少，也就使价值工程应用的效果明显降低。总而言之，对于功能性复杂的建筑项目，业主通过前期的需求分析和考量，通过初步设计文件来明确各项指标，应是相对科学、合理的选择。

4. 基于施工图设计的工程总承包

有人认为基于施工图设计招标，应该属于施工总承包，这种认识并不完全正确。根据住房和城乡建设部对工程总承包模式的定义，如果总承包商负责项目两个或以上阶段就应称为工程总承包，这就属于工程总承包的一种。与传统承包模式不同的是，这种合同模式需要承包商负责深化设计、采购、施工和试运行，对项目整体管理负责，业主不再与其他承包商签订合同，是国际建筑市场应用最广的一种形式。这对于总承包商来讲，也需要具备设计深化能力和项目综合管理能力。与传统施工承包模式相比，总承包商管理范围大大增加。

使用这种模式，业主委托设计单位基本完成了设计阶段的所有任务，给承包商留下的设计优化空间相对较小，承包商价格组成也比较透明。这时，影响投标价格的几乎不存在设计因素，主要取决于项目组织和管理水平。因此，承包商需要优化项目管理计划，比选施工方案，通过降低管理费用和风险储备金额，来提高投标报价的竞争力，因为项目直接费用在各投标人之间会比较接近。

5. 各种招标形式的比较

在具体实践中，即使采用同一种招标形式，业主也可能会根据情况对合同条件做具体修改。计价和支付方式也没有统一规定，主要是为满足业主的需要。每种招标形式都各有利弊，不存在哪个最好、哪个最差，完全是业主根据项目具体情况的选择。对于性质比较单一且工期要求紧迫的项目，采用快速通道法如 EPC 等方式，比较有利于快速完成；对于比较复杂的大型项目，采用分阶段实施的传统招标形式会比较有利，因为业主能够准确提出项目目标，并把控每个阶段的进展，但通常工期会较长。无论如何，招标形式的选择对项目成功有很大影响，正确的选择会达到事半功倍的效果；相反，则会造成很多问题和困难。

承包商在做投标决策时，也需要根据项目性质、招标形式、风险大小、自身管理能力等因素来决定。在竞争日益激烈的市场环境下，很多建筑企业饥不择食，常常忽略对自身能力的判断，敢于尝试各种类型的项目。虽然这种大无畏的精神可嘉，但却不符合商业运作的规律，近些年国内外市场发生的很多失败案例便是深刻的教训。总之，工程总承包项目需要承包商具备较强的项目管理和技术实力，能力越强的企业可以承担风险更大的项目，并从中能获得更高的利润；反之，就应寻求风险较低的模式。

2.5 工程总承包招标文件

招标文件是承包商投标最重要依据，需要认真研究和分析，并根据招标文件要求部署投标的各项工作。工程总承包招标文件一般包括如下内容：

（1）招标公告（或投标邀请函）

（2）投标人须知

（3）评标办法

（4）合同条件

（5）业主要求

（6）业主提供的资料和条件

（7）投标书格式

（8）投标人须知附录规定的其他资料

（9）对招标文件所做的澄清和修改

对于大型复杂工程来说，招标文件内容之间未免出现矛盾或冲突。当投标人发现错误时，应根据文件的优先级进行判断，如投标图纸的优先级大于工程量清单，那么如果清单列出的数量与图纸不符时，应以图纸计算的数量为准。另外，当图纸数量与技术规范不一致时，应以规范描述为准。

按照国际惯例，一般当标书文件有模糊不清或相互矛盾时，应以如下列出的优先级顺序进行解释：

（1）合同或协议书

（2）中标通知书

（3）补遗文件及投标答疑（此类文件如有矛盾之处，则应以日期较后的为准）

（4）合同专用条款

（5）合同通用条款

（6）承包商投标书

（7）技术规范

（8）合同图纸

（9）工程量清单

2.6　招标文件重点内容

由于业主选择的招标形式各式各样，其提供的招标文件内容也不尽相同。如上文所述，有些项目可能只有可行性研究报告，有些则有方案设计或初步设计文件，但这并不影响业主目标的表达。因此，在研究招标文件时，应抓住的几个重点如下：

1. 投标人须知

投标人须知详细规定了投标程序和投标建议书的要求，是承包商准备技术建议书和商务建议书的重要依据，也为如何投标提出了详细要求，应得到投标人的高度重视。经常，投标人动用大量人力、物力，充分准备了投标建议书，但由于程序上的错误却导致了废标，这是投标时所犯的最低级错误。

2. 业主要求

业主要求是工程总承包招标最重要的文件之一，其对于业主目标会有比较明确的表述，也是承包商需要重点研究的内容。其中，包含针对项目建议的要求，对整个工程情况做出总体说明，并给出强制或建议使用的相关技术标准和行业规范等。尤其在 EPC 模式下，业主要求还包括设计深度的要求，以及业主所能提供的工程资料与数据。

3. 合同特殊条款

合同条件一般包括通用条款和特殊条款，通用条款规定合同双方的责任和义务等，通常使用标准版本。特殊条款是针对本项目的特殊内容，例如价格形式（单价合同、总价合同、成本加酬金）、付款条件等，属于承包商进行商务和风险策划的关键因素，需得到应有的关注。

2.7 投标准备与分工

1. 投标人员选择

不同于传统施工项目投标，工程总承包投标涉及的工作范围和管理责任要大得多，况且项目风险也是成倍增加。因此，投标人员首先得具备丰富的技术和管理经验，而且要熟悉工程总承包项目的管理程序和关键环节，并能利用以往经验识别出影响进度和成本的风险因素，以便编制出合理的技术方案和管理计划。一般来讲，工程总承包投标时间不会超过 45d，要在如此短时间内完成高质量的标书编制，就需要投标团队比较默契的合作。

实践证明，从不同单位临时抽调投标人员是通常做法，然而其效果并不理想，这主要源于团队合作成熟度较差，况且还有管理上的其他影响。另外，投标工作的地点选择也很重要，如果离办公室太近，就会经常被日常事务干扰。因此，最好选择远离办公室的地方，这样有助于投标团队全神贯注地完成投标任务。

其实，投标本身就是一个项目，应按照项目管理方法进行管理。首先，要明确投标经理（最好是拟任项目经理），然后由投标经理来组建投标团队；其次，要确定其他关键人员，包括设计、技术、采购、施工、进度计划、预算成本、质量、安全、合同等专家或负责人。这些人员通常都在职能部门负责或任职，确定人员时要与职能部门做好协调和安排；否则，部门工作就会影响投标进展。

2. 外部资源获取

工程总承包项目具有规模大、技术复杂、专业多等特点。一般来讲，总承包商都需要与分包商共同完成项目；况且，有些专业化分包资源的加入，还会增加中标的概率。因此，投标准备阶段的分供商选择就相当重要。有时，不能仅以价格一个标准来考量，需要综合各种因素（如技术能力、业主偏好、市场信誉等）进行决策，这显然是投标准备中一项比较困难的任务。

在总承包商没有设计能力的情况下，设计分包的选择就更加重要，因为设计在工程总承包项目中的分量太重了。可以说，设计的优劣不但是影响中标的关键因素，而且对于项目的进度和成本也有相当大的影响。这就说明，在选择设计分包时，绝不能以设计费高低来判断，更要看中其设计水平和成本控制能力，因为设计费在整个项目成本中所占比例相对很低，一般不会对报价产生多大影响。

如果总承包项目的技术复杂，就需要在投标阶段敲定专业分包和设备供应商，这样不仅可以锁定价格，而且能提高分供商参与投标的积极性。尽管有时可能不符合企业的分包原则，但对于具有特殊技术的专业分供商就需要特事特办；否则，就可能会影响投标进展和中标概率。

现场踏勘是工程总承包项目投标的一项重要程序，也是投标人员了解现场情况的一次机会。因此，进行现场踏勘时绝不能走马观花、敷衍了事；否则，就很可能发现不了潜在的风险因素。如果条件允许，最好与部分分包商一起参加，这对于相互沟通会更加有利。应注意和了解的事项包括但不限于以下内容：

- 现场情况和限制条件
- 设计条件
- 气候条件
- 当地的法规
- 当地分包商资源
- 当地材料市场价格
- 当地货源、运输条件
- 银行与保险业务安排等

标前会议是在投标前唯一一次与业主和竞争对手接触的机会，应注意抓紧时机来刺探更多情报。参会时注意不要将自己的投标策略透露出去，要仔细聆听业主、咨询工程师和竞争对手谈话，从中探查他们对本项目的态度、经验和管理水平，从而优化自己的投标策略。当然，派去参加会议的人员也很重要，最好安排投标经验丰富的老手参会，不应安排一般人员只是为了参会而参会。

3. 投标责任分工

由于投标小组往往是临时性组织，人员来自不同职能部门甚至是不同单位，所以组织的严密性和纪律性较难形成。然而，对于工程总承包项目投标来讲，涉及的工作范围甚广，有时会涵盖项目全生命周期各个阶段，需要极强的系统性协作，才能成功地完成投标任务。因此，企业领导层必须改变传统施工投标观念，高度重视工程总承包的投标组织建设。不但要选派优秀的人员参加，而且要通过奖罚制度来激励和约束员工行为。

投标团队的责任分工也很重要。由于工作范围或责任分工不明确，导致投标失误的情况比比皆是，需要引起高度重视。投标责任分工最好的方法是使用工作分解结（WBS）法，这不但能保证范围的全面性，也能理清各任务之间的相互关系。这种方法是以投标目标为起点，层层分解投标工作，直到任务分配到每一个团队成员为止；并且，要明确各项任务之间的界面关系，以利于投标过程的协调配合。

工程总承包项目投标文件一般由四部分组成，包括：技术标、管理标、商务标和资信标（资格后审）。除了资信标相对独立以外，前三者之间关系非常密切，相互制约和影响。因此，投标组织分工要注意将它们的相互依赖关系描述出来，并且让每个团队成员都有清楚的认识和理解，以便于工作中的界面管理。

2.8 编制投标计划

1. 投标计划重要性

投标是项目生命周期中最重要阶段之一，需针对项目整个实施过程进行策划，以便形成完整的系统性文件。这就要求投标管理运用项目管理的基本方法，按照启动、计划、实施、监控和收尾五个过程执行。投标计划是投标实施、过程监控的依据，贯穿于整个投标阶段，对于保证信息的完整性和系统性至关重要。投标工作往往时间短、任务重、要求高，如果没有详细的计划，极易造成信息遗漏和错误，对投标质量造成不利影响。

在传统管理模式下，施工项目投标主要集中于施工组织设计、施工方案和工程算量，仅涉及整个项目生命周期中一个阶段，投标组织相对简单。况且，大部分建筑企业对施工项目投标已形成成熟的模板，对投标过程也比较熟悉。所以，投标计划的重要性未得到高度认识，一般使用计划表或横道图形式就能满足要求。

然而，工程总承包项目涵盖的工作范围大大增加，投标文件的系统性要求也不可同日而语。这就必须使用详细的计划来指导整个投标过程，并体现各个系统之间的逻辑关系，否则将难以保证投标文件的系统性和准确性。另外，工程总承包项目投标内容复杂，涉及专业众多。某个专业或系统的错误，都会影响其他专业或系统，甚至造成整个投标的失败。这就需要对投标过程定期的监督和控制，以便跟踪整个工作的进展，而投标计划则是过程监控的基准。

2. 计划编制方法

与编制任何工作计划一样，投标计划也需要从制定工作分解结构（WBS）开始。首先，要研究招标文件，确定投标需求，准备投标文件组成清单；其次，根据清单进行任务分解，形成投标工作分解结构（WBS）；最后，生成的工作单元必须是由一个投标成员负责。这样，就可以将每项工作分配给一个责任人，并形成组织分解结构（OBS）。

对于小型项目或施工项目投标，通常使用表格形式编制工作计划，而大型工程总承包项目投标则需要使用关键路径法（CPM）来编制投标计划。这需要对投标工作分解结构中的任务进行排序，并识别出任务之间的依赖关系，形成网络计划图。然后，根据投标截止日期倒排时间，为每项任务分配时长。由于业主给予的投标时间往往很短，工作任务非常繁重，所以计划需要及时更新，以反映实际进展情况。关于 CPM 法网络计划的编制方法，在后面章节有详细的描述，这里暂且省略。

2.9 召开投标启动会

1. 投标启动会的重要性

投标启动会是投标过程启动的正式程序，大多企业投标都会有这个程序。然而，有些启动会的组织比较简单，并未起到应有的作用，这和对启动会的重要性认识不足有关。俗话说，“好的开始是成功的一半”，好的投标启动会同样能达到事半功倍的效果。作为投标的正式活动，启动会需要相关方主要领导出席并讲话，以增强投标的严肃性；另外，会议要有正式的议程，以便讨论的内容不偏离方向，会后要有会议纪要并分发给相关人员。

投标经理作为启动会的主持人，需要介绍团队成员、各项工作计划和安排，并展开讨论，以便进行计划的优化。在这种临时组织中，团队成员可能以前并不认识，通过启动会可以增进了解，为随后的工作配合奠定基础。

另外，投标启动会要由投标经理宣布投标制度和工作纪律，并且要得到职能部门领导的理解和支持，这对于投标工作非常关键。由于投标组织通常是临时性组织，成员大都有双重职责，如果没有严肃的纪律和制度以及部门领导的支持，投标工作会受到很多干扰。这常常导致任务不能按时间节点完成。不仅影响其他任务的进展，而且会降低投标文件的质量。

2. 投标启动会的准备

投标启动会需要做详细的准备，并且要将会议内容形成书面记录，以增强启动会的效果。具体实践中，很多企业投标启动会准备不够完善，开会只是为走程序，启动会仅仅变成了见面会，讨论的内容也不具体，会后也没有形成决议和记录，这就失去了启动会的目的和意义。

投标启动会应准备以下内容：

（1）工程范围和承包商责任

（2）业主关键目标分析

（3）初始的项目中标策略

（4）业主招标程序和时间表

（5）投标工作计划

（6）投标组织机构和团队责任分工

（7）投标成员联系方式

（8）业主和竞争对手的背景分析

（9）投标成本预算

2.10　项目投标实施

1. 标书编制原则

投标需要大量而准确的信息输入，这包括：业主招标文件、市场调查报告、现场踏勘报告、企业数据库、法律环境调查等内容。其中，业主要求是信息收集和投标工作的起点，应深入分析并汇总列项，传递到每个投标团队成员；市场调查报告是企业对项目所在地的市场信息调研，是影响投标决策的关键因素，也是投标输入信息的重要来源；企业数据库是指承包商在长期经营过程中积累的经验和知识，这是体现投标人能力的重要方面。

投标过程需要使用很多方法，才能将业主要求变成高质量的投标方案，其中包括设计技术、方案选择、设备选型、价值工程、采购方式、施工组织设计、项目控制方法、网络计划技术、信息化技术、质量保证措施等。这些方法之间存在相互影响的逻辑关系，需要系统性地运用，才能达到应有的效果。

经过信息收集和管理技术的运用，最后将输出满足业主要求的投标文件。投标文件在过程中和递交标书前，需要进行反复评审和校正，以保证投标数据的准确性与合理性。这就需要投标成员充分理解项目的逻辑关系，以及标书各部分之间是如何相互影响的。最后，要对项目风险做一次评估，确保风险被充分地识别出来，并且风险储备金估算是合理的。

2. 标书各部分之间的关系

工程总承包项目投标文件，一般包括技术标、管理标、商务标和资信标（资格后审），这里的技术标包括设计方案和施工方案，与传统施工项目技术标差异较大。管理标包含项目各个方面（如设计、采购、施工、进度、成本、质量、HSE、信息化等）的管理程序和方法；商务标包括项目成本估算和价格组成；资信标是针对资格后审需要提交的资信文件，如已完成资格预审就不再需要。

充分理解投标文件间的关系，对于投标团队的有效配合以及高质量地完成投标非常重要。设计和技术方案是响应并满足业主要求的核心内容，无论业主在什么阶段开始招标，满足业主需求始终应是设计工作的核心；管理标则是要以达成设计和技术方案为目标，以降低项目成本为原则，利用最合理、有效的管理措施来成功地完成项目；商务标的成本估算需要以技术标和管理标为依据，其中设计文件提供工程范围和数量以及规范要求，管理文件则体现项目管理的各种方法和措施。前者决定项目的直接成本，后者与项目间接成本直接相关。最后，别忘了项目风险的识别和策划，并计算出合理的风险储备金。

3. 标书编写要求

在向团队成员分配标书编写任务时，应明确内容的主题并指出主题的核心，这样有助于编写者抓住关键点，不偏离主题内容。通常，要先提供一个内容概述，使用简练的语言介绍本部分内容的核心观点，并要介绍是如何来支持这些核心观点的；主体内容要紧扣业主要求，重点回答是如何满足这些要求的，并且要指出解决方案的优势所在，这能够让业主与投标人产生共鸣；最后，要总结并进一步阐明投标人的主题思想，或使用图表形式来增加感性认识。

标书编写要力争使用简单、明了的语言，做到主题突出、思路明确、内容翔实，对业主关心的问题做重点描述，而对项目通用管理的描述要简洁。投标人常常要做换位思考，要站在招标人的角度来考虑其最关心的内容。不能仅仅考虑我有什么，而更要考虑业主需要什么、关心什么。这也是以客户为中心的基本体现。

另外，标书编写一定要有亮点，也就是要能够与竞争对手产生差异优势。现实中，很多投标者更善于抄袭，而不注重创新，甚至连项目名称都抄错的情况也大有人在。这显然不仅是水平问题，更是态度问题了。在竞争日益激烈的环境下，人云亦云、抄袭模仿不可能行稳致远，只有不断创新、求变的企业才会在竞争中最终胜出。

2.11 项目技术标编制

1. 确定设计范围

1）设计范围依据

工程总承包项目设计范围跟招标形式有关。如上文所述，如从可行性研究完成后招标，将包括方案设计、初步设计、施工图设计；从初步设计完成后招标，则仅包括施工图设计。因此，这就需要按照招标条件来确定设计范围和设计深度，以满足业主要求和成本估算的目的。

除了业主招标文件外，还需要了解项目所在地的习惯做法和设计要求。如果仅以企业自身的认识来判断，可能会因对设计阶段划分和设计深度理解不一致，而导致设计达不到招标要求，影响中标的可能性。同时，还要将同类项目的设计文件作为参考，分析其优缺点和改进空间，为本项目设计提供参考。

2）设计范围定义

设计范围定义就是项目范围定义，需要以招标文件的业主需求作为信息输入。范围定义最常用的方法就是工作分解结构（WBS），将项目目标层层分解并形成详细的工作单元，直至能够进行有效的管理。WBS 作为项目管理最重要的方法和工具，为所有项目管理活动提供了基础，可以延伸出组织分解结构、项目进度计划、项目成本预算等，是整个项目管理的核心。

工程总承包项目范围通常包括设计、采购和施工，因此设计范围定义将对采购和施工产生影响。在选择工作结构分解方式时，应综合考虑采购和施工的工序及相互关系，使项目信息能够完整地流动到下一个阶段。这对于项目设计、采购和施工的深度融合很有好处，也是推行工程总承包模式的意义所在。在后面的设计管理部分，将对设计范围定义进行详细描述。

3）明确设计任务

在项目范围定义之后，需要明确投标设计任务。充分研究招标文件的设计要求，理解投标要求的设计范围和深度，并确定需完成的设计内容。因为投标阶段不可能完成全部设计工作，所以投标设计文件既要满足招标文件要求，还要满足成本估算的需要。如果投标设计过于简化，将无法准确识别成本元素，对成本估算造成一定风险。所以，在满足招标要求的条件下，应尽可能完善设计文件，以免出现较大的成本估算失误。

2. 设计责任分配

设计责任分配是根据设计任务书，将任务分配到具体设计人员，形成组织分解结构（OBS）。投标人员一般需要从各个专业部门抽调，并且投标设计需要组织内最优质的资源，来体现投标方案的竞争优势，以增强项目中标的概率。这使得在组织内协调资源有较大难度。因此，需要企业高层领导做出综合判断，根据项目的重要程度协调投标所需资源，以保证投标工作的有效进展。

大型工程总承包项目的系统比较复杂，专业化要求高，对投标设计人员的素质要求也很高。在组织内部资源紧缺情况下，可以考虑使用外部更专业的资源。这就会造成项目设计可能来自不同组织，给设计协调增加了难度。因此，在范围定义和责任划分时，要明确设计界面关系，严格定义设计成员的责任，以免导致一些工作没人做，或者一些工作责任重叠。

3. 技术方案比选

1）项目功能识别

业主目标是通过项目功能需求来体现，是整个设计过程的起点。首先，要深入研究招标文件，以清楚地理解业主要求内容，明确项目要达到的目标并形成项目功能需求清单；其次，还需要研究收集到的其他资料，如政府法规、常规做法等，来识别隐含或必要的功能需求，以免出现一票否决的设计失误。这对于在陌生地区的投标设计尤为重要，因为设计疏忽常会引起成本的重大损失。

2）系统工程应用

为最好地满足业主要求，需要进行设计方案比选。在方案比选时，不仅要考虑每个专业的功能优化，更要重视整个系统的功能。有些项目每个专业系统都使用了最高端的技术和产品，但其整体效果并不理想，这在复杂项目的设计中经常碰到。因此，设计人员应注重应用系统工程方法，力求整个项目达到最佳效果。即便在投标时间很短的情况下，如设计人员具有系统工程思维，也能起到很好的作用。

3）全生命周期成本考虑

除满足功能需求外，方案比选需要考虑的另一个重要因素，便是项目的全生命周期成本。尽管投标时承包商更多考虑的是如何降低建安成本，以保证投标价格更具竞争力，但投资者对后期运营维护成本也会比较关心。因此，设计人员在努力降低建安成本的同时，应把全生命周期成本作为一个考量标准，这可能会成为设计的亮点，以便提高中标的可能性。

4. 应用价值工程

1）价值工程原则

价值工程理论产生以来，在各行各业得到普遍推广应用，创造了巨大的经济效益。在很多发达国家，在工程项目建设中强制应用价值工程，其重要性显而易见。价值工程是针对产品的全生命周期价值，寻求在功能不变情况下降低成本，或者成本不变情况下提高功能，两种情况都可以提高产品的价值。在工程总承包投标时，业主一般使用价值最大法（Best value）来选择承包商，这就使得价值工程的应用更加重要。

2）工程总承包项目优势

工程总承包项目对应用价值工程有着独特的优势，因为总承包商控制了影响产品价值的几乎所有过程：设计、采购和施工。设计阶段是应用价值工程最有利的阶段，可以通过对设计、采购和施工方案的综合考虑，来找到价值最高的选择。当然，采购和施工阶段同样可以使用价值工程，但其效果会大大降低，常被人们所忽略。因此，在编制技术标时，除优化设计、采购和施工方案外，更要注重价值工程方法的应用，这不仅能够降低投标价格，而且能体现投标人的技术和管理实力。

2.12 项目管理标编制

1. 明确管理标要求

工程总承包招标有很多不同形式，工作范围差别很大，对管理标的要求也不尽相同。因此，管理标编制应首先明确招标要求。从研究招标文件开始，识别业主最关心的管理目标，确定管理标内容清单和要点。需要注意的是，每个项目都有其独特性，管理重点也不会完全相同，应根据具体项目编制有针对性的管理标内容。

在传统施工项目中，承包商的侧重点在施工技术、施工组织等方面，对项目管理要求不高。这使得传统施工承包商的项目管理意识淡薄，缺乏完善的项目管理体系，对管理标的编制相对茫然。因此，在参与工程总承包投标时，常把管理标重点放在施工组织设计和施工细节方面，而对项目管理的体系和方法轻描淡写。这不仅体现出投标人缺乏项目管理经验，而且也会影响整个项目成本的估算。

不同于施工承包项目，工程总承包投标重点应为项目的综合管理。管理标考察的就是投标人的项目管理经验。除满足项目的设计和施工技术要求外，需要有针对性地描述项目管理的重点内容，以便增强业主对投标人的信任度。通常，业主会关注项目的设计、采购和施工的管理以及三者的有效融合，还会对进度管理、质量管理和成本控制等方面有较高要求。

制定系统的管理方案主要为业主提供各种管理计划和协调方案。对于工程总承包项目而言，科学的设计管理及设计、采购和施工的紧密衔接是获得业主信任的重要衡量标准。但在投标阶段，不宜在具体措施上过细，一是投标时间不允许；二是以防泄漏企业的商业机密，只需突出结构化语言，点到为止。以下对几个方面进行简要描述。

2. 管理经验策略

管理经验是降低风险、争取投标时间的最佳手段。如果本公司曾以总承包或主要承包商角色参与过类似项目，将大大提高中标的可能性。这是因为如果有相应的管理经验，就会比其他投标人在风险识别上更有预测能力，对项目整体环境有客观的评价。丰富的经验不仅能为投标小组指明决策方向，还能大大节约投标时间和成本。例如，可以节约大量未知信息的调研时间；企业原来的投标文件和竣工文件可以为投标提供模板，进而减少资料从无到有的编写过程；参与过类似项目投标的人员会驾轻就熟，工作沟通比较顺畅，以集中精力克服投标的重点和难点。

3. 设计管理计划

对于工程总承包项目投标，设计计划的重点是编制设计进度计划及设计与采购和施工的接口计划，尤其是对设计决定成本的概念贯穿在整个设计工作过程中。

设计进度计划直接影响项目的采购和施工进度，其合理性关系到业主投资目标是否能如期实现，是业主评标的重点考虑因素之一。设计进度计划要和设计方案紧密联系，使用 CPM 网络计划等工具，将设计工作的关键里程碑节点和下一级子任务的进度计划提供给业主。

设计与采购和施工的接口计划，是解决项目在管理过程中设计、采购和施工如何衔接的问题。这个计划非常重要，是业主衡量总承包能否实现项目实施连贯性的重要标准。接口计划可能涉及的内容包括：设计与采购的分工要求，长周期设备订货计划，施工分包计划，设计对施工进度、成本、质量和环保的要求计划，设计对需要分包的要求计划，设计对标准规范的要求计划等。

4. 采购管理计划

工程总承包一般包括大量的采购任务，采购管理水平将直接影响工程的成本、进度和质量，并决定建成后能否连续、稳定和安全地运行。采购管理计划应和设计管理计划及施工管理计划共同编制，其主要包含的内容有：采购管理的组织机构、关键设备和大宗材料的采购计划、设备安装及调试接口计划、管理程序文件等。

成功采购管理的原则是按照设计文件要求，在正确的时间以合理的价格采购正确的材料设备，并满足施工进度的需要。因此，采购进度计划应被包括在项目进度计划中，重点列出长周期或关键材料的采购，不需要将所有采购过程都包括进去。

采购接口计划是保证项目的设计、采购和施工有效进展的重要文件，为业主呈现采购部门与设计、施工等部门的协同工作计划，以及专业间的搭接、资源共享和配置计划。

采购管理程序文件包括公司已有的采购管理程序文件及针对业主要求的一些管理程序。这些程序文件也是体现一个公司管理水平的有力证明。

5. 施工管理计划

施工管理计划主要包括施工组织计划、施工进度计划、施工分包计划和施工程序文件的概述，施工计划要包含与采购工作接口的计划内容。

施工组织计划要向业主提供项目施工组织机构、关键人员情况、关键技术方案的实施要点、资源配置计划等。施工进度计划是总承包项目进度计划的最重要部分，要把关键里程碑节点和下一级子任务的计划安排呈现给业主。施工分包计划要注明业主指定分包的内容，总承包商的主要分包计划和拟用分包商目录。

施工管理的各项程序文件是证明总承包商施工管理能力的文件，在投标时可以罗列以下内容：项目施工的协调机构和程序、分包合同管理办法、施工材料控制程序、质量保证体系、施工安全保证体系和环境保护程序及事故处理应急预案等。

6. 设计采购施工的协调机制

1）设计采购施工界面关系

设计和施工是相互影响、互为补充的，它们之间相互的满意程度是评价项目绩效的主要标准之一。设计将业主意图用图纸和规范等文件形式来体现；而施工则是将图纸变成实体工程的具体手段。两者目的完全相同，都是为成功地向业主交付建筑产品。由于设计和施工目标的一致性和密不可分的关系，使两者的界面管理更加关键。

工程总承包项目是设计施工一体化模式，将施工代表包括在设计团队中对项目成功将有很大帮助。设计经理应充分发挥施工代表在设计工作中的作用，并要求其参加设计相关会议，例如设计周例会、设计审查会、图纸评审会、设计进度控制会、施工方案讨论会等。主要施工管理人员应在开始施工之前，参加一段时间的设计管理工作，以便提前了解项目情况并建立联系。

工作包是用来组织设计工作和打包设计信息，并将其传递给施工人员的一种方式。这非常有利于设计对施工的活动支持和提高工作效率。工作包的内容和顺序应按照工程施工的方式来确定，它的一个优点是能够把设计可交付成果（图纸和规范）组成可以管理的单元，以便更容易控制、催交和进度计划安排。

可施工性审查应贯穿设计的整个过程。在施工图设计阶段，可施工性审查需要包括施工经理的意见。与设计模型审查类似，可施工性审查关注的是设计的可施工性和便利性，以便提高设计的经济合理性。

竣工图几乎每个项目都需要。设计和施工需在项目开工前针对合同要求的竣工文件达成一致意见。在施工完成后，施工技术人员应用红线标记修改过的图纸并交给设计人员，然后形成竣工图。如果有分包商参与，应在分包合同中提出竣工图纸要求并对其监督和控制，以保证这项工作得到落实。

在工程总承包项目中，采购的重要性非常明显，起着设计和施工之间承上启下的桥梁作用。设计、采购和施工的深度交叉，可以在设计阶段开展采购询价工作，进行可施工性分析，设计完成时很多关键设备材料已完成订货。这不仅能够有效缩短工期，还可以较好地控制成本。采购与设计存在类似的相互依赖关系，采购同样需要以设计图纸和规范为依据，进行材料设备的采购。在设计过程中，采购也需提供服务和支持，例如，设备选型、成本估算、供应商图纸、价值分析等，对于成功的设计起着至关重要的作用。

2）设计采购施工的协调控制

工程总承包项目的协调与控制措施，是向业主表明公司对内外部协调和控制以及过程纠偏的能力和经验。因此，需尽量使用数据、程序或实例来说明总承包在未来项目的协调控制上具备的执行能力，特别是总承包商对多专业分包设计的管理程序、协调反馈程序、专业综合图、施工详图等协调流程。

设计内部的协调控制措施以设计管理计划为依据编制，要说明如何使既定设计方案在设计管理计划的指导下按时完成。重点放在使用怎样的控制程序，来保证设计的工作质量、投资控制和进度计划。尤其是设计质量问题，要表明项目采用的质量保证体系，以及如何满足业主质量要求。

采购内部的协调控制措施应包括在采买、催交、检验和运输过程中对材料设备的质量和交付进度的控制程序，出现偏差时的纠正措施，还可以补充公司对供应链管理的情况，并突出公司在提高采购效率上所作的努力。

施工内部的协调控制机制对于工程总承包项目按期完成最为关键。在这个部分，可以借鉴传统模式下的施工管理经验，例如进度、成本、质量和安全的控制措施。要能突出工程总承包模式的特征，例如出现与设计、采购的协调问题时，应有完善的协调机制。

设计采购和施工的相互协调控制，是对三者接口计划的过程控制措施。投标时可以向业主呈现设计与采购的协调控制程序、设计与施工的协调控制程序，以及采购和施工的协调控制程序。例如，设计与采购的协调控制程序文件包括：

- 设计人员参与设备采购，并负责编制采购范围文件
- 设计人员参与设备采购的技术谈判
- 委托设计加工的供应商需向设计人员发送供应商文件，由设计人员审查并报业主审批
- 设计人员参加材料设备的过程试验和出厂检查，以保证材料设备符合设计要求
- 设计人员及时参加设备到货验收和调试投产工作

设计与施工的协调控制程序文件包括：

- 设计交底程序
- 设计驻场服务
- 设计人员参与施工检查和质量事故处理
- 设计变更与索赔处理

采购与施工的协调控制文件包括：

- 采购与施工的供货交接程序
- 现场库管人员职责
- 特殊材料设备的协调措施

- 检验试验时异常情况的处理措施
- 设备安装试车时设计与施工人员的检查

7. 项目控制能力

项目的进度和质量是业主最关心的问题，投标时要在进度控制和质量控制方面阐述投标人的能力和行动方案。

在进度控制方面，需要考虑项目的进度控制要点、拟采用的进度控制系统和方法，必要时对设计、采购和施工的进度控制方法单独描述。例如，设计工作的任务分解、进度计划方法、控制周期、设计进度测量和人力分析方法；采购工作的任务分解、采购单进度跟踪、材料状态报告；施工进度计划的控制基准、施工人力分析、施工进度测量和控制等。

在质量控制方面，要针对设计、采购和施工的质量循环控制措施进行设计。首先，对质量管理组织机构、质量保证体系、质量计划等纲领性文件进行介绍；其次，说明针对设计、采购和施工的质量控制程序。如果业主在招标文件中对工程质量提出特殊要求，为了增强业主对质量方案的信任度，可以进一步细化作业指导文件，但要注意保密原则，以防泄漏公司的内部规定。

8. 进度管理计划

相比于传统管理模式，业主对工程总承包项目的进度管理更加关注，这是因为业主将项目管理的责任和权利都交给了承包商。一旦项目出现延期，业主很难采取措施加以纠正，有可能会造成很大的经济损失。因此，进度管理计划通常是管理标的一项重点内容，应包括承包商拟使用的进度管理组织、进度计划体系、进度控制方法、进度管理软件或系统等内容。

工程总承包项目需要设立专门负责进度管理的部门，被称为项目控制部。它兼有进度和成本控制两项职能。尽管进度和成本是两个独立的指标，但两者存在密切的联系，所以放在一起进行计划和控制，非常有利于挣得值法的应用。项目控制部包括控制经理、进度工程师、成本工程师、预算工程师等。

进度计划体系要说明项目将采用的进度计划层级，并明确各层级计划的用途和相互关系。工程总承包项目一般包含三个层级的进度计划：里程碑节点计划、项目总体进度计划和详细工作计划。第一级里程碑节点计划包括设计、采购和施工的关键里程碑节点，常用于向业主和高层领导汇报；第二级项目总体进度计划是所有项目参与者共用的进度计划，是项目进度控制的基准计划，用于计划、安排、协调和控制项目资源，通过定期更新，使项目进度处于可控状态；第三级详细工作计划是各个部门日常工作使用的计划，并用于工作进度的测量。每个层级的进度计划是上层计划的展开，也是下层计划的汇总，可以通过进度软件很方便地转换。

进度控制方法包括进度计划更新周期、进度测量方法、进度纠偏措施等组成的控制体系。进度更新周期需要根据项目工期而定，一般工期较长的项目进度计划采用月度更新，而时间很短的项目可能需要每周更新。进度测量有很多种不同方法，这要根据合同的具体规定及业主要求来确定。在开始项目前，就需要与业主就进度测量方法达成一致意见，因为通常项目支付是根据项目的完成百分比。进度纠偏是进度控制最重要部分，包括发现进度偏差并采取纠偏措施。这些内容应反映在进度管理计划中，以体现承包商控制进度的能力。

在某些项目中，业主会提出项目管理信息化的要求，比如对进度、成本、合同、质量等管理软件进行明确规定。如果没有要求，承包商应根据项目特点选择恰当的进度管理软件或信息系统，以展示企业的信息化管理水平。目前，最普遍的进度管理软件是美国的 Microsoft Project 和普瑞玛 P6 软件。随着项目管理信息技术的推广，BIM 在很多大中型项目被逐步应用。在投标时，为了让业主产生良好的印象，最好能说明公司信息化技术应用优势，以及信息化技术能产生的价值，以增强业主对投标人的信任。

9. 质量管理计划

质量计划通常是工程总承包投标的一项重点要求，需引起投标人的足够关注。质量计划应包括：质量计划用途、适用范围、参考资料、质量沟通方式、质量管理责任、项目组织机构、质量体系程序、业主质量程序文件等。尽管大部分企业都有成熟的质量体系文件，但根据具体项目特点和要求，仍需要进行适当修订，以便其更具有针对性。另外，我国施工承包商的质量管理更侧重过程控制，而对质量保证措施往往不够重视。对于工程总承包项目投标来说，业主可能会更看重投标人是否具备保证项目质量的措施和能力，因而值得注意补充。

与施工总承包性质不同，工程总承包项目质量管理程序注意要涵盖设计和采购两个阶段，确保质量计划的全面性。质量程序文件一般包括：明确合同质量要求，设计质量控制，设计文件和数据控制，采购质量控制，施工方案控制，甲供材料质量控制，材料识别、标示和跟踪，工艺流程控制，试验和检验计划，检验测量和试验仪器控制，检验和试验状态报告，不合格品控制、纠正和预防措施，材料的处理、储藏、包装、保护和交货控制，质量记录控制，内部质量审计，人员证书等内容。

10. HSE 管理计划

随着经济快速发展，人们生活水平不断提高，国家对于职业健康、安全和环保的要求也被提到很高的位置。在国内外很多项目投标时，HSE 管理计划常受到业主或咨询公司的高度关注，尤其涉及有毒、有害物品的工程，其重要性更加突出，甚至会影响业主的决策。

工程总承包模式下，承包商要担当项目综合管理责任，对所有分包商和供应商具有选择和控制权，也就要对项目所有人员的职业健康、安全，以及环境保护负责。因此，工程总承包投标时，要研究和分析项目特点，明确业主对 HSE 管理要求，结合企业实践经验，编制符合招标要求和当地政府规定的 HSE 管理计划。注意，要着重强调 HSE 的保证措施，包括组织、程序、制度、设备等。

2.13 项目商务标编制

商务标最主要的内容就是项目的投标报价以及相关价格组成，这与传统施工承包模式基本一样；但工程总承包项目价格的估算方式却有着显著的特点，这与项目的招标形式有直接的关系。如果项目在可行性研究或方案完成后招标，那么招标文件中一般不会包含工程量清单，需要投标人自行分解工程并编制工程量清单；假如在初步设计或施工图设计完成后招标，那招标文件很可能会包括工程量清单。这就说明，工程总承包招标形式各不相同，投标人需根据具体形式具体对待。

在策划报价方案前，需要研究业主评标办法，尤其是怎样评价技术标和商务标，最后的评标总分如何计算。目前，比较通用的评价标准有两种：一是最佳价值标，即评标小组对技术标和商务标分别打分，并按照各自权重计算后相加得出投标总分；二是经调整后的最低报价，即将技术标打分后按照反比关系（打分越高调整的价格越低原则）。将原有投标报价进行调整后，确定报价最低的投标人为中标人。承包商要根据招标文件的评标规则，适当选择投标报价的策略。如果业主采用上述评标办法，在准备投标报价时应充分考虑技术标的竞争实力。如果竞争实力不够，就只能靠尽量降低报价来取胜。如果拥有特殊的技术优势，就可以在较大余地内报出理想价格。无论采用何种形式，投标的成本估算和报价组成都是必不可少的，成本估算过程应包括如下几个步骤。

1. 工程量清单

如果招标文件提供了工程量清单，投标人仅需要对清单内容和数量进行核实，这就相对比较容易。如果招标文件不提供工程量清单，就需要投标人自行编制工程量清单。工程量清单是整个工程范围的分解，包含所有与费用有关的内容，是项目管理所有工作开展的基础。工程量清单分解格式选择非常关键，其不仅会影响清单结构分解方式，而且对项目各个方面管理的整合也至关重要。

自 2013 年以来，工程量清单计价方式在我国建筑业开始推广，目前已得到广泛认可。工程量清单计价允许企业自主报价，可以根据企业自身的技术和管理措施，以及人工、材料和机械消耗水平，结合企业的管理费用和利润要求进行价格计算。这相比于施工图预算计价方式，已向市场化模式前进了一大步。国内工程量清单有比较严格的格式，包括分部分项工程量清单、措施项目清单、其他项目清单、规费和税金项目清单。

在国际上比较通用的有两种格式，一种是发端于美国和加拿大的 CSI 标准格式（Master Format）编码体系，起初仅用于技术规范的编排，后来逐步应用于工程量清单的组织和编制中。Master Format 编码体系清单在美洲、中东、东南亚地区大型房建项目上应用广泛。通过清单中的分类（Division）和部分（Section）两级编码，与图纸和技术规范对应起来，针对每个单项工程编制一个清单。另一种便是发端于英国的SMM7编码体系工程量清单，国内已于2005年正式出版了中文版。

国内清单格式与国际通用格式最大区别在于，国内清单项分解方式主要关注了成本构成，并未考虑与进度计划任务的整合。这使得成本子项与进度计划任务失去了关联，非常不利于整合管理。然而，国际通用的清单格式不仅考虑到这个因素，而且能与技术规范和图纸联系起来，这对加强项目管理的系统性非常关键。后面章节将针对标准格式（Master Format）进行更详细的介绍。

2. 项目直接费估算

1）直接费构成

工程直接费是与工程数量直接相关的费用，通常与时间长短关系不大，其中包括人工费、材料设备费、机械费、分包费。

2）工程量计算

投标时，工程量计算往往是比较耗时、耗力的任务。好在目前市场上已出现了很多算量软件，可以大大减轻算量人员的工作量。但值得注意的是，要保证工程量的准确，就需要输入正确的设计信息，因为软件毕竟只是工具而已。

3）材料设备费

在工程量确定后，采购人员要根据工程量清单和规范要求，向供应商询价并将报价反馈给报价汇总人员。当然，这个过程相当复杂，需要使用很多技巧和方法才能获得合理的报价。尤其在物资紧缺的卖方市场，与供应商良好的关系和沟通能力就显得非常重要。

4）人工费计算

估算人工费需要先计算人工时数量，在国内建筑市场一般套用行业定额进行计算。然而，对于海外项目来说，就需要了解当地工人的生产效率和工作习惯，才能计算出相对合理的人工时数量，这通常是在市场调查阶段需要了解的信息。

5）机械台班费

机械台班费与人工费计算类似，需要先算出机械台班工时，然后乘以机械租赁单价即可得出。大型工程项目的工程量较大，常会发现设备租赁并不经济，而购买设备更划算，这就需要将机械设备的折旧费用考虑进去。

3. 项目间接费估算

1）间接费构成

项目间接费是指与工程数量关系不大，但与项目工期有关的费用，并且间接费与时间成正比关系，其中包括：项目管理费、施工措施费、企业管理费、保险费等。在工程总承包投标时，通常将设计费也包含在间接费中。

2）项目管理费

项目管理费是指直接服务本项目的管理人员费用，包括他们的工资、福利、奖金、机票、差旅费等。

3）施工措施费

施工措施费包括：临时办公室、临时住宿、安保、照明、雨期施工、夜间施工等费用，一般由施工人员进行设计和布置，估算人员进行计算。

4）企业管理费

企业管理费是指企业对项目服务的费用，由于计算起来比较麻烦，一般以固定比例放入成本估算中。

4. 风险储备金估算

1）风险识别

由于工程总承包一般采用固定总价合同，所以投标时对风险的识别和应对就非常重要。风险识别主要针对两个方面：一是影响进度的因素；二是影响成本的因素。当然，对进度的影响最后还是要归结到对成本的影响上面。风险识别需要丰富的经验和专业化知识，因此，这项任务应由经验丰富的工程专家担任，最好是有过类似项目经历的人员。

2）风险应对

针对投标识别出来的风险，制定风险应对措施，一般考虑两种方式：风险转移和风险自留。风险转移的方法包括将风险大的工程分包出去，或通过购买保险来化解；风险自留就需要制定应对风险的措施，并根据这些措施计算出风险储备金额。

3）风险储备金

风险储备金计算出来后，应经过领导层的评审，然后放入成本估算中。

5. 商务标汇总和评审

当投标的各项成本估算完成后，按照工程量清单要求进行价格汇总，然后对价格的计算和组成进行投标前评审，一般包括三个层面的评审：技术层面、项目层面、战略层面，并应依次进行。

1）技术层面评审

这个层面的评审属于投标商务小组的内部评审，由商务相关人员参加，并涉及如下一些内容：

（1）成本估算是否与工程范围以及合同要求相符？

（2）成本估算的详细程度、估算方法和估算类型是否满足要求？

（3）是否使用了恰当的劳工定额和企业定额等参考文件？

（4）成本估算是否与进度计划一致？

（5）成本估算的依据是否完整，并能满足下一层面评审的要求？

（6）成本估算的算数计算是否正确？估算汇总是否正确？

（7）成本估算中的“不确定”部分是否已经列出，以备下次评审？

（8）成本估算所参照的项目有哪些？这些项目信息是否已制成表格以备后续评审使用？

（9）使用的生产效率指标是否与历史生产效率数据一致？

（10）需要分包的工作包是否进行了完整的解释和成本估算？

（11）投标组价是否能解释清楚并可以存档？

（12）成本估算是否与项目的 WBS 和成本编码一致，是否符合行业标准？业主是否有特殊要求？

（13）成本估算的支持性文件是否可以追溯并能够解释？

（14）对物价可能上涨的因素计算是否符合逻辑？

（15）是否在成本估算中考虑了执照费、税费、许可证以及特殊问题？

2）项目层面评审

这个层面评审应由拟任项目经理和主要投标团队成员进行，评审的目的是让团队成员共同对成本估算结果负责，并通过考虑如下问题来核实成本估算的准确性。

（1）工程规范文件是否进行了准确的解释？

（2）成本估算是否与项目工程范围和项目实施计划匹配？

（3）成本估算是否与进度计划一致？

（4）工程量清单是否经过了设计人员的核实？是否与图纸数量一致？

（5）工程量中包含了多少容差？

（6）机电人员是否核实了设备列表中的设备和数量？

（7）采购部门是否核实了投标价格？材料原产地、汇率和物流是否与采购计划一致？

（8）施工人员是否核实了人工时数量和措施费计划，并承诺按照计划实施？

（9）团队成员是否参与了风险评估，并对风险储备金进行了估算？

（10）成本估算是否符合合同条件？

3）战略层面评审

这个层面的评审是为了让公司领导层对投标内容进行审查，以确保向业主递交的成本估算是响应业主要求的，并要加入公司领导层的战略性判断。需要参加的人员包括：拟项目经理、投标团队主要成员、公司领导层，评审内容包括：

（1）成本估算是否包括项目激励计划。

（2）项目风险评估，包括风险储备金以及降低风险的备选方案。

（3）为实现公司战略，对成本估算偏离实际的情况进行批准。

（4）评审项目无法记账的费用（如招待费）。

（5）设立管理储备金。

（6）最终核实是否符合合同要求。

（7）根据历史数据进行对比审查（本业主项目或相似项目）。

（8）对不平衡报价进行审批。

（9）是否会对公司其他单位造成商务影响，或受到其他单位的影响。

（10）估算成本的模板是否经过批准，以确保比较敏感或具有专利性质的信息不太明显，或以能够接受的方式出现。

（11）市场涨价风险是否可以接受，或者可以防范，或者可以调整。

完成上述三个层面的评审后，可能需要对成本估算进行修订。最终汇总的结果应保证是具有竞争力的，尽管具有挑战性但可以达到的目标，绝不应当感情用事，急功冒进。

2.14　项目投标演示

因工程总承包模式对项目管理能力要求较高，在标书递交后，业主一般会要求投标人进行投标演示、书面澄清和团队面试。企业管理层应对投标演示安排好角色和分工，拟项目经理通常是主要演示人，目的是针对项目范围和目标的理解给业主留下更深刻的印象。在准备投标演示时，应注意以下几个方面：

1. 信息情报收集

（1）经营人员应通过与业主的沟通，侧面了解本公司的优势和劣势。

（2）明确并满足业主要求。

（3）了解业主对接收信息的偏好（如聆听、现场演示或共同讨论）。

（4）注意聆听业主的讲话。

（5）表明投标人将与业主团队密切配合。

（6）展示能给企业加分的个性或特征。

2. 投标演示策划

投标演示的目的是将本公司的服务卖出去，因而要根据业主的不同人员需求，来确定演示的主要目标，包括如下：

（1）展示投标人对项目目标的清楚理解。

（2）聚焦于业主最主要的可交付成果。

（3）显示出参与本项目的积极性。

（4）做好项目技术讨论的准备，以表明公司的技术实力。

（5）展示为达成项目目标的各种不同方案的灵活性。

（6）投标演示开始应确保能引起业主高层的兴趣，在整个演示过程要不断有兴趣点出现。

（7）列出业主必须要收到或记住的主要观点或概念。

（8）要使用简洁、严谨和容易理解的句子表达观点。结尾要使用有助于表达本企业能力和给业主留下深刻印象的语言。

（9）正式演示前应进行演练，并要关注时间分配。

（10）投标演示通常包括项目经理、经营人员和公司领导，每个人的参与非常重要。

3. 进行投标演示

（1）确保投标演示人员提前到现场熟悉环境。

（2）在投标演示过程中，注意业主提问并认真聆听。

（3）鼓励进行讨论，而不是单方面演讲。

（4）公司领导应代表公司做总体情况介绍并表态。

（5）拟项目经理开始主题汇报。

（6）主题汇报应涵盖项目主要实施策略，包括成本控制、进度管理和质量管理等。

2.15 项目合同谈判

1. 商务谈判的重要性

工程总承包项目一般规模大、技术复杂、工期长，对承包商的管理能力要求很高，所以业主的授标决策会非常谨慎。在投标完成后，往往还会涉及与潜在的中标人进行商务谈判，以期获得对承包商能力更充分的了解，也会要求得到更有利于业主的商务条件。

商务谈判有时要经过多轮不同层次的会谈，耗时较长，但一般会在投标有效期内完成。业主通常会跟两家或以上的潜在承包商同时谈判，利用相互的竞争来达到对业主更加有利的条件，或获得承包商在某些方面的让步。例如，在某些技术方案的选择上，业主会需要承包商进一步论证，以获得更优惠的报价。

承包商需要高度重视商务谈判的组织，需要对谈判策略和谈判技巧进行精心准备，以期获得最佳的谈判效果。商务谈判是展示投标人实力的又一次机会，需要设计、技术、采购、施工、合同、预算等各方面共同合作，以更好地满足业主要求为目标，在技术方案和投标价格两个方面争取达到最佳竞争优势。

2. 商务谈判的特点

商务谈判没有严格的理论体系可以遵循，主要与谈判双方的文化背景、性格特征、做事风格有关，更需要对谈判艺术的把握。总的来讲，进行商务谈判需要注意以下几个特点：

（1）商务谈判不应是单纯自身利益追求的过程，而是双方不断调整、相互妥协、接近对方需求的过程。

（2）在制定商务谈判策略时，应该防止两种倾向：一是只注重商务谈判的友好性，害怕与对方冲突，一味退让，导致吃亏受损；二是只注重冲突一面，将商务谈判看作是你死我活的斗争，一味进攻，不知退让，导致谈判破裂。

（3）商务谈判不是无限制地满足自己的利益，要有一定的利益界限。

（4）商务谈判是否成功，不应以实现某一方的目标为唯一标准，而应是一系列综合判定标准。

（5）商务谈判不能只强调科学性，而应体现科学性与艺术性的有机结合。

2.16 项目投标总结

1. 投标数据存档

投标过程完成后，经营人员应将所有投标资料分类归总，进行归档保存，以备未来投标作为参考。一般企业都应有比较完善的知识数据库，也属于企业的重要过程资产，在某种程度上也是构成企业核心竞争力的一个方面。在当今世界，数据积累越来越受到重视，其不但对正常运营管理产生影响，而且会影响企业投资决策的科学性。

2. 经验教训总结

无论项目中标与否，投标人员都应进行经验教训的总结。企业通过积累经验或总结教训，以利于提升未来投标竞争力；同时，投标人员也将在总结过程中提升认识，增长投标能力。很多国内建筑企业不重视这个步骤，尤其是在未中标的情况下，更是没有了总结的动力，致使企业的竞争力一直没有提高，人员的投标水平也始终在低层次徘徊。

第 3 章

项目实施前策划

3.1 项目实施前策划的目的

在现实生活中，善于谋划的人做事相对容易成功，不善谋划的人则会头疼医头、脚疼医脚，生活终成一团乱麻。古人说“凡事预则立，不预则废”，说的就是事前准备和计划的重要性。在项目管理中，计划应是贯穿项目始终的一个过程，重要程度不言而喻。它不仅是项目管理的重要过程，而且对项目的成败影响巨大。

项目计划过程本身就是对项目实施过程的预演，强迫管理者对每个管理细节进行深入思考和研究，进而形成项目实施的具体路径。工程总承包项目涉及众多项目干系人，管理关系错综复杂。如果没有科学而周密的管理程序、制度和计划，项目参与者将会无所适从，各种冲突和矛盾就在所难免。

建筑企业承揽工程项目，目的无非是通过提供服务来获取利润，而影响项目利润的关键因素便是项目风险，因此，如何降低风险便成为项目经理的重要职责。降低风险最好的方法之一就是要理解风险会在什么方面发生，并能对其用可衡量的方式进行定义，以便项目团队可以制定降低风险的措施。尽管每个项目都会有各种风险，但最普遍和重要的两个风险便是不能按期完工和成本超支。所以，计划的本质就是制定风险防范措施，以及建立项目绩效测量的基准。

在具体管理实践中，实施计划未得到应有重视。但随着工程管理模式的升级和对项目管理要求的提高，计划管理能力将成为制约承包商管理水平提升的关键要素。在管理大型工程总承包项目时，如果对计划的重视程度依然如故，项目陷入管理混乱将不可避免，会给企业带来巨大损失，从国内外大量的项目失败案例已可见一斑。

3.2　项目实施前策划

策划一般来讲可以描述为：明确项目目标，并建立制度、程序和方法来达到这些目标。工程项目的策划可以描述成，为规定的目标选择一系列的行动路线。计划过程也是决策过程，因为其涉及在不同方案和选择之间做出抉择。

通常，成熟的承包商都有项目管理的制度和程序，用来控制员工行为以达到预定的结果。尽管每个经理都有不同的管理风格，但他们必须遵守共同的制度和程序；否则，每个项目成员必须学习某个项目经理的偏好和管理程序，这显然不是保证项目成功的最佳实践，却会引起很大的管理混乱。

有些制度和程序是在行业内通用的，也有一些因公司不同而形成的差异。制度和程序的目的是将项目管理的日常工作标准化及流程化，以便尽可能达到快捷和高效。如果能减少在常规任务上花费的精力，将使项目经理有更多时间来分析和解决关键问题。高效管理的关键是，确保团队所有成员对整个项目管理的各项程序都非常熟悉。所以，沟通项目管理的规定程序和公司制度至关重要。制度和程序设定了团队成员执行任务的职能规则，不仅适用于内部员工，而且对和外部单位建立沟通联系也会节省大量的时间，减少很多损失的机会。

项目实施前策划是为了从不同于预算人员的角度来对项目进行分解，其目的是对项目的可施工性，以及用于指导项目的合同文件进行评估。策划阶段的最大好处是可以“强迫”参与人员深入思考，并对如何建造这个项目进行一步步的研究。通过深入分析，常常会暴露既定或常规方案的不足，团队可以得出什么方法不可行、什么方法可行、什么方法最适合。相对于其他行业，建筑项目的实施策划相对简单。因为在项目实施策划开始时，大部分因素尤其是非常重要的成本估算和工期计划已经确定。项目已完成招标投标，工期作为投标的一部分已经明确，或者承包商已接受了业主的工期计划。项目实施策划的另一个重要方面是不用进行项目定义，因为项目由图纸、规范和合同已明确定义了。

策划过程也是识别和沟通项目工作重点的过程，这些工作重点可能是合同要求的，也可能是团队确定的。通过识别重点工作，团队可以对每项工作列出优先级，以便项目经理在需要时做出适当的权衡。

另外，策划过程也要重视建立沟通计划，因为沟通不畅而给项目带来的问题不可胜数，几乎每个项目经理都有这样的经历。沟通计划是协调和跟踪进度计划、问题和纠偏行动的关键，需要项目经理及其团队在项目早期即应完成。清晰定义的沟通计划可以减少很多问题，并保证所有团队成员和相关方及时得到所需的信息。

项目实施前策划，与成本估算和进度计划编制一样，也需要相关方面的专家来完成，因此要根据团队成员的技能和专业领域来进行选择。下面是对策划过程的一些建议：

- 首先要明确目标，并保证所有参与人员理解这些目标。
- 开始时，要让团队成员进行独立的策划。
- 使用从整体角度开始，逐步深入到细节的方式。
- 对所有观点保持灵活和开放。
- 鼓励参与人员建设性地寻找问题。
- 努力对所做的假设进行验证。
- 向团队之外寻求专家的咨询。
- 适当时候要让高层领导参与，这有助于计划的审批。
- 要记住想法越复杂，牵涉的风险越大。

通过相似项目经验教训总结获得的知识，可能会对项目实施策划提供较大帮助，不仅省时、省力，而且可以避免重复同样的错误。总之，项目实施前策划需要从思想、组织、程序和方法上引起高度重视，它对项目的成功实施至关重要。

3.3 实施前策划的依据

项目实施策划首先要明确目标，也就是确定要编制的内容。对于工程总承包项目来说，一般应包括项目管理计划和项目实施计划两大类。前者主要侧重对项目管理方法和程序的制定，通常是在企业规定的管理制度、程序之上，根据具体项目做针对性的修改，以满足项目管理的需要；后者则是项目实施过程使用的计划，根据管理对象和时间要求，列出各项任务的行动步骤。这两类计划虽然侧重点不同，但在很多方面会有交叉重叠，且起着相互影响和制约的作用。如果项目规模较小、管理相对简单，项目管理计划与项目实施计划合二为一，也未为不可。

进行项目实施策划，所需的依据文件包括如下：

1. 项目合同

作为项目最重要的文件，合同是项目实施策划的起点。其不但规定了项目要达成的各项目标，而且也包括业主的各种管理要求，是定义项目实施计划目标的最重要文件。

2. 图纸和规范

项目图纸和规范是对建筑产品的定义文件，清晰描述了项目管理的对象，是项目工程范围的直接依据，也是进行工作结构分解和各项管理的基础。

3. 投标文件

投标文件作为合同文件一部分，包括投标阶段编制的管理策划、实施方案、进度计划、成本估算等，是承包商对业主的承诺。在项目实施策划时，应根据投标文件内容进行优化和细化，而不应将其束之高阁。不然，则会造成项目信息的断裂，甚至导致承包商的合同违约。

4. 企业制度和程序

一般来讲，每个企业都有项目管理的程序和制度，需要所有项目严格遵守。在编制项目管理计划时，需要参考这些程序和制度，并将必须执行的内容纳入管理计划之中，这对于减少项目团队成员的沟通障碍作用明显，尤其在国际工程中与外籍员工的管理协调更加重要。

5. 行业规定

建筑行业有很多规定需要遵守，如安全、质量、环保的管理和控制等。因此，政府法规和规定应纳入项目管理计划中，并作为强制措施严格执行。

3.4 项目组织机构策划

1. 组织策划的重要性

组织是项目管理的保障，其重要性毋庸置疑。在项目管理中，组织的设计对于项目实施是否顺畅及管理效果的优劣都有直接影响。现实中，很多项目的管理混乱、沟通受阻、矛盾重重，与项目组织机构和职责分工不合理直接相关。因此，成功项目管理的第一步即是组建适当的组织机构，并对团队成员进行明确的责任分工，然后才谈得上管理程序和计划的有效执行。

相较于传统施工项目，工程总承包项目的管理范围大大增加，管理跨度和幅度也不可同日而语。传统施工承包项目的组织模式，根本不能满足如此复杂的管理要求，必须通过认真分析项目管理的要素，并结合工程总承包项目的特点，进行项目组织机构的设计。当然，因工程总承包模式多种多样，业主要求也变化多端，项目管理的侧重点也有很大差别，所以组织模式需要根据具体情况具体对待。

2. 项目组织方式

通常，工程总承包项目组织方式有三种：一是职能式组织，这对于技术比较复杂、设备安装占项目主要成分的项目比较适合。设计、采购和技术方案都由部门完成，现场仅负责施工和安装；二是项目式组织，主要适合大型工程总承包项目，所有项目管理工作都由项目部完成，在我国施工企业中普遍采用的就是这种模式；三是矩阵式组织，利用职能式和项目式相结合的方式，部分技术或采购工作由职能部门完成，其他工作由项目部来完成。这就需要有周密的管理程序、制度和计划，以免责任不清、相互推诿。

3. 项目组织原则

项目组织设计应遵循组织管理的原则，否则将会引起很多管理问题。首先，必须保证指挥链条畅通，尽量避免多头管理；其次，要保证责权利对等，承担责任的人必须有相应的权力，并享有对等的利益；最后，要符合项目管理的逻辑和原理，确保各职能和专业之间的工作接口符合逻辑关系。实践证明，很多项目对这些原则不够重视，组织机构设计存在逻辑和原则问题，给项目管理过程造成很多障碍和困难。因此，项目组织策划是后续一切管理的基础，没有高效的组织，再科学的程序和计划也难以落实。

4. EPC 项目典型组织机构图

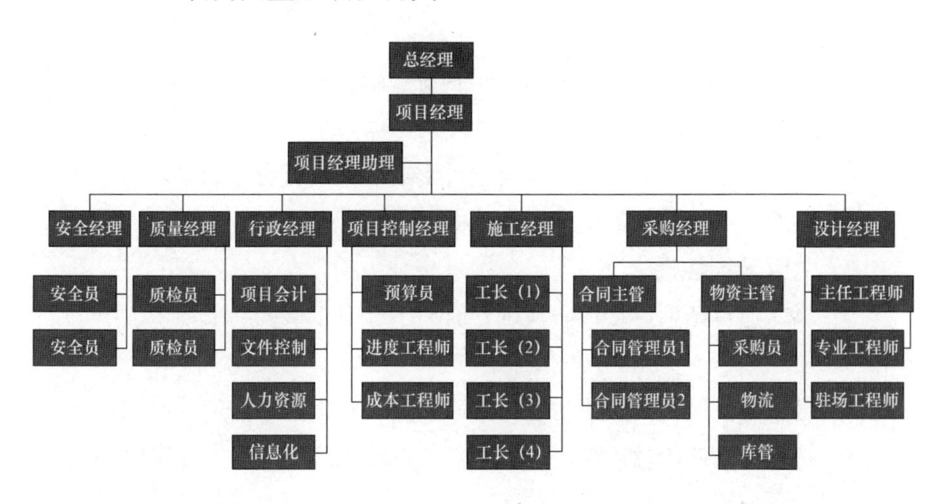

3.5　项目主要责任分工

1. 项目经理

项目经理领导项目团队并对整个项目的结果负责，他是整个项目绩效反馈循环的决策者。项目经理向公司高层汇报，并确保所有团队成员了解正常的项目状态信息。项目经理需要根据合同要求安排资源和人员，促进项目团队建设并协调所有承包商和项目成员的行动，并要代表项目参加各种相关会议。所以，项目经理应具有高超的人员管理能力，拥有良好的技术背景和稳健的沟通技巧。

详细工作描述如下：

- 组织项目各部门进行项目策划，确保成员对项目的各种要求充分理解并达成一致，最后形成项目计划文件。
- 要对项目的商务内容有清晰的理解，能够随时提出并实施成本节约方案，并主动地以专业化的方式与项目相关方打交道。
- 确保进入工地的所有员工、访问者和公众的安全，确保采取正确的安全防护措施，包括个人防护设备、遵守安全指示、卫生安全程序等。
- 确保现场所有工作是遵照现行的施工规范执行，并达到了所需的标准。
- 确保所有现场使用的材料（包括分包商的材料）都符合技术和质量规范。
- 随时与业主、当局和所有受项目影响的人进行有效沟通。
- 参加项目相关的各种会议，并做好会议记录。

2. 项目设计经理

- 协助项目经理进行各阶段的设计管理工作，并确保设计按照进度计划和成本预算完成。
- 确保项目设计团队编制设计方面的管理程序，并能够共享和理解。
- 确保对设计信息系统，如 CAD、BIM，以及设计文件管理、文件管理系统等，进行策划和使用。
- 负责设计各专业负责人之间的协调。
- 确保执行设计文件的专业内和跨专业评审。
- 建立并维护准确而详细的设计文档。
- 管理设计和审查程序，包括业主的设计审查工作。
- 负责项目范围的协调管理，以及趋势分析。
- 编制并维护设计专业（如结构、水暖）层面的进度计划，并向进度计划工程师提供足够信息，以便更新项目总体进度计划。
- 与成本预算人员协调项目预算。

- 与驻场工程师配合，并及时完整地回复现场问题。
- 对项目试运行和项目运行提供技术支持。

3. 采购经理

- 编制并维护获得审批的项目采购程序。
- 建立并维护供应商的资格预审记录。
- 收集采购申请文件，并组织招投标工作。
- 执行项目采购订单，并管理和收尾物资供应合同。
- 负责物资设备的催交。
- 建立并维护供应商技术数据控制文件。
- 负责指导和管理物资设备的物流和运输。
- 确保供应商文件正确地分发、催交和存档。
- 指导和管理材料设备的卸货和现场存储。
- 现场材料接收后，负责多余 / 短缺 / 破损材料的管理程序。
- 按照现场材料申请单向施工人员发放材料。
- 负责组织工作计划评估，以便按照施工需要来控制材料的可获得性。

4. 施工经理

- 领导并监督施工管理的日常运行和管理活动。
- 与现场安全经理密切配合，管理现场工人安全。
- 与现场质量经理密切配合，管理现场工程质量。
- 提供施工管理的必要制度和程序，以达到项目目标。
- 确保所有施工分包商都有符合要求的证书。
- 确保有正式的施工安装方案，并促进工人间的团队建设。审查项目预算，确保每项施工活动都有足够的临时设施。
- 与项目经理一起审查项目月度报告，并关注潜在的成本超支和进度延误。审查变更管理文件，确保项目控制人员及时收到施工反馈，以管理项目预算。
- 对劳动力需求进行管理和预测。
- 在设计过程中提供项目可施工性分析。
- 保持使用最新的施工技术，并负责员工技术培训。
- 确保施工人员与采购和设计团队进行有效的沟通。

5. 驻场设计经理

- 在现场对施工提供各专业的技术支持。
- 与设计团队协调，帮助解答关于规范、标准做法、材料等方面的疑问。
- 确保项目工程范围、图纸和规范等信息能够顺畅流动。
- 在物资和分包招标时，负责收集将包括在工作范围部分的设计文件。
- 与施工人员配合，协助分包商的质量控制，确保材料和安装质量与原设计相符。
- 对采购、施工和试运行，一直到项目竣工，都需提供技术支持。
- 在现场负责技术联系单管理，并对施工和变更控制提供技术指导。
- 管理现场的竣工文件准备，并与设计团队进行界面管理。
- 根据需要对供应商的生产设施进行检查。
- 参加现场材料验收检查。

6. 合同经理

- 负责对本地分包商的资格预审，并准备合格分包商名录。
- 负责分包合同的招标过程。
- 监督物资和劳务采购的合同准备和修订。
- 负责合同条款的谈判。
- 管理分包合同。
- 准备合同概要和修订内容，汇总合同要求和预算，以便对项目其他部门进行合同交底。
- 负责与合同各方的沟通和通信往来。
- 确保合同文档完整和有序组织。
- 监督合同执行，确保准备了合同变更通知，并且将合同变更反映在合同修订中。
- 管理分包商的绩效情况，包括分包商的报告和进展状态。
- 检查并确保每个合同的审计文档被保存，包括：原始合同、所有受控通信、变更 / 偏差、修订、澄清、付款和进度计划。
- 根据需要准备并向其他部门分发关于合同状态的信息。
- 确保合同符合法律要求、业主规范和政府规定。

- 确保合同付款是根据合同商务条件按时支付的。
- 对合同管理员进行培训，重点强调降低合同风险的重要性。
- 确保所有合同都有适当授权的签字和法律审查。

7. 项目控制经理

- 协助项目经理对项目进度和预算进行控制。
- 负责编制工作分解结构（WBS）和成本分解结构（CBS），以便管理进度和成本。
- 持续地收集准确的成本估算数据，以编制项目预算，并对项目完工成本进行预测。
- 维护并更新项目的三级进度计划，包括：里程碑节点计划、项目总体进度计划、控制层面进度计划。
- 与分包商协调详细的进度计划和进度报告。
- 负责更新项目月度成本报告，包括项目完工成本预测。
- 管理项目的变更控制程序，并提供成本和进度趋势分析。
- 从财务部门获得项目支出信息，并准备现金流预测。
- 收集成本数据（工时表、进度付款等），并建议纠偏行动，以便减少进度延误和成本超支。
- 审查分包商的进度付款，并更新状态报告。
- 向业主和公司定期提交进度报告和成本报告。

8. 质量经理

- 在设计阶段参与设计质量优化，并负责管理项目可施工性分析。
- 建立项目质量计划和管理程序。
- 评审图纸、规范，并管理质量流程。
- 与采购团队配合，明确对外部供应商的质量要求。
- 确保施工质量满足合同规范要求。
- 寻求减少损耗和提高项目效率的方法。
- 负责管理质量控制人员，包括质检员。
- 根据需要安排材料货源检查。
- 编制现场质量相关的报告和质量控制文件。
- 负责向公司提交质量报告。

- 按照试验检验计划管理质量控制和检验。
- 监督日常施工活动，并对到场物资进行检查。
- 审查第三方进行的特殊检验和材料试验。

9. 安全经理

- 在设计阶段参与设计安全优化，并参与项目可施工性分析。
- 寻求最佳工程实践方法并领导持续改进，以降低工作流程风险，提高安全意识并改善安全工作环境。
- 促进有利于员工安全和职业健康的工作及文化环境。
- 组织协调工人安全培训，包括法律、法规、危险情况监控，以及正确使用安全防护设备。
- 执行安全审计，并检查设施、机械和安全设备，以识别和纠正潜在的安全风险。
- 调查建筑业的安全事故、侥幸事件和职业伤害，以确定其原因且安装防护措施。
- 对项目员工提供安全计划的技术建议、培训、指导和教育。
- 对新员工和访客进行安全教育。
- 根据 OSHA 进行安全培训。
- 整理项目安全统计（如事故记录、事故耗时、急救案例等），并向项目和公司管理层汇报。
- 管理员工安全计划（如为预防事故而召开的安全生产会）。
- 订购和维护安全设施，包括个人防护设备。

10. 行政经理

- 负责文件控制管理，确保项目信息被正确地收发。
- 建立并维护所有设计和技术团队生成的文件控制记录。
- 建立并维护项目信息化管理系统，协调与业主和关键干系人的界面管理。
- 负责向公司报告项目财务状况，并协助项目经理编制月度财务报告。
- 负责项目人力资源和财务职能管理。
- 负责现场零星现金管理。
- 协助施工部门采购临时设施（办公用品、门禁系统、项目供给等）。

3.6　项目管理计划

传统施工承包模式下，施工承包商只以施工组织和管理为主，业主对项目整体管理负责。因此，承包商一般不需编制项目管理计划。然而，工程总承包模式下，业主不再是项目管理的主角，项目整体管理责任将由总承包商承担，这就要求总承包商具备项目全面管理的能力。如果缺乏项目针对性的管理计划，将导致项目众多参与方不能协调一致，甚至工作无所适从。

项目管理计划是建立项目实施、监督和控制的纲领性文件。它作为项目团队最主要的沟通工具，将确保项目成员都了解并清楚项目的目标，以及这些目标如何来实现。项目管理计划是在公司管理体系基础上，结合项目具体要求而形成，是公司与项目经理达成一致的基本文件。它是由项目整个团队完成的描述项目现在和未来的管理程序。项目管理计划的最终结果是一个项目参与者必须遵守的程序文件。

3.7　项目管理计划要求

工程总承包项目投标时，承包商在管理标中都需提供项目管理计划的要点。因此，项目投标文件应是项目管理计划编制的起点，并结合公司管理体系和业主要求，进行管理计划的修订和完善。这样做的好处是，既能保证信息向下的正常流动，也能向业主展示项目管理的连续性，并且也能使企业在未来投标时更具有针对性。

编制项目管理计划时，首先要根据项目特点确定管理目标，因为每个项目所包含的范围不同，管理内容自然也就各异。比如，从方案设计阶段开始，与从施工图设计阶段开始的项目，管理要求显然存在区别，项目管理计划也会相应变化。也就是说，项目管理计划要具体情况具体对待，绝不应生搬硬套、随意拼凑。

项目管理计划大致包括如下几个方面，但可以根据项目情况做相应调整。

第一部分：项目概述和业主目标

第二部分：项目实施策略概述

第三部分：项目组织机构

第四部分：项目里程碑节点

第五部分：项目风险管理计划

第六部分：项目干系人管理

第七部分：项目设计管理

第八部分：项目采购管理

第九部分：项目合同管理

第十部分：项目施工管理

第十一部分：项目试运行管理

第十二部分：项目控制管理（进度和成本）

第十三部分：项目质量管理

第十四部分：项目安全管理

第十五部分：项目信息管理

第十六部分：项目收尾管理

3.8 项目管理计划内容

1. 项目概述和业主目标

本部分应包括项目概况、业主名称、项目描述、项目背景、地理位置、商业目标、项目目标等内容，为项目参与者了解项目整体情况提供有益信息，也是项目管理计划的起点。应包含：

（1）项目概况和介绍

（2）业主要求

（3）合同组成及合同类型

（4）合同义务、保函和担保

2. 项目实施策略

本部分要对项目实施策略进行简要描述，对于整个项目管理计划起到概况性的作用，便于使用者快速了解其中的关键内容。

（1）工程范围描述

（2）项目地点和设计布局

（3）项目成功的标准

（4）关键问题 / 挑战 / 风险

（5）项目关键人员

（6）合同主要内容

（7）工期约束条件

（8）设计、采购、施工和试运行管理策略

3. 项目组织机构

本部分要描述如何按照计划执行项目的组织方式，例如：职能式、矩阵式或项目式，需要对组织结构和管理层级以及人员责任分工描述清楚，其中应包括分包商和供应商和相关的咨询单位。这是建立沟通计划的基础。

（1）项目组织机构

（2）项目指责分工

（3）项目团队需要的设施（电脑、软件、网络等）

4. 项目里程碑节点

本部分需列出项目从设计、采购、施工到收尾的关键里程碑节点，并要满足合同和公司的要求。应包括项目一级和二级横道图计划。

（1）项目里程碑节点日期表

（2）项目总进度计划（横道图）

5. 项目风险管理计划

本部分需要识别出影响项目成本和进度的关键风险，并制定项目风险管理的策略和措施，还应包括控制风险的计划或替代方案。

（1）项目关键风险

（2）风险应对策略

（3）风险控制计划

6. 项目干系人管理

本部分要识别出与项目相关的所有干系人，包括业主、咨询、政府当局、试验室、附近居民等，并对其进行分析和评估。通过干系人需求评估，制定相应满足各干系人需求的计划。

7. 项目设计管理

本部分将定义技术和设计方案的特征以及项目要求，应包括设计范围、设计理念、设计方法、法规、标准和规范、界面责任、设计变更管理，以及其他项目特殊要求。它将是项目团队进行设计正式沟通的方法和工具。

（1）项目范围

（2）设计服务范围

（3）设计理念

（4）设计控制程序

（5）采购对设计的支持

（6）分包商对设计的支持

（7）设计文件管理

（8）设计审查的责任

（9）不合格品和纠正 / 预防措施

8. 项目采购管理

本部分需描述分包商和供应商采购计划，并明确负责执行和协调这些计划的人员，以及业主对采购的参与程度和责任，采购审批要求和当局的审批等。还要包括采购、运输、检验和催交要求，以及材料控制和仓库管理等程序。应讨论备品备件理念和甲供材料管理程序；识别出采购的关键问题和里程碑节点，以及公司倾向的合格分供商名录。

（1）项目特殊要求

（2）采购的安全规定（如有毒有害物品）

（3）主要材料的来源

（4）采购计划

（5）采购程序

（6）报告要求

（7）采购质量保证 / 控制

（8）货源检验和现场验收

（9）备品备件要求

（10）材料审批要求

（11）催交管理

（12）材料控制

（13）仓库管理和库存控制

（14）设计对采购的支持

（15）分包管理计划

（16）成本节约计划

9. 项目合同管理

工程总承包项目分供商合同种类繁多，且合同管理是保证项目进展顺畅的关键因素，应引起高度重视。本部分应包括与合同相关的管理和协调问题。

（1）项目合同计划

（2）通信与沟通方式

（3）与分供商的界面管理

（4）供应商数据管理

（5）文件收集与分发程序

（6）业主对文件审批

（7）保持记录

（8）合同管理报告程序

（9）合同与进度计划的界面管理

（10）合同与成本预算的界面管理

（11）合同与财务的界面管理

（12）保险

（13）法律

（14）机密性

10. 项目施工管理

本部分应对项目的施工组织方式进行规划，列出施工阶段的关键里程碑节点、主要施工方案、施工顺序、关键问题等内容。还要与采购和分包计划协调一致，并根据情况需包括场外加工或装配式加工计划。

（1）施工范围描述

（2）自行施工和施工管理策略

（3）施工组织机构

（4）现场安全管理

（5）临时设施计划

（6）本地资源调查

（7）施工里程碑节点

（8）施工方案和工序

（9）工人动员和撤场计划

（10）主要设备表

（11）可施工性分析建议

（12）劳工培训计划

（13）安保管理

（14）设计对施工的支持

（15）项目竣工和验收程序

（16）施工进度报告

11. 项目试运行计划

本部分应包括设备调试、联调联试和试运行管理程序，以便明确项目各方的责任。

（1）实质性竣工和设施移交定义

（2）设备调试和设备检查程序

（3）试运行和开始运行程序

（4）正式运营

12. 项目控制管理（进度和成本）

本部分应包括项目的进度计划、成本预算、进度和成本报告，变更管理要求等内容，需包括项目工作分解结构（WBS）、成本控制系统、进度管理系统，以及用于项目控制的成本和进度报告的详细程度，也应包括处理项目偏差和变更的程序。

（1）项目编号

（2）项目关键里程碑日期

（3）项目控制的组织机构

（4）项目控制体系

（5）编码体系

（6）成本估算计划

（7）进度管理目标

（8）进度计划层级

（9）进度和成本基准计划管理程序

（10）成本和进度报告格式

（11）挣得值进度测量程序

（12）变更管理计划

（13）成本预测计划

（14）项目成本分析

（15）风险储备金管理

（16）项目现金流报告计划

（17）项目进度和成本报告计划

（18）项目控制收尾计划

13. 项目质量管理

本部分应包括项目将如何按照公司的质量体系，进行设计、采购和施工的质量管理，还应包括项目需要的质量审计和质量评估。

（1）项目质量计划

（2）质量管理组织和责任分工

（3）质量保证措施

（4）质量控制计划

（5）设计质量管理

（6）采购质量管理

（7）施工质量管理

（8）分包商质量管理

14. 项目安全管理

本部分应包括项目办公室和施工现场的安全管理程序，根据需要可以包括主要供应商和设备制造厂的安全管理。

（1）工艺流程的安全

（2）项目办公室的安全

（3）施工现场的安全

（4）许可证和证书

15. 项目信息管理

本部分应包括文件编码、分发以及移交等内容，还需说明项目要使用的信息化系统、软件等工具。

（1）文件分类和文件特征

（2）信息管理责任分工

（3）设计图纸的控制

（4）文件编码规则

（5）文件格式要求

（6）竣工文件编制与控制

（7）供应商文件控制

（8）信息化系统和软件应用

16. 项目收尾管理

本部分应描述项目将如何收尾，以及文档如何存储和管理。

（1）项目竣工验收程序

（2）项目合同收尾

（3）项目财务结算

（4）文件资料归档

3.9 项目实施计划

项目策划是项目管理的关键过程，对项目的成功实施非常重要。上文简要介绍了项目组织机构和关键人员职责，以及项目管理计划的目的，也列出了项目管理计划需包含的内容，这是统一团队思想和工作方法的重要工具。然而，项目实施策划的最终结果应是编制项目实施计划，也就是项目如何实施的工作路径。它将是团队达成一致的为满足合同要求来建造项目的方法，也是项目团队共同努力的最重要阶段性成果，将成为项目进度计划和未来决策的依据。

由于项目施工阶段时间紧、任务重、资源集中等特点，常需要一个正式而详细的计划，来保证项目在既定工期和预算内完成。但这并不会奇迹般地发生，而需要团队成员深入探讨、分析研究，并考虑各种可能性，才能产生合理、可行的项目计划。尽管施工过程有一些物理关系不能改变（如浇筑混凝土前必须绑扎钢筋），但仍有大量决定如何完成任务的选择余地。即使整个项目的工序安排已没有任何弹性空间，仍会由于项目各方的日程安排而需要一个计划，它必须考虑各方的需要和日程安排（不同程度上）。因此，项目计划是项目的系统性实施方法：足够灵活，以接纳各种变更；足够有序，以允许必要的控制，必须是各方都认可的实施项目最佳的方法。况且如果没有计划，也就无法进行进度测量。

项目计划不应与进度计划相混淆，后者是前者加入时间因素后的结果。项目计划必须对工作进行详细的定义，以明确对各方参与者的期望；反过来讲，也保证他们知道对他们的期望是什么。项目计划必须减少具体任务所固有的不确定性或风险，这要通过评估潜在风险，并探索降低或消除风险的方法来实现。在计划过程中，应建立对项目参与者预期的生产效率。只有这样做，才能制定监督和控制工作的基础。项目计划是聚焦于未来的一系列决策——项目的可交付成果和目标。它是对资源合理有序的组织，以便在规定的预算和时间框架内达成目标。

要记住，项目计划与成本预算有直接的关系，但考虑使用其他方案时偏离预算并不是致命的缺陷。例如，如果项目估算是考虑从室内安装窗子，因而估算并未包括外脚手架费用，那么计划就很可能不会要求进行外脚手架搭设。然而，在计划过程中可能会评估其他方案并考虑搭设脚手架，以成本最低和效率最高的方式来安装窗子。这在多个工种同时利用脚手架并分担成本情况下，就可能更加有利。项目团队可能会发现，通过搭设脚手架节约了时间，并由于缩短了关键路径，项目管理费降低了。这从经济效益角度是更划算的。

即使对于小型项目，项目计划也需要进行多版更新才能成熟。不要期望计划一蹴而就，因为这样可能很难发现计划过程中的风险和问题，也难以获得使计划成功的支持。项目计划过程是在达成共识的情况下，团队对执行工作最佳路径的“头脑风暴”，强迫团队成员对项目进行深入思考，并常常要澄清和验证工作前期的假设。

计划过程必须对潜在问题和风险进行识别，并提出一个或多个备选方案。计划人员应对这些方案分配优先级，并将最佳方案包括在项目计划中。工程项目问题以前基本都发生过，有经验的项目经理以往都有过可行的解决方案，大部分问题的解决技巧都是基于知识和经验得来的。

3.10 项目实施计划分类

项目实施计划是实施项目的路径，不仅贯穿项目管理整个过程，并且是监督和控制各项任务的依据。因此，在工程总承包项目管理中应建立全过程的计划管控体系，将项目计划管理规范化、标准化。项目实施计划应与项目管理计划相辅相成，按照设计、采购、施工、竣工验收各阶段间的合理交叉、相互关联、资源优化的原则，统筹协调进度、成本、质量、安全等各项指标，以全面实现合同规定的各项要求。

1. 按项目阶段分类

1）设计阶段

- 项目范围
- 设计范围定义
- 工作分解结构（WBS）
- 设计里程碑计划
- 设计总体进度计划（CPM）
- 设计各专业工作计划

- 设计图纸交付计划
- 设计文件管理计划

2）采购阶段

- 采购范围定义
- 采购工作分解结构
- 分包管理计划
- 物资管理计划
- 采购里程碑计划
- 采购总进度计划（CPM）
- 长周期设备采购计划
- 采购部门工作计划
- 现场物资管理计划
- 物流与运输计划
- 货场和仓库管理计划
- 采购文件管理计划
- 采购报告计划

3）施工阶段

- 施工范围定义
- 工作分解结构（WBS）
- 施工组织计划
- 临时设施计划
- 资源配置计划
- 分包管理计划
- 重点施工方案
- 技术管理计划
- 施工里程碑计划
- 施工总进度计划（CPM）
- 施工工作计划（短期）
- 分包商进度计划
- 施工文件管理计划

- 进度报告计划

4）收尾阶段

- 收尾范围定义
- 工作分解结构（WBS）
- 收尾组织计划
- 试验与检查计划
- 调试与试运行计划
- 工程移交计划
- 竣工文件管理计划
- 合同收尾计划
- 财务结算计划

2. 按照职能分类

1）进度管理

- 工作分解结构（WBS）
- 里程碑节点计划
- 项目总体进度计划（CPM）
- 任务控制计划（详细）
- 设计进度计划
- 采购进度计划
- 施工进度计划
- 收尾进度计划
- 进度报告计划

2）成本管理

- 项目估算计划
- 成本分解结构（CBS）
- 成本编码结构
- 项目原始预算
- 项目更新预算
- 项目变更管理计划
- 成本预测计划

- 成本报告计划

3）质量管理

- 质量管理范围
- 质量计划
- 质量保证措施
- 质量控制计划
- 试验检验计划
- 文件管理计划

4）安全管理

- 安全管理计划
- 安全设施计划
- 安全培训计划
- 安全检查计划
- 应急处理计划
- 医疗救助计划

以上所列计划只是项目计划的部分内容，项目经理应根据项目特点和合同要求，制定具有针对性的计划体系和范围。总之，项目各项职能和专业都需要制定实施计划，并应将各项计划协调联系，形成项目计划体系，才能保证各项工作界面清晰，团队之间配合顺畅。虽然每个计划是针对不同的内容，但其要给出的回答却无外乎这几个方面：做什么（工作范围）、谁来做（组织和分工）、何时做（进度计划）、在哪儿做（工作地点）、花费多少（成本预算）、有什么问题（风险管理）。

项目管理过程就是控制变量的过程。在所有的变量中，时间和成本最容易变化且难以控制，也是大多数项目经理最关注的焦点。虽然时间和成本是两个独立的职能，但两者关系密切，相互影响和制约。在工程总承包模式下，总承包商需要承担较大管理责任和项目风险，而进度延误和成本超支常是出现问题最多的两个方面，也是项目管理需要重点克服的对象。在项目计划体系中，项目基准进度计划和项目基准预算是时间和成本控制的基础，对于项目的成功管理至关重要。

3.11 项目基准进度计划

当团队成员对项目计划达成一致后，下一步便是对计划设定时间。更具体来说，就是从监督和控制的角度，必须将计划分解成更容易管理的单独任务。关于进度计划的方法，在第7章项目进度计划管理部分有详细描述。此部分仅就其如何融入整个计划和控制体系做简要讨论。

毋庸置疑，项目经理最重要的管理工具之一就是进度计划。作为一个管理工具，准确地计划和执行将能为项目经理在决策过程中提供持续的信息反馈循环。建筑领域常使用几种不同的进度计划方法，但最有效的工具仍是关键路径法（CPM）进度计划。简而言之，关键路径法背后的理论基础是，从项目开始到结束由一系列有序的任务相连接。假如其中一个任务被延误，项目的完工日期将被推迟。它是基于这些任务（被称为关键任务）是相连接或相互依赖这样的事实，每个关键任务的开始和结束都会影响后续任务的开始和结束。

进度计划是将项目所有任务分解成可辨认的有限活动，每个任务都有明确的开始和结束。例如，在101教室安装灯具，尽管不知道101教室的大小或灯具数量，但这个任务定义要比电气照明任务要明确得多。

对于进度计划中的所有任务，都要用明确特征来定义这个工作。每个任务都有所需完成的时间（或时长），以工作日为单位。任务的时长与其数量以及执行工作的个人或班组的生产效率有直接关系，这两者都可以从成本估算中获得。进度计划中的每个任务都与其前置任务和后续任务（除了第一个或最后一个任务）有关系，都有一个完成所需的人工时数值，并且可以分配给一个责任人或资源。任务可以分类为管理类、设计类、采购类和施工类。

一旦进度计划达成一致，并认为是时间和资源花费的最好方式，其将成为用来管理项目的进度计划，这个最初向团队所有成员公布的进度计划，就被成为基准进度计划。正如名称所示，这个初始进度计划就成为与按计划要执行的工作进行对比的基础。

基准进度计划有时也被称为“预期”“初始”或“目标”进度计划，它被用来比较预期和实际进度情况。基准进度计划应在实际工作开始前完成，并且只有一个基准进度计划。随着项目进展和不可避免的变更，就会生成修订的基准进度计划——被称为更新的进度计划。进度计划定期进行更新，最普遍的周期是每个月。更新的进度计划将显示，截至目前项目变更对基准进度计划造成了怎样的影响。

基准进度计划通常有一个控制日期，常被称作“数据日期”或“状态日期”。在这个日期开始跟踪进度、绩效和成本，用来进行控制过程的监督。尽管基准进度计划是控制过程的主要组成部分，但还有另一个方面需要进行测量，那就是成本绩效。

3.12　项目基准成本预算

与建立项目进度基准计划同样的方式，也需要建立一个测量成本绩效的基准。要记住，准确的项目控制需要进度和成本绩效数据的整合。用来测量成本绩效的基准被称为预算，其将从作为合同依据的成本估算演变而来。最初的预算称作原始预算，它将用来比较预期花费（成本）与实际花费（成本）。正如进度计划需要更新一样，预算也非常可能需要更新，因为项目发生变更时，预算就需要调整来反映变更导致的修订，这个更新的预算被称为最新预算。它是原始预算加上截至目前已批准的变更单，跟基准进度计划一样，也有一个数据或状态日期，通常这两个日期是重叠的。

如前文所述，预算是由成本估算演变而来，但其又不跟估算完全相同。除了正常的材料、人工、设备、分包和管理费以外，成本估算会包含利润。尽管编制预算的方法会因承包商不同而有所区别，但一般都不将利润看作是成本，大多数施工成本预算会将利润排除在外。在项目管理中，预算与进度同样重要，甚至很多公司会对预算控制比按期交工更加重视。

与任务相关的成本是通过成本科目来跟踪，它们是成本分解结构（CBS）中最低细节层次的相关成本，而成本分解结构（CBS）是分解到工作分解结构（WBS）详细成本科目的预算成本。成本元素是成本科目的子项，将科目中的成本体现为材料费、人工费、设备费、分包费，甚至任务的人工时。比较理想的情况是，针对进度计划的每个任务应有一个相对应的任务成本。同时跟踪执行任务的成本和时间，对于确定这个任务的状态至关重要。

3.13 项目沟通计划

沟通是信息传输的渠道和方法，因沟通不畅而导致进展受阻、成本超支、合同争议、项目失败的案例不胜枚举，其对项目成功的作用之大可以说无以复加。沟通计划作为整个项目计划的重要组成部分，需规划出信息在团队成员间的流动方式，并明确什么信息在何时以及如何在团队成员之间分享，以便每个人都能得到用于决策的最新信息。

沟通计划需建立一个沟通渠道或信息的流动顺序，以保证沟通不会紊乱。现实中因缺乏明确的沟通计划要求，常出现信息不对称或“信息孤岛”现象，给项目的进展造成很多不必要的影响。例如，项目电气分包商习惯于直接和电气工程师沟通，虽然这有效提高了沟通效率，但如果其沟通内容不经过正式渠道，就会导致项目记录的缺失，可能对后期的运营造成影响。

沟通计划也要规定团队某些成员对某些信息的查看权限，这对于项目保密管理相当关键。例如，对于项目经理来说，审阅工作成本报告非常重要，但总承包商绝不希望分包商看到这些专有信息。好的沟通计划应体现如下内容：

- 组成项目团队的各个单位
- 各单位或某个人对信息的需求
- 信息的来源
- 要分发信息的存储地点

- 常规信息的周期
- 信息将如何分发：电子邮件、网站更新、共享数据库、面对面会议等
- 谁将负责信息分发

尽管这些内容看起来很简单，但却常被人们忽略了。建立沟通计划的好处是，不用再每天应对信息请求，因为信息流动被控制、定时和常态化了。这就大大减少了对项目的干扰，并会增进团队成员间的信任感。

3.14 项目风险管理计划

尽管在决策过程中会考虑风险因素，但大多数建筑企业并未把风险管理作为一个专门职能加以对待，甚至设置风险控制部门的企业都寥寥无几。然而，随着建筑管理模式的转型升级，工程总承包项目的风险骤然变大。如再不加强风险管理意识，使用科学的风险管理方法，将会使项目频繁地陷入被动，企业的正常运营也将受到很大影响。

所有项目都有一定的风险，且大部分风险会集中于施工阶段。施工项目风险被定义为，一种不确定性发生的机会且发生后会对项目目标产生正面或负面影响。也就是说，风险都有原因和发生后的后果。项目经理应认识到消除项目所有风险是几乎不可能的。尽管某些风险可能会有正面影响，但绝大多数是具有负面后果的风险。因此，对一些潜在风险可以提前识别出来，制定出相应的应对计划且在发生时按计划执行。项目中的风险来源多种多样，有些是在项目团队控制范围之内；而很多是超出团队控制范围的，例如极端恶劣天气、经济环境变化、政治动荡等。

风险管理过程的目标是识别潜在风险，降低它们发生的机会，并当发生时减少它们的后果。成功的风险管理可以对项目生命周期提供更好的控制，并能够极大地提高达成项目进度和预算目标的可能性。

如前所述，所有项目都有某种程度的风险。因此，建筑行业认识到了采取前瞻性措施的必要性，并形成了一套管理风险（发生前和发生后）的

程序。这个程序就称为风险管理。风险管理过程的主要目标是识别、分析、计划和管理潜在风险。毫无疑问，对任何经过计划的事件，其成功管理的可能性就会大很多。

风险管理就是要识别可能发生在项目上的潜在风险。一旦识别出来，就应努力将其消除或制定降低这些风险后果的计划。对于已发生的事件，这个过程的目标就是控制后续的事件，在保持对成本和进度有效控制的情况下，将其对项目完工的影响降到最低。很明显，风险管理是具有很大挑战性的，好的风险管理计划应从完善的预算和符合实际的进度计划做起。

越早识别出来的风险，通过认真策划将其消除的可能性就越大；风险事件发生越早，管理并降低影响的机会就越多，降低风险的成本也就越小。风险在早期发生相比接近完工时发生，对成本的影响会小很多，因为问题早期发生会提供减少影响的更多机会。

3.15 风险识别

风险管理过程是从登记对项目有影响的潜在风险清单开始。比较理想的是在项目策划阶段进行，这样就可以通过调整进度计划和预算来容纳这些风险。项目团队应识别出尽可能多的风险，并应鼓励评判性的想法，甚至要考虑那些不太可能发生的事件。潜在风险可以分成内部风险和外部风险，前者是团队可以控制的风险；后者是超出其控制范围的风险。也可以按照技术风险和管理风险分类，并且风险识别要扩大到内部团队之外的其他干系人，他们的工作表现也可能对项目成功造成影响。

团队成员应聚焦于那些会产生负面影响的风险事件，而不应面面俱到，并应使用工作分解结构（WBS）作为指引，以确保不漏掉任何风险。先从工作分解结构（WBS）的宏观层面开始识别风险，然后深入到微观层面的风险。

风险管理可以使用的另一个工具是风险模型，它是根据传统的建筑项目风险进行分类的一个清单。风险模型基于过去项目的经验不断地进行更新和修订，公司的以往管理经验起着决定性作用，显示出本公司和经理们的独特管理特征，并对投标时可能作出的假设进行挑战。

3.16 风险评估

当潜在风险清单完成后，下一步即是评估事件发生的可能性及其影响程度。有些可能被降级为不重要风险，而其他的就需要进行更深入的评估。项目团队将需要一个评判风险为不重要风险的方法和标准，重要风险要基于发生概率和影响范围进行分类。

对风险重要性评级最常用的一个方法是情景分析法，其根据风险事件发生的可能性或概率，以及风险发生后的严重程度来对风险进行分级。事实上，在风险的概率和影响因素之间有着重要的区别，且影响程度通常被认为比发生概率更加有害。举例说明，有 10% 概率损失 100000 元，比 90% 概率损失 1000 元是更严重的威胁。因此，这就需要单独对概率和严重性进行评级的方法。在风险识别阶段，团队考虑了所有项目成功的威胁，这就必须有一个根据严重性进行风险分级的方法。影响量表就正好提供了这样的评级体系，它允许项目经理对风险分级，找出需要关注的风险。影响量表从可能性非常低（1）到非常高（5），使用数值来表示；同样，也适用于影响程度：非常低（1）影响到非常高（5）影响。这要针对成本和进度目标，对每个重要风险进行评估。表 3-1 是对一个固定总价合同的影响量表的例子。

固定总价合同的影响量表 **表 3-1**

分类	影响标度的数字表示				
	1	2	3	4	5
	非常低	低	中等	高	非常高
成本	成本增加很少	< 10% 的成本增加	10% ～ 19% 的成本增加	20% ～ 49% 的成本增加	大于 50% 的成本增加
时间	时间增加很少	< 5% 的时间延长	5% ～ 9% 的时间延长	10% ～ 19% 的时间延长	大于 20% 的时间延长

影响量表需要针对项目进行编制，可以根据合同交付类型或风险性质，加入成本和进度以外的其他指标。然后，此量表可用作比较的基础，使项目经理对风险进行基于数值的分区和评级，这被称为风险矩阵。风险矩阵围绕风险事件的概率和影响程度进行组织，对具有高发生概率和影响程度高的风险，比相对较低的风险要给予更高的权重。矩阵可以用颜色来反映事件的严重性，划分成红色区、黄色区和绿色区，分别代表严重、中等或较小威胁。左下角是绿色区域，代表低发生概率和低影响程度；黄色范围向矩阵的中心延伸，代表中等发生概率和中等影响程度；红色区域在右上角，代表高发生概率和高影响程度的风险。使用交通信号灯颜色，更容易传递风险的重要性程度。图 3-1 是一个针对项目进度和成本的风险评估的例子。

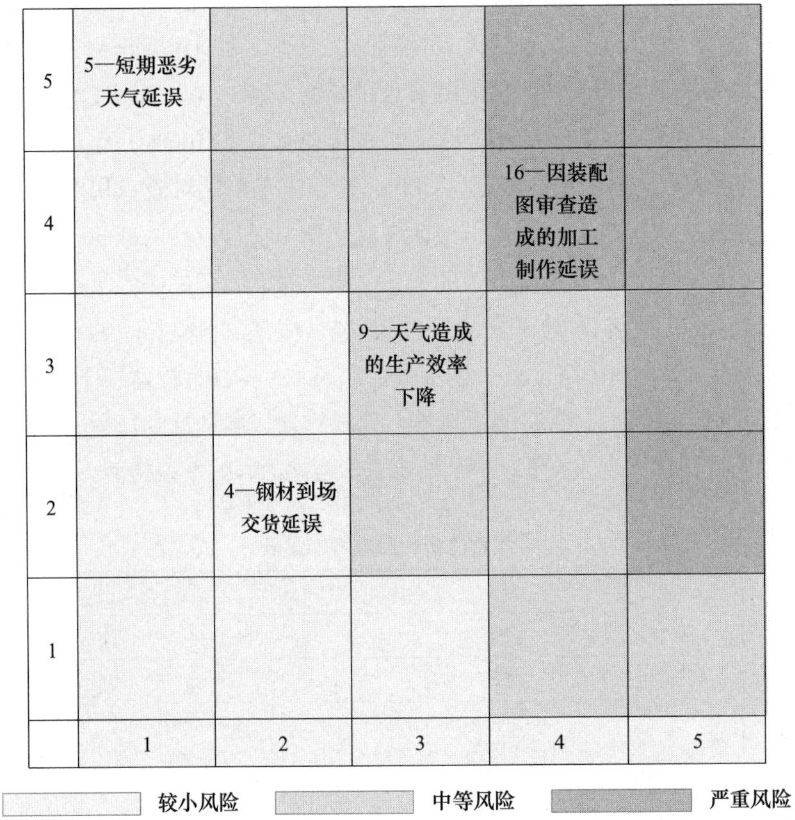

5	5—短期恶劣天气延误				
4				16—因装配图审查造成的加工制作延误	
3			9—天气造成的生产效率下降		
2		4—钢材到场交货延误			
1					
	1	2	3	4	5

较小风险　中等风险　严重风险

图 3-1　风险评估矩阵

风险矩阵为确定哪些风险需要进一步评估和可能的应对计划提供了依据。红色区域应重点关注，依次是黄色区域和绿色区域。绿色区域可能被认为不值得认真考虑，被边缘化或忽略。

评估过程的另一个考虑是风险被识别的难易程度，除了发生概率和影响程度，团队必须考虑识别的难易程度对风险的影响。那些容易识别的风险比难以识别的风险，造成威胁的复杂程度要低。为了分析一个风险识别的难易程度，需要制作一个识别影响量表，容易识别的风险用 1 代表，难以识别的风险用 5 代表。

为了使用这个递增的变量，就需要生成另一个公式，这个公式称作失败模型和影响分析。其在风险矩阵中包括了风险识别的难易程度。

发生概率 × 影响严重性 × 识别难易度＝风险重要性值

在这个公式中，三个因素中每个都分级为 1 到 5，1 代表最低，5 代表最高，风险可以根据总分数列出优先级。在如下例子中，考虑风险 A 和风险 B 的数值如下：

风险 A ＝ 2×2×4 ＝ 16

风险 B ＝ 2×5×1 ＝ 10

根据这个简单的例子，单纯基于数学计算，就可以猜测风险 A 对项目成本和进度会造成更大的威胁。这是在缺乏常识或进一步研究的情况下，使用数值所暴露的缺陷。尽管风险 A 很难以识别，但它的发生概率和影响程度较低。比较而言，风险 B 如果发生就会造成严重影响。因此，由于风险 B 影响量级为 5，它需要进一步的关注和分析。

3.17　风险应对计划

当一个风险事件被识别、评估和讨论后，下一步便是针对这个事件如果实际发生制定一个应对计划。一个应对计划必须是针对某个具体事件，并可以使用五种方法来进行管理。项目团队的决策焦点将是，哪种应对方法会对成本和进度产生最小影响：降低、避免、转移、分担或自留。

1. 降低风险

处理风险最好的方法是将其消除，如果这是不可能或无法现实的，第二个选择便是减小事件风险发生的可能性和发生后的影响程度，这被称作降低风险，并且通常是项目团队的第一选择。降低风险关注的是减小风险发生的概率，因为这可能会使降低影响程度的计划不再必要了。确定的起点是先确定风险的原因，通常了解原因对于降低风险非常关键。

下一个重要技巧即是在事件发生后，减少其影响程度。这个策略要聚焦于是什么因素导致成本增加和进度延误，对生产工艺、产品或造成风险的企业提供替代方案，会有助于降低风险。

2. 避免风险

避免风险总体上与消除风险很相似，可能需要对项目方案重新思考。将具体产品或工艺变成已经过成功试验的产品或工艺，将有助于避免风险，这常常局限于那些在项目团队控制范围内的风险。当然，最极端避免风险的方法是不参加投标。尽管这可能看起来比较极端，但在业主资金不到位、招标文件不完善、承包商能力不足等情况下，不参与投标可能是避免风险最好的方式。

3. 转移风险

最普遍使用的风险应对方法之一，就是将风险转移到另一方。尽管风险仍然存在，但成了别人的责任。最典型的风险转移是，总承包商将部分工程分包给分包商。转移风险的关键是风险承接一方必须具备应对风险的优势，这些可能包括：更好的培训、丰富的经验或技术先进的设备等。虽然简单的风险转移行为本身，可以改善降低风险的机会，但重要的是要考虑承接方能够承担这个风险的能力。风险也可以通过开脱性的合同语言进行转移，有许多开脱性语言的例子，如延误不赔偿条款，使得承包商在被耽误后仅有获得工程延期的权利。

4. 分担风险

分担风险的行为将涉及与风险相关的多个主体的不同责任分担问题，其目的是确保每一方在风险管理中的作用发挥到极致。联营体就是两个公司分担风险的典型例子，两家承包商集合双方智慧来执行项目，同时也共担风险。当然，联营体模式的成功，还是在于双方明确的责任分工。在某些项目上，业主和承包商通过特殊的合同规定来分担风险。由于业主与承包商分担了风险，而不仅是传统的相互关系，实施工程的成本就要低一些。在大多数工程总承包模式下，主要风险由承包商承担；而在合作伙伴模式下，业主与承包商共担风险，合同双方在成本和进度方面都有一定的灵活性，以便能给项目带来更高的价值。合作伙伴关系鼓励各方基于各自的专业能力，来提高项目的绩效表现。

5. 自留风险

在某些情况下，因风险影响太大而不能在合理的经济条件下进行转移或分担，且由于原单位对风险的识别和控制能力，最好由其自行承担。尤其在风险发生概率非常低的情况下，风险就可以保留，并通过制定一个处理事件的方式来管理和容纳风险。如果保留了风险，对风险负责的一方需制定一个风险管理计划，以便在编制项目计划时不浪费时间。在计划阶段的风险应对上花费时间越多，团队在处理风险时会更加得心应手。

3.18　风险应对控制

风险管理过程的最后一步是风险应对控制，也就是贯彻团队制定的风险应对策略。控制过程需要对即将发生的风险事件严密地监督，当达到临界点时即需开始应对方案。一旦开始应对行动，必须对其进行监督，确保风险控制达到预期的效果。应对措施可能需要微小的调整，以达到期望的结果，或者需要考虑另一个方案。

风险应对控制与项目控制周期中的进度跟踪是同样的，监控下的风险状态必须通过会议或报告定期更新，直到事件完全消除或降低。团队必须对未预料到的可能发生的风险保持警惕，特别是在大型和复杂项目上。这对于工期很长的项目完全适用，因为自满情绪和管理疲劳可能在项目滋生。对于这类性质的项目，风险识别、评估和控制要定期重复，直到项目完工。

风险控制另外需要关注的是，对团队成员明确的责任分工，那些需要应对措施的风险必须要分配给一个团队成员。明确的责任分工也包括消除

“我认为你在处理那件事”的说法，那会错失管理风险的机会。如果风险管理责任不进行正式分配并被接受，人的本性决定了风险将会被忽略。

风险管理周期必须是从计划阶段到收尾阶段的一个持续过程。团队成员必须保持不仅关注被识别的风险，也要盯住潜在的新威胁。随着新威胁的不断发展，对它们的潜在发生概率和后果也必须进行评估与管理，直到项目结束。

3.19 风险应急计划

项目团队编制一个风险应急计划，来处理即将发生的威胁是很有必要的，其目的是为了减少或抵消风险的负面影响。与所有计划一样，调查研究得越彻底，计划的应对措施就越准确和有效。而没有一个达成一致的应急计划，将会延误应对措施的执行，这经常会增加危害的程度。当风险事件发生时没有计划，将会导致胡乱采取应对措施。在发生前进行应急策划，将有时间对提出的应对方案进行评审和评估，并有充足的时间找到最佳方案且顺利执行。

启动应急计划的临界点必须在事件发生之前明确定义和接受，这会防止需要采取行动时发生争执。每一方必须清楚他们的职能权限是什么，以及何时可以行使。经验丰富的项目经理会在需要前，对应急计划建立明确的程序。

从定义可以看出，应急计划会打乱正常的工作流程，自然也会对进度和成本造成影响，因此两者都必须提前进行计划。特别是，因应对风险引起的延误将如何被容纳到进度计划中，以及支付应急措施的资金从哪里来？

3.20 应急计划资金

对于所有应急计划，必须有资金来源以支付应对措施，以及经过变通的进度计划来容纳延误的时间。在很多应对措施中，进度计划的变通常作为应对措施成本估算的一部分来考虑。简单地说，工程延误将通过某种形式的赶工来弥补，这自然会增加成本。在固定总价合同中，由总承包商引起的风险，资金可能得从其利润栏中划拨，也可以来自估算利润与目标利润间的差额，或者来自管理费的节余金额。对于业主引起的风险事件，就需要他们承担责任，一般这种情况下的资金来源是项目预留的风险储备金。

不管谁对成本负责，但资金来源在需要前必须清楚并达成一致，否则，应急计划会处于悬而未决的状态。如果总承包商或业主拒绝预留风险储备金，当风险发生时会慌乱无措，这是不符合实际的做法。有人认为，只要预留了资金就会被花掉，这是完全不了解建设项目的性质。当然，这需要建立一个审核监控机制，以保证风险储备金不会因管理失误而被挪用。对于那些已被识别、估算并认为很可能发生的风险，应建立预算储备金。它是为看起来不可避免的事件预留的资金，并应以一个个风险为基础进行估算，而不应仅是项目的一个比例。

对完全未知并难以预料的风险，也应有一些储备金，这类事件的储备金应加入管理储备金金额中。管理储备金常常是根据项目总成本的一定比例来设置，对新建简单项目的范围可能在 2%～3%，而对于复杂的大型工程要提高比例。这种比例的设定要依据以往的成本和进度数据以及项目的独特性，当然与项目文件的完备性也有直接关系。

第4章

项目设计阶段管理

4.1 项目设计阶段的重要性

1. 工程总承包设计特点

工程总承包合同模式多种多样，这就使设计工作必须依据具体项目要求来确定，但无论如何，其适用的项目管理逻辑和方法是不变的。某些情况下，业主会要求工程总承包商在可行性研究阶段介入，并提供部分或全部咨询服务，帮助业主完成项目的前期投资决策工作；大部分情况下，总承包商要经过竞争性投标，可能分别从方案设计、初步设计、施工图设计、深化设计等阶段开始，进而完成后续工作，直到项目完工。

无论怎样的情况，工程总承包设计的角色都发生了某种程度的变化。传统管理模式下，设计师受业主委托负责施工前的策划和设计，其将主要精力放在功能研究和技术先进性方面；而对项目采购、施工、成本、进度等项目管理内容关注较少。工程总承包模式下，总承包商要负责部分或全部设计任务，设计师必须站在一个全新的角度来思考和开展工作。也就是说，设计师在满足项目功能和业主要求的同时，必须以总承包商的视角来考虑项目的成本、进度，以及采购和施工的可行性等问题，进而达到项目多赢的目标。

如果从项目管理角度来讲，设计与采购和施工相互支持和影响的逻辑关系并未改变。然而，在传统模式下由于项目各阶段相互分离，设计、采购和施工很难做到有效统一，致使项目各方目标不统一，给项目最终结果带来不利影响。工程总承包模式改变了项目的组织方式，将设计、采购和施工部分或全部置于同一个利益主体。三方都必须将工作目标统一到业主目标上来，加强设计采购和施工的合作与融合，这也是推行工程总承包模式的意义所在。

另外，价值工程理论发展以来，尽管在西方建筑业发挥了巨大作用，节约了大量经济成本，而在我国建筑业发挥的作用却微乎其微。在强调过程整合的工程总承包模式下，总承包商要站在项目整体角度思考问题，需要对项目全生命周期结果负责，因而利用价值分析来提高价值节约成本的动力将明显增强，将促进价值工程在我国建筑项目管理，尤其在设计阶段的应用和实践。

2. 设计对项目目标的影响

设计对项目整体目标实现的重要程度不言而喻。在工程总承包项目设计中，常在设计方案选择时忽略设计对施工成本和进度的影响，产生了很多问题。有时，一个设计方案的选择会引起对施工方案的限制，对施工部署带来不利影响；设计方案选择也会影响项目主要设备的采购，进而影响施工过程的进度安排；另外，缺乏对设计图纸细节的关注，可能会引起现场施工和安装问题，导致工作延误、成本增加及施工分包商的索赔，造成施工过程的混乱和不必要的返工。

在编制书面规范时，应避免使用含糊的措辞，这将引起对工作要求的错误理解，并可能导致质量降低或昂贵的设计变更。规范使用过度限制性的语言，可能会对施工过程或施工顺序设置很多约束，也将影响项目成本和进度。粗制滥造的设计会损害施工人员的效率、现场工人的士气，甚至导致分包商的大量索赔。设计文件的质量不仅与施工质量有直接关系，而且对项目完工后的长期维护和运营也有重要影响。

项目成本和运营特征在设计阶段受到的影响最大，也更容易发生变化。因此，工程总承包的设计师应在项目早期阶段就扮演起关键角色，与业主密切合作，以保证项目在正确的轨道。确保业主与总承包商建立良好的合作关系。

3. 采购和施工对设计的支持

传统模式下，设计全部完成后才开始施工承包商招标，因而不存在施工和采购参与设计过程的条件。为了促进设计、采购与施工的有效融合，工程总承包模式得到广泛应用和推广。不仅通过合同形式将三者捆绑在一起，而且给相互支持提供了机会。尽管因招标阶段不同，项目范围会有所区别，但这并不影响工程总承包模式下的项目管理逻辑。就是通过设计、采购和施工的密切合作，来达成统一的项目目标。

采购在设计过程中扮演重要的角色，既要确保材料设备的功能质量满足设计要求，又要保证采购成本在项目预算之内，还要使满足要求的材料设备按时到达现场。这就要求采购对设计提供支持的同时，达到各项管理要求，其中包括供应商询价、长周期设备识别、供应商文件催交、采购计划编制等。施工与设计的密切关系不言而喻，谁离开谁都无法保证项目目标的实现，因而相互支持也就相当重要。施工对设计的支持主要包括：参与价值工程分析、可施工性分析、施工预算和进度计划的编制等。

4. 设计阶段的项目管理

工程总承包项目的实施开始于工程设计，因而项目管理就从设计阶段开始。在具体实践中，很多设计单位以联营体或者分包形式出现，管理设计的方法仍沿用传统模式，与采购和施工形成两张皮，根本没有达到预期的管理协同。严格意义上讲，这是缺乏对项目管理概念深入理解的体现，也就难以达到项目各方所期望的目标。所以，作为项目管理的重要组成部分，设计阶段就应开始整个项目的计划和控制，以便项目信息能够顺畅流动到后续每个过程。

项目管理过程就是信息不断收集、完善和流动的过程。设计阶段的成果是实施项目所依据的合同文件；采购是按照设计文件要求进行资源的计划和购置；施工是依据设计文件集合各种资源，以实体形式实现业主的最终目标。大多项目发生的矛盾莫不与过程信息错误或遗漏有关，这是管理者必须充分认识并始终去克服的问题。保障项目信息完整而正确流动的过程，就是项目管理过程的本质。

作为项目整体的一部分，设计工作同样需要遵循项目管理的基本原则和方法，那就是：启动、计划、执行、监督和控制、收尾。在工程总承包模式下，设计阶段不仅要考虑设计工作本身，还要对项目采购、施工和试运行阶段进行计划；同时，还要对整个项目的成本估算和预算，以及总体进度计划通盘考虑。因此，本章对设计技术涉及较少，主要从项目管理的角度阐述设计管理的关键步骤。

4.2 项目启动

1. 设计和施工过程

在项目早期，业主必须对项目设计和施工流程做出选择。有很多不同的流程可以选择，每种都有其优势和劣势。所选择的模式将影响业主融资、团队成员选择、项目成本、工程质量、进度计划等。尽管流程选择非常重要，但选择高质量的人员更重要，因为成功的项目都是由分工明确的团队共同完成的。

工程项目主要经过三个阶段：项目定义、设计和施工。应注意的是，对于整个项目来说，既包括设计之前的商业策划阶段，也包括施工之后的运营阶段。但本书仅仅聚焦于项目的设计、采购和施工过程。项目定义为设计工作建立依据，设计工作为施工过程设定步骤。项目定义阶段涉及识别和分析项目需求和约束条件。尽管最初关注的是业主需求和约束，但必须认识到这些需求和约束将传递给设计和施工人员。业主需求和约束条件的整合对项目提供了一个描述，并帮助建立交付项目的成本和进度计划。

工程项目一般被分为三个领域：房屋建筑、基础设施和工艺流程。房屋建筑领域项目包括商业建筑、学校、办公楼、医院等。对于建筑领域项目，通常建筑师是设计总体负责，设计分三个阶段：方案设计、初步设计和施工图设计。方案设计生成项目的基本构型、建筑立面、楼层布局、房间安排及项目整体特征。方案设计完成后，业主和 / 或总承包商会对设计构型和成本估算进行审查，批复后方可进入初步设计阶段。初步设计阶段定义项目的功能和系统，以便生成合同文件及施工图纸和规范。

基础设施项目包括运输系统，例如城市道路、乡村公路、高速公路、机场、港口码头等；也包括公用设施项目，例如供排水工程、天然气输送管道、电力输送工程等。在这类项目上，工程师将成为设计总体，对项目的整体设计负责。

工艺流程项目包括化工厂、炼油厂、制药厂、造纸厂、发电站等，工程师对设计总体负责。设计阶段包括：初步工程设计、详细工程设计、合同文件编制。例如，初步工程设计可能涉及化工厂的工艺流程图和机械流程图设计，生成项目所需的主要工艺流程和关键设备清单；详细工程设计涉及与设备和控制系统相连的管道实际尺寸，例如管道和仪器图纸；合同文件就是项目施工用的最终图纸和技术规范。

取决于项目交付方式，采购可能会在设计阶段就开始。例如，如果是必须提前订货的长周期设备，当一件主要设备的规范编制完成后，就可以发出采购单进行采购，以确保其安装不延误施工进度。这不仅适用于长周期设备，对周期较长的大宗材料或施工分包商采购同样适用。

在传统承包模式下，承包商在合同文件完成后开始投标。在项目中标后，承包商必须准备建造项目的装配图，并提交设计师获得审批。装配图将显示在施工中用于加工和安装的细节，因此承包商也参与了设计。装配图制作将影响在工地安装物品的生产加工质量。现场施工将涉及建造项目的工人、材料和施工设备等。

2. 设计与施工的发展

建筑行业变得越来越成熟，并持续地加强设计、采购、制作、施工及后期运营的整合，有效促进了项目全生命周期管理。计算机硬件和软件技术的进步，产生了二维（2D）和三维（3D）计算机辅助设计系统。CAD 技术进一步形成多功能的模型系统，被广泛用于从设计到施工的各个阶段，大大改善了现场施工时检测和预防干扰的能力，进而减少质量返工并使得施工过程更高效。

使用 CAD 模型系统最大的价值是在整合的流程中能够对活动更好地协调，而不是在现有分散的设计和 / 或施工过程中对单个活动的自动化。通过图纸和其他纸质文件的传统信息流动方式，设计意图有可能无法在施工过程中全部实现。传统纸质施工文件也不能使现场人员与 3D 模型产生互动，以提取满足他们需求的信息。使用 3D 模型进行沟通，再加上设计意图的更好体现及其他辅助信息，可以帮助消除施工过程中的材料可得到性、工作包编制、施工工序和现场变更等很多根本性问题。

3. 业主可行性研究

项目开始于业主对一个设施的设计和建造需求，以便生产产品或提供服务。这种需求可能由业主的一个运营部门、规划部门、某个高层领导、董事会，或者一个外部咨询机构提出。通常，业主组织中的一人或多人负责需求分析，来研究实施这个项目的价值。

业主第一个要求是目标设定，这之所以重要是因为它将提供范围定义的焦点，指导设计过程并能激发项目团队的热情。设定目标的过程将涉及项目质量、成本和进度的优化，使其达到最佳匹配。业主目标必须进行清晰的沟通并被所有各方所理解。它将成为项目实施过程中各项决策的标尺。

取决于项目的复杂性，以及项目对业主的重要程度，可行性研究的深度和广度会有很大差异。这是一个重要的研究，因为它设定的目标、概念、想法、预算、工期等内容将对设计和施工阶段产生重要影响。

业主可行性研究的一个重要组成部分是定义拟建项目的需求。然而，很多业主并不具备使用工程语言来有效定义公司运营需求的经验和技能。业主可能在运营工厂方面非常成功，但并不熟悉如何为工程项目定义范围、预算和进度计划。因此，设计项目经理可能就需要协助业主进行重要的可行性研究，以定义拟建项目的需求。表 4-1 给出了一些协助业主做可行性研究的方法。

协助业主定义项目需求的方法　　**表 4-1**

- 与业主人员充分沟通，特别是未来使用项目的运营和维护人员
- 与运营和维护人员充分沟通，熟悉他们所做的工作、他们怎样做工作，以及他们试图达成的目的是什么
- 召开一系列会议，将业主的“他们需要什么”与“他们想要什么”分开，并将他们的需要列入必须设计和施工拟建项目的需求
- 编制项目的初步范围、预算和工期需求，并将这些需求转换成业主运营人员和管理层能够理解的语言
- 从业主获得反馈，以验证其理解了要完成项目的需求，以便能满足业主运营机构的需要
- 记录会议、讨论、备选方案的文件及所做出的决策，并确保将这些结果发送给设计团队

业主可行性研究必须包括：一套完整定义的项目目标和需求、质量和功能最低要求、批准的预算限额及所需的完工日期。缺乏上述任何一个方面都会使项目走向错误的方向，并在未来产生大量问题。有时，业主会将可行性研究外包给一个咨询公司。即使如此，业主仍必须全面参与，以保证其需求得到充分的体现。

业主可行性研究的彻底性和完整性，对整个项目的成本有着重要影响。未能明确定义的项目范围，将会在设计或施工过程中导致变更。不完整的范围将引起昂贵的变更单，经常还有索赔和争议发生，这会导致成本超支、进度延误和很多其他问题。经验丰富的项目经理都会认识到，减少变更实现成本节约的最佳阶段在项目早期，而非在施工开始之后。这个概念在图 4-1 中进行了展示。

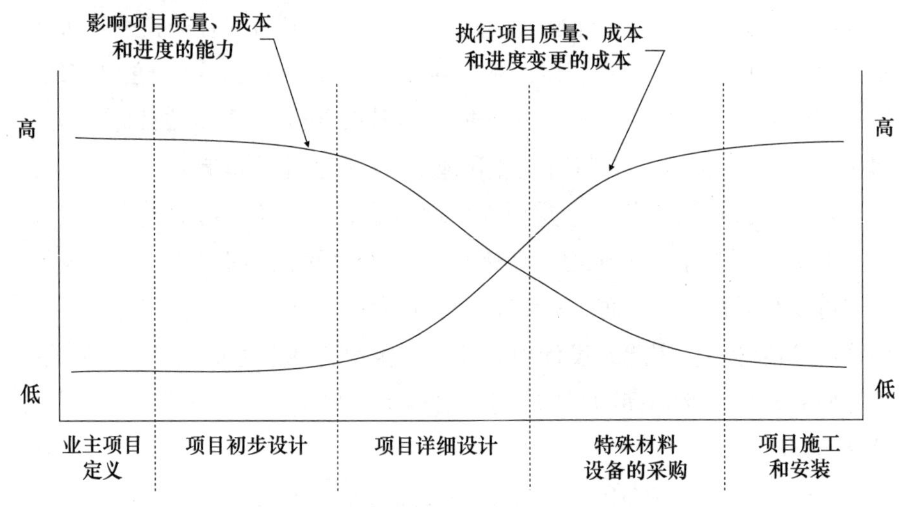

图 4-1 项目早期阶段明确定义的重要性

4. 业主需求和项目目标

在项目开始任何实质性工作之前，业主必须了解自己的需求和目标。如果业主都不明白项目需求是什么，那就没有人知道该做什么了。定义业主需求是众多项目前期活动的第一步，然后再进行范围定义。如果没有清晰的范围定义，项目经理将无法组织项目团队来实施项目。

业主需求和目标的识别过程，需要业主组织内部很多人员参与。这可能包括高层领导和投资人、财务人员，特别是项目建成后负责运营和使用的人员。这个过程通常涉及很多活动和研讨。很重要的是，要将“需要什么”与“想要什么”分开。如果没有成本和时间约束，目标很容易从“需要什么”滑向“想要什么”，这将使得项目支付不起并且不再可行。因为总会有成本和时间的约束，业主必须根据需求编制项目定义。这个过程就涉及范围、质量、成本和进度的平衡和优化。

业主组织的成员必须认识到，在将项目交给项目经理之前，他们有责任解决所有与项目需求和目标相关的问题，因为项目经理及其团队没有定义业主需求的义务。模糊的业主需求会导致项目变更、范围增加、成本超支和返工，以及团队成员之间的误解。明确目标和需求的最好方法，是与项目建成后将使用这些设施的人进行沟通。

业主设定项目目标，也就是设计和施工这个项目的目的、目标、意图或理由。项目经理负责定义项目范围，也就是为达成业主需求和目标而必须执行的工作。设定项目目标和建立项目范围，需要业主和设计师之间进行互动。表4-2展示了业主和设计师在互动过程中的角色，以确保双方有一个对详细定义的理解。

业主的项目目标与设计师的项目范围　　表4-2

项目目标
业主对设定项目目标负主要的责任
项目目标定义项目必须满足的业主需求
详细的项目目标定义是定义项目范围的前提条件
需要将“需要什么”与“想要什么”分开
参与人员应包括运营、财务和高层领导
项目范围
设计师对定义项目范围负主要责任
项目范围识别达成项目的工作内容（可交付成果）
在开始工作之前，范围中的每项工作内容都应有预算和时间要求
需要对“应当做什么”和“不应当做什么”有明确划分
参与人员应包括设计师、主任设计师，以及高层领导
业主和设计师的互动
业主和设计师召开会议，澄清项目目标和范围
业主应使用设计师能够理解的词汇来阐述项目目标
设计师应使用业主可以理解的词汇来阐述项目范围
业主和设计师双方应认可项目目标和范围是匹配的
在范围定义之后，应编制项目的初步预算和进度计划

下面将提供一个编制业主需求的示例。一个业主可能定义的公司目标是要集中公司的运营中心，以提升运营效率。为达到这个目的，公司管理层可能设定的目标是将五个运营区域集中到一个地点办公。因此，就需要设计并建造一个满足五个运营区域需求的服务设施。每个区域的主要人员必须开会并达成一致，将需要建造怎样的设施来满足每个运营区域的使用。人员之间的谈判应聚焦于公司的整体利益，以便提高运营效率。这是公司的整体目标。经常需要让步，将“需要什么”和“想要什么”分开。最终结果应是一个能够满足所有五个区域需求的设施，相比于五个独立的服务设施效率更高。例如，达成的协议可能是业主需要一个包括三个建筑物的设施：一个员工办公楼、一个仓库和一个维修车间。另外，可能还需要一

个重型设备和大宗材料货场区。有了设施的这些最低要求，就可以启动定义项目范围的过程了。

业主需求和目标研究的一部分是项目整体预算的评估，因为管理层通常在知道项目大致成本之前，不会批准项目开始设计。在项目这个阶段的预算是基于参数成本，例如建筑每平方米造价或每亩地开发成本。如果项目预计成本超过管理层的期望值，那就有必要减少工作范围。例如，员工办公楼和维修车间可能需要保留，仓库被舍掉。这个决策是基于仓库在三个建筑中优先级最低。可以考虑在室外工程、员工办公楼和维修车间完成后，将来有可用资金时再增建仓库设施。

5. 项目范围定义

项目范围是识别那些为了满足业主需求而必要的工作和活动。例如，一个项目可能需要三个建筑，包括一个办公楼、一个仓库和一个维修车间。另外，项目可能还需要一个料场来存储大型设备和大宗材料。上述每项内容都应当进一步细化，例如：每个建筑内的员工人数、仓库类型和储存量、所需的维修类型、设备大小和重量等。项目经理及其团队需要使用这些信息，来定义满足业主需求和目标的所需工作。

项目范围定义的目的是提供足够信息以识别要完成的任务，以便不出现可能对项目预算和进度有不利影响的设计重大变更。仅仅说一个项目包括三个建筑和一个室外料场，不足以开始设计过程。

为了帮助业主完成这项工作，应准备一个综合性的内容清单。表 4-3 是一个石化项目范围定义删节的清单。此表仅作为示意性目的，并不包括所有需考虑的内容。对于其他类型的项目，也应编制类似的清单。有经验的设计和施工人员可以提供很有价值的建议，来协助业主进行项目范围清单的编制。

设计开始前，工作范围必须充分定义可交付成果。也就是，将要提供什么。可交付成果的例子包括：设计图纸、规范、招投标协助、施工检查、竣工图纸等。所有这些信息都应在开始设计前了解到，因其会影响项目预算和进度计划。为达到这个目的，设计项目经理必须在早期介入项目，并应得到经验丰富的专业人员的协助，以便能代表拟建项目的各个方面。

一个石化项目范围定义的删节清单　　表 4-3

1. 概述
   1.1　设施的容量大小
   1.2　所包括的工艺单元
   1.3　设施给料类型
   1.4　生产的产品（初始和未来的）
   1.5　设施是否应按最小投资设计
   1.6　设备的水平和竖向布局
   1.7　未来扩建的布局和考虑
   1.8　任何特殊的关系（如：其他公司的参与）
2. 现场信息
   2.1　交通情况：航空、水运、公路、铁路
   2.2　公用设施情况：供水、污水、电力、消防
   2.3　气候条件：湿度、温度、风向
   2.4　土质条件：地表、地表下层、承载力
   2.5　地形：对附近财产的特殊防护
   2.6　土地获取：购置、租赁、扩建
   2.7　施工可用空间
3. 建筑物
   3.1　建筑的数量、类型和每个的规模
   3.2　占用情况：人数、办公室、试验室等
   3.3　预期用途：办公、会议、储藏、设备
   3.4　特殊的供热和制冷要求
   3.5　装修和家具质量要求
   3.6　绿化要求
   3.7　停车要求
4. 当局要求
   4.1　许可证：施工、运营、环境、市政
   4.2　规定和法规：本地、省、国家
   4.3　安全：监测系统、消防、应急电力
   4.4　环境：空气、流体、固体、湿地
   4.5　防腐限制

如果没有明确定义的工作范围，就不可能编制出符合实际的预算和进度计划。因此，应首先制定项目范围，然后编制与范围匹配的项目预算和进度计划。将所有工作保持在批复的范围、预算和进度计划之内，是所有项目经理的职责所在。

有时，某些业主可能对一个项目的价值过于兴奋，并急于尽快开工。这

通常会发生在一个新产品刚被开发，或一个政府官员决定在某个具体时间或地点应建设某个设施等情况。项目经理必须彻底地审查项目范围，并确保开始项目工作前进行了充足的范围定义；否则，项目团队将在工作进展过程中被迫定义范围，这常常导致工作受阻和关系恶化。解决这个问题最简单的办法是，在项目开始时锁定范围，以确保各方全面了解所需工作的程度。

6. 项目实施策略

在项目早期阶段，业主 / 总承包商必须制定项目实施策略，也就是一个高效执行任务的计划。实施策略形成管理项目的框架，包括合同策略、项目团队的角色和责任，以及设计采购和施工的进度计划。

合同策略将明确整个的项目组织架构，以及合同各方的风险分配。在项目早期阶段，总承包商必须决定哪些工作将自行完成，哪些工作将进行外部分包。总承包商可能具备设计、采购和施工的内部团队，也可能仅有有限的人员。这就需要通过分包给外部有能力的单位，来执行必要的工作。

尽管大公司可能具有内部能力，但仍有可能因在手的任务而无法安排所需人员，这就要对工作进行现实的评估，以确定内部完成和工作外包的部分；然后，评估购买外部服务，以便在成本和进度方面取得平衡。

选择的合同类型将定义各方责任和风险分配，并影响项目进度计划。如果为了尽快获得项目投资回报，快速通道的进度计划就非常重要，那么成本加酬金的合同形式可能会比较理想。紧急状态下的政府项目有时会利用这种处理方式。如果有充足时间来完成整个设计，那采用固定总价的传统设计 / 招标 / 施工模式可能就比较适合。业主 / 总承包商必须评估各种可能性，分析优势和劣势，并考虑什么形式能最好地满足其需求、目标、预算限制和进度要求。

项目实施策略包括设计、采购和施工任务的进度计划，其目的是识别整个项目活动的界面关系：设计、采购、和施工。必须编制一个可行的进度计划，来整合所有项目参与方的活动，并且进度计划的任何变化应获得各方的认可。

7. 设计和施工承包商选择

取决于包括项目类型、规模和复杂程度、业主 / 总承包商管理经验，以及项目的工期要求等很多因素，设计和施工承包商的选择有很大区别。

选择的方法决定于项目实施策略及业主选择的合同安排。

当业主 / 总承包商计划在选择施工承包商前完成所有设计时，那就必须建立一个选择设计单位的程序。一般来讲，业主 / 总承包商会选择熟悉并有成功合作经历的设计单位，或向潜在的设计单位发出投标请求，以便从以前合作过的企业获得投标报价。当这些单位提交了他们的方案之后，业主 / 总承包商可以对方案审查并评估，并做出授予设计合同的决策。

如果业主 / 总承包商没有与设计单位合作的经验，就需要建立一个选择设计单位的程序。在对拟建项目及其设计服务需求研究之后，应编制一个潜在设计单位的清单。这个清单常根据其他业主或熟悉此类设计企业的人推荐。一般来讲，这个清单至少包括三家看起来最符合本项目要求的设计单位，并向每家发送简要介绍项目的函件，以征询其对本项目的兴趣。一旦收到设计单位的确认函，就要对每家单位进行单独面试，审查每个公司的资质和经验，以评估他们在规定时间内完成任务的能力，并要审查将负责这个项目的具体人员。面试具体执行项目的人员，以确保性格方面的相容性也很重要。

一般在所有面试完成之后，业主 / 总承包商将根据理想程度将设计单位按顺序排列，这需考虑他们的地点、声誉、规模、经验、财务稳定性、可安排人员、现有任务量及其他与拟建项目有关的因素。基于这个评估，可能需要对最前面的一个或几个公司增加面试，以便做出最终决策。

如果设计 100% 完成，业主 / 总承包商可能会向施工承包商发投标邀请。对大多数私人项目，合同文件通常表明施工承包商的选择将基于最低和最佳标。对于公共项目，合同文件一般表明施工承包商选择将基于最低的合格投标人。但总体来说，当设计全部完成时，最低价一般是施工承包商的选择标准。

有时，业主可能希望设计完成之前开始施工。例如，可能在设计 70% 完成后选择施工承包商，或与设计单位选择同时进行，以便发挥施工承包商建造项目的知识和经验。当业主希望在设计完成之前开始施工时，施工承包商的选择就不能仅考虑价格因素，因为这时设计文件尚未完成，就需要建立一个评估潜在承包商的程序，这与上文讨论的选择设计分包商的程序类似。

4.3 编制工作计划

1. 项目经理初步审查

本部分讨论的项目工作计划是基于项目早期阶段的管理，设计开始前的计划。之所以从这个角度来描述，是因为影响项目整体质量、成本和进度的能力，在设计阶段才能最好地达到。很多人讨论项目管理是针对设计完成之后的施工阶段，而在项目生命周期的这个时段，工作范围已经定义，成本预算已经确定，完工日期已经明确。再做任何项目重大调整以改善项目质量、成本和进度，将为时已晚。

当项目经理被安排到一个项目时，其首要任务是收集业主前期准备的背景资料。这包括业主的可行性研究及总承包商与业主签订的合同。项目经理必须对这些文件进行彻底、全面的审查，确保有详细定义的范围、批准的预算、里程碑进度计划，特别是项目的完工日期。

这个初步审查过程的目的是熟悉业主的目标、项目全面要求，并识别编制管理项目的工作计划所需的任何其他信息。为了有效组织审查过程，最好将问题归入定义项目的三个类别：范围、预算、进度。为了引导初步审查过程，项目经理应持续地问如表4-4中列出的问题。

项目经理初步项目审查指南　　表4-4

范围
1. 还缺什么吗
2. 看起来合理吗
3. 执行工作的最好方法是什么
4. 还需要什么其他信息吗
5. 需要什么专业技能
6. 施工的最好方法是怎样的
7. 业主期望的质量水平是什么
8. 项目适用于什么法规和规范

续表

预算
1. 预算看起来合理吗
2. 预算是如何确定的
3. 谁编制的预算
4. 何时编制的预算
5. 预算的哪些部分需要重新审查
6. 预算根据时间和地点进行调整了吗
进度计划
1. 进度计划看起来合理吗
2. 进度计划是如何确定的
3. 何时编制的进度计划
4. 谁编制的进度计划
5. 完工日期要求严格吗
6. 有惩罚或奖励条款吗

2. 与业主沟通

在项目经理进行了初步审查并对项目熟悉之后，应与业主代表进行会议沟通，以确定必要的协调工作安排。业主代表在项目中承担两个角色：作为项目参与者提供信息并澄清项目需求；作为审查者和批准者对团队决策进行审批。业主代表必须被认为是整个项目团队的一部分，从项目开始贯穿各个阶段直到项目结束。

在初次会议上，业主代表应针对项目目标设定优先级。项目需要关注的四个方面包括质量、范围、时间和成本。大家都能理解质量是必须满足的指标，业主需设定项目预期的质量水平，并且项目经理与业主代表必须针对质量达成一致意见。范围是要执行的固定工程数量，在项目进展过程中业主可能会增加或减少范围，这一般取决于成本因素。时间和成本的优先级是由业主确定。业主起初会将工期作为考虑重点，但如果市场有变化或其他情况发生，成本可能会比时间变得更重要。如果没有设定优先级，项目经理就必须努力优化时间和成本的关系，以便取得最佳效果。

业主代表对项目的参与程度，必须在项目开始时确定下来。如果业主代表希望签署所有内容，那项目经理就必须在进度计划中考虑这些时间，在预算中考虑业主参与的成本。双向沟通是绝对必要的。项目经理也需将团队组建计划告知业主代表，以便进行更好的协调和沟通。

这个会议也将给业主代表和项目经理初次见面的机会。如果在会议期间能拜访业主组织其他相关人员，那就更加理想了。讨论的问题可能包括：澄清目标和需求、预期质量水平、项目独特性、资金问题、当局要求及审批程序等。

在某些情况下，本次会议可能是项目经理初次被介绍给业主代表。由于很多业主期望一个全知、全能的项目经理，因此需要提高一些警惕。因为项目团队尚未组建，所有讨论应聚焦于要执行的工作上，而不是已完成的工作。当然，最理想的情况是，项目经理参与了投标准备并获得业主批准来执行项目，这就会使项目经理对项目背景有更深的了解，并可能与业主代表有过接触的机会。

3. 公司组织架构

每个项目经理都会受其工作环境的影响。一个公司的组织架构可能会对其管理项目的能力产生较大影响。图 4-2～图 4-6 展示了不同的公司组织架构。一个项目经理可能会为如这些图所示的公司工作，或者为一个与这些组织结构类似的业主工作。

如果一个公司是产品导向型的，它将围绕产品制造和营销进行组织，决策的优先级将聚焦于产品。服务导向型的公司将围绕提供客户服务来组织。项目设计和建造只是公司提供产品或服务的途径，并不代表这个公司的基本职能。由于公司重点不在项目，这常常会对项目经理的工作产生阻碍。

如图 4-2 所示的组织结构是以产品制造和营销为导向的公司示例。公司工程部向制造部门提供支持。制造部门生产产品由营销部门销售。公司与项目设计和建造相关的问题一般都向工程部提出，但对这些问题的答复常常来自制造部门，而制造部门又会从营销部门获得信息。这就需要在各方之间建立沟通渠道，并可能引起信息误解和延迟回复。为这种组织形式公司工作的项目经理应在进度计划中包括一定的时间富余量，以防止业主回复的延误，并应时刻注意潜在的范围增加。

图 4-3 所示的是一个电力公司的职能式组织机构示例。这个公司的重点在发电、传输和电力供应。这类组织对于单个功能的项目设计和施工效率很高，例如一个输电线或基站的建设。然而，如果项目涉及一个电站的

设计和施工，加上两条输电线和一个基站，就会在组织内很难识别了。如果没有安排一个项目经理全面负责，则很容易造成项目从一个部门向另一个部门的传递。这会导致信息丢失和进度延误。即使安排了全面负责的项目经理，跨部门的沟通也会很困难。

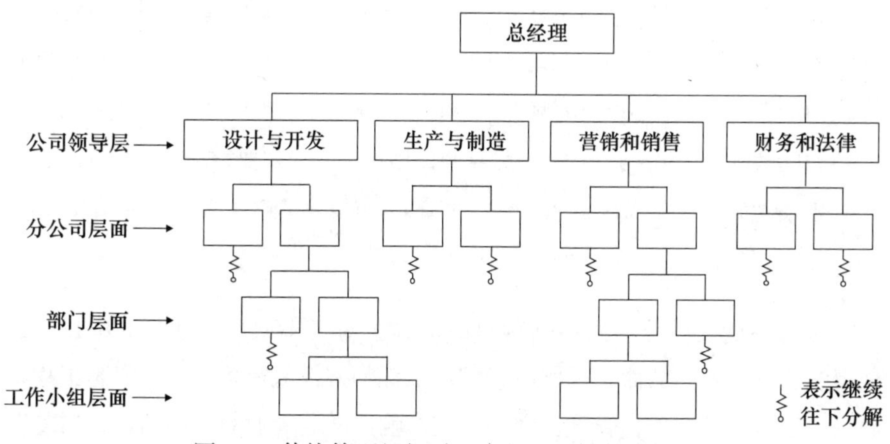

图 4-2　传统管理组织（以产品 / 业务为导向）

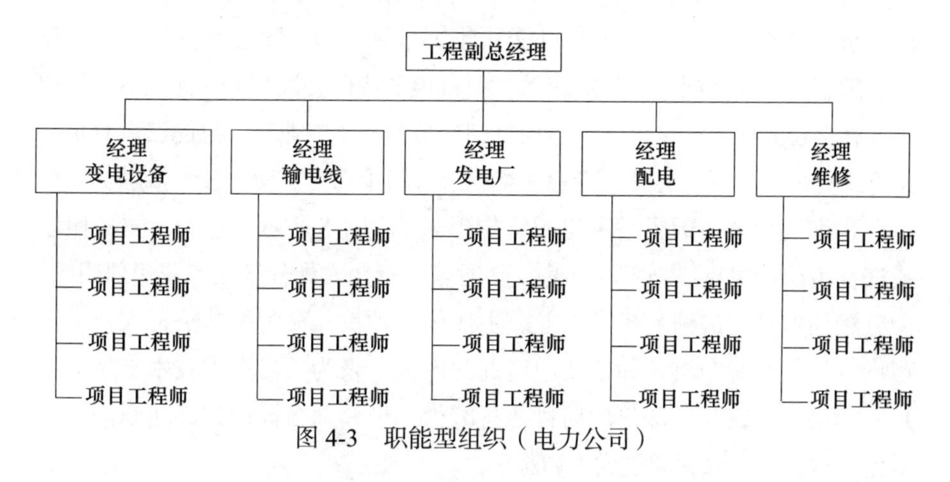

图 4-3　职能型组织（电力公司）

图 4-4 展示了一个典型的提供设计服务的咨询公司的工作环境。这个公司强调以专业为导向，包括一群共享技术知识和技能的专家。过度强调专业分工会鼓励竞争和冲突，并且会牺牲整个公司的利益，导致更多地关注部门内部管理，而非外部关系和项目合作。当强调部门内部管理时，决策和沟通将趋于竖向而非水平，并减少对项目的成本、进度和协调的关注。

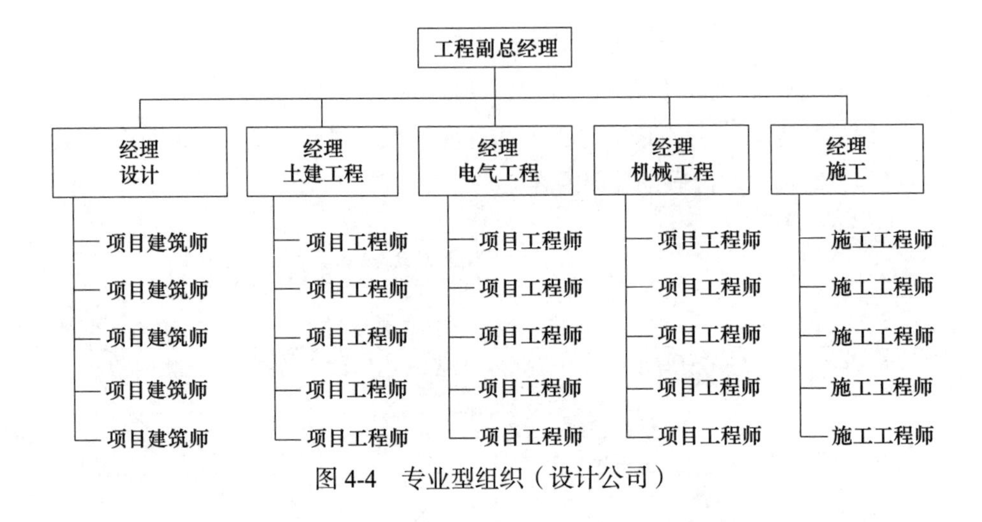

图 4-4　专业型组织（设计公司）

很多咨询设计公司采用这种组织形式。对于小型且工期短的项目，这种组织比较高效。然而，可能由于一些工程师担任双重角色，不但是工程师而且是项目经理，项目管理会受到一定影响。随着专业数量的增加，对复杂项目的协调将变得更加困难。例如，一个复杂项目可能涉及建筑、土建、结构、机械、电气等专业。工作可能从建筑布局开始，随后是各个专业的设计。随着工作在不同专业间的流动，项目很多特征会被丢失，甚至不知道项目在什么位置或是什么状态。当项目到达最后一个专业时，可能已没有足够预算来完成工作了。另外，专业化组织形式对项目变更常有较大抵触。

咨询设计公司的另一种组织结构形式如图 4-5 所示。这类公司按照职能进行组织：房建、土木、工艺、交通等。专业人员分散在各职能部门中，为分配到本部门的项目提供服务。主任设计师被任命为团队负责人，来管理设计工作。每个设计师留在职能部门内部，来为项目提供技术支持。但是，如果一个或几个部门的项目数量减少，设计师会被调到其他职能部门工作，这会对项目管理造成不利影响。

为了强调项目的成本、进度和总体协调，常会采用如图 4-6 所示的矩阵组织形式。目的是将专业人员保留在原部门内，以便其不遗失专业技能，并成立一个项目组对整个项目进行协调。为达到这个目的，设计师就具有双重沟通渠道：一个是其技术主管，另一个是项目经理。对技术相关的问题进行竖向沟通，而对项目相关的问题则进行水平沟通。

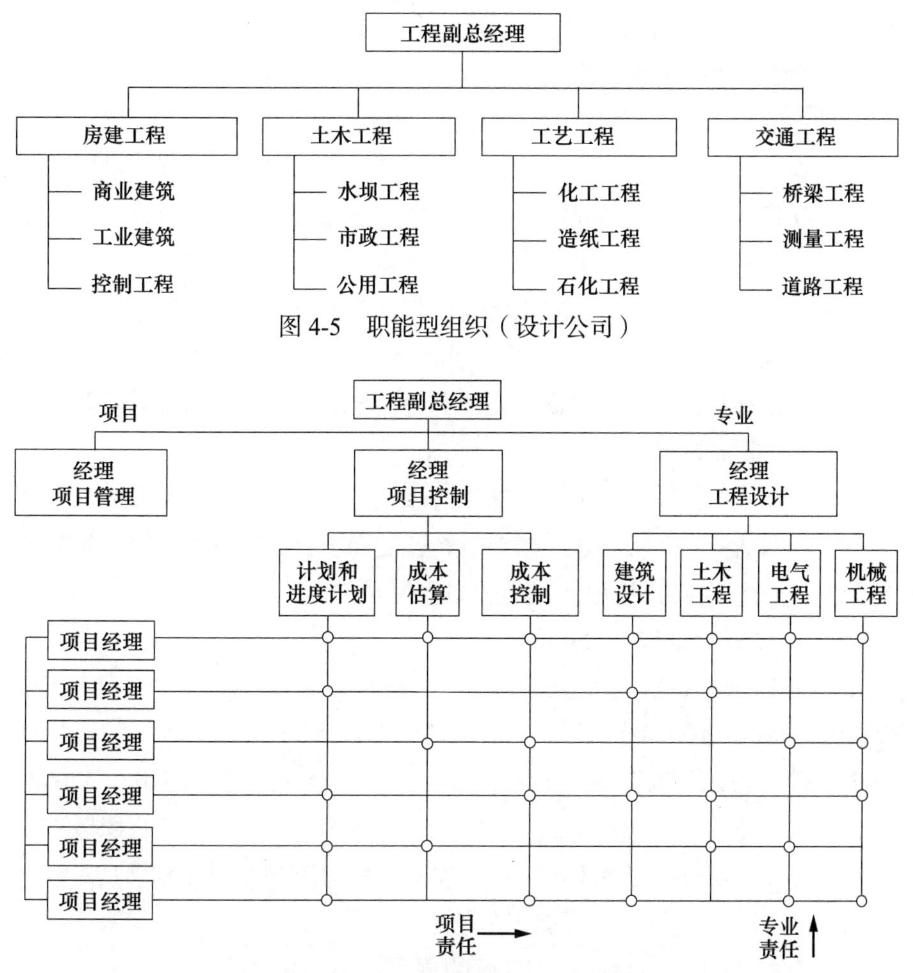

图 4-5　职能型组织（设计公司）

图 4-6　矩阵型组织（设计公司）

矩阵型组织又称矩阵式组织。矩阵式组织提供了一个关注项目的工作环境，每个项目根据矩阵上的水平线进行定义。项目经理负责整个项目协调、专业界面、业主关系及项目成本和进度的整体监督。各设计专业负责他们相应部分的技术知识、质量保证、成本和进度。没有人为团队其他人工作，都是为了项目在工作。项目经理是团队的领导者，负责对所有团队成员职责的整合。

矩阵虽然定义了沟通渠道，但未表明解决冲突的权威性。一个矩阵可能被定义为“强矩阵”，这时项目经理就更有权威决定什么对项目整体有利；

反之，则称为“弱矩阵”，专业经理就对决策具有权威性。专业主管可能对其技术领域比对整个项目更加关注。设计师通常关心的是搞出尽可能好的设计，有时会以项目的成本和进度为代价，也不考虑对其他部门的影响。

矩阵式组织项目管理的成功，取决于公司理念和员工态度。过度强调专业，可能会导致时间和成本问题。同样过度强调项目，会与技术部门失去控制和联系，而导致效率低下和质量问题。因此，必须在管理项目和提供技术支持之间取得平衡。专业之间的相互尊重至关重要，项目经理依赖每个团队成员的专业知识，需要认可每个人对项目成功都起着关键作用。项目受益，整个公司才能受益；公司受益，员工才能获得回报。团队成员的有效沟通非常必要。

随着项目从设计阶段进入到施工阶段，必须围绕现场要完成的任务编制工作分解结构，并且要建立与项目相匹配的项目组织机构。项目管理最好在现场进行，因为实际工作都是在现场完成的。

4. 工作分解结构（WBS）

对任何项目，无论大小都有必要编制详细定义的工作分解结构（WBS），将项目分解成可以管理的单元。WBS的概念很简单。为了管理整个项目，就必须管理和控制项目的每个部分。WBS是项目工作计划的基石，它定义要执行的工作；识别所需的技术知识；协助选择项目团队；建立项目进度计划和控制的基础。关于WBS如何用于进度计划和项目跟踪和控制，将在第7章和第10章有更多描述。

一个WBS是这个项目以图形的展示，显示多级体系的工作划分。图4-7是对一个项目WBS的简单示例，项目包括三个主要设施：室外工程、公用设施和建筑物。每个主要设施又细分为更小的单元。例如，建筑物又分成三个建筑：办公楼、维修车间和仓库。项目需要进一步向下分解，因此每一层级的单元都是上一层级的子单元。一个WBS的层级数会根据项目的规模和复杂程度而不同，其最小的单元便是一个工作包（work package）。一个工作包必须有详细的定义，以便对工作进行测量、预算、计划和控制。工作包的编制将在后面讨论。

编制WBS是一个持续的过程。从项目经理接手项目开始，直到所有工作包被定义完成为止。项目经理通过识别项目主要区域，开始编制WBS的过程。随着项目团队更详细地定义要完成的工作，WBS 可能需要做相应的调整。因此，WBS 用于项目从开始到结束的整个计划和控制过程中。它是定义整个项目的一个有效方法，并提供信息交流的有效沟通渠道。这对于项目的管理非常必要。

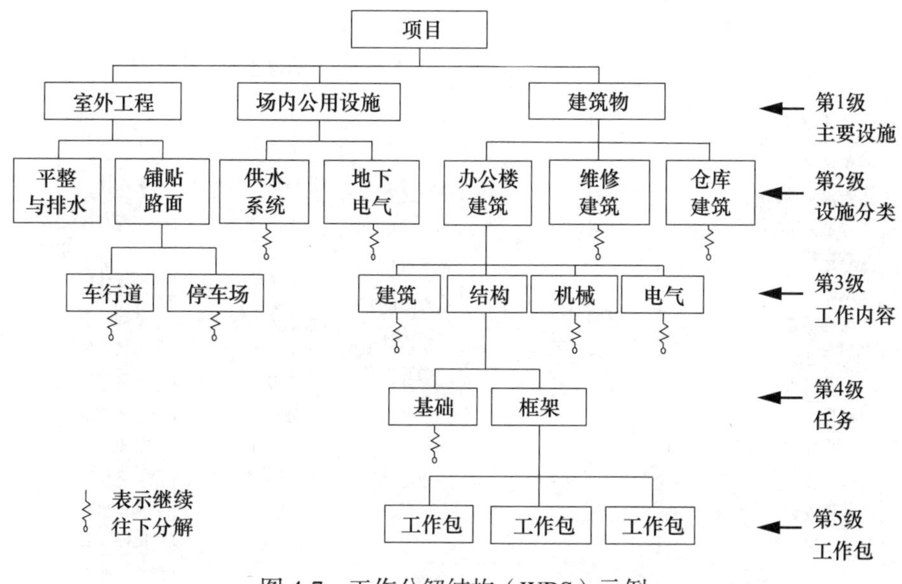

图 4-7 工作分解结构（WBS）示例

WBS 是项目管理体系的基础。编码可用来使 WBS 与人员管理的组织分解结构（OBS）相联系，也可用来使 WBS 与管理成本的成本分解结构（CBS）相联系。同样地，WBS 编码可以使 WBS 与关键路径法（CPM）进度计划相联系来管理进度。因此，WBS 提供了一个系统性的方法来识别工作范围，制定项目预算，编制整合的进度计划。由于 WBS 是由实际执行工作的人员共同编制，因此它成为使各项活动相关联的有效工具，以确保所有工作都被包含进来，并且工作没有重叠。最重要的是，它提供了绩效测量的基础。

5. 工作分解结构（WBS）格式

一个 WBS 可以使用图形格式或者提纲形式来编制。图 4-8 是一个项目 WBS 图形格式的示例，图 4-9 是同一个项目的提纲形式示例。这些图表中的 WBS 代表一个维修设施的设计 / 采购 / 施工（EPC）。这个 EPC 项目的

WBS 包含三个主要部分：设计、采购和施工。设计部分又分成外包设计和内部设计；采购部分分成主要设备采购和分包商招标；施工部分分成室外工程和两个建筑（工业建筑、商业建筑）。

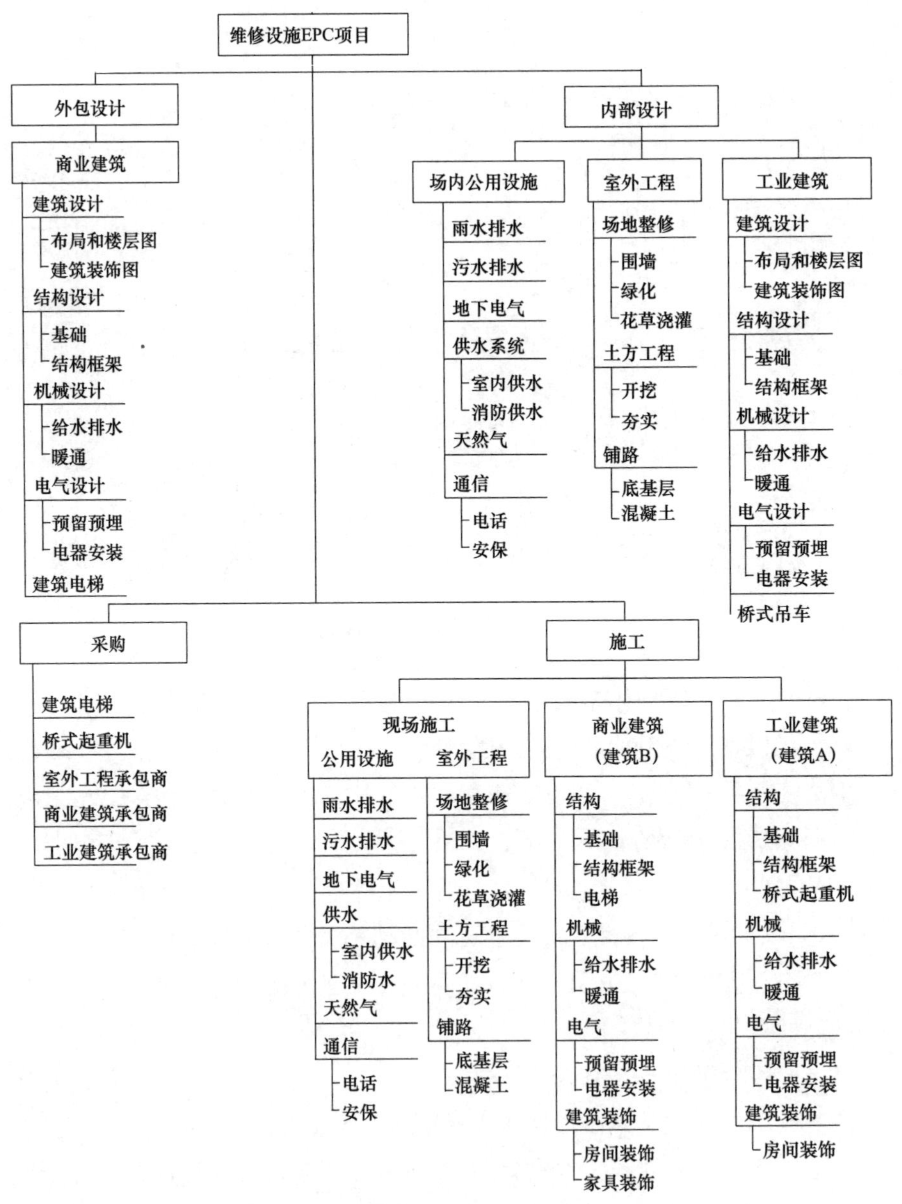

图 4-8　EPC 维修设施项目 WBS（图形格式）

EPC 维修设施项目的 WBS

1.0 工程设计
1.1 外包设计
  1.1.1 建筑B的建筑设计
    1.1.1.1 场地和楼层平面图
    1.1.1.2 建筑装饰装修
  1.1.2 结构设计
    1.1.2.1 基础
    1.1.2.2 结构框架
  1.1.3 机械设计
    1.1.3.1 给水排水
    1.1.3.2 暖通
  1.1.4 电气设计
    1.1.4.1 预留预埋
    1.1.4.2 设备安装
  1.1.5 建筑电梯
1.2 内部设计
  1.2.1 现场设施
    1.2.1.1 雨水排水
    1.2.1.2 污水排水
    1.2.1.3 地下电力设施
    1.2.1.4 供水系统
    1.2.1.4.1 饮用水
    1.2.1.4.2 消防水
    1.2.1.5 天然气
    1.2.1.6 通信设施
      1.2.1.6.1 电话
      1.2.1.6.2 安保
  1.2.2 室外工程
    1.2.2.1 现场修整
      1.2.2.1.1 围墙
      1.2.2.1.2 绿化
      1.2.2.1.3 花草浇灌
    1.2.2.2 土方
      1.2.2.2.1 开挖
      1.2.2.2.2 夯实
    1.2.2.3 道路铺贴
      1.2.2.3.1 底基层
      1.2.2.3.2 路面混凝土
  1.2.3 建筑A设计
    1.2.3.1 建筑
      1.2.3.1.1 场地和楼层平面图
      1.2.3.1.2 建筑装饰装修图
    1.2.3.2 结构
      1.2.3.2.1 基础
      1.2.3.2.2 结构框架
    1.2.3.3 机械
      1.2.3.3.1 给水排水
      1.2.3.3.2 暖通
    1.2.3.4 电气
      1.2.3.4.1 预留预埋
      1.2.3.4.2 设备安装
    1.2.3.5 桥式吊车
2.0 采购
2.1 建筑电梯
2.2 桥式吊车
2.3 室外工程承包商招标
2.4 商业建筑承包商招标
2.5 工业建筑承包商招标
3.0 施工
3.1 场地施工
  3.1.1 设施
    3.1.1.1 雨水排水
    3.1.1.2 污水排水
    3.1.1.3 地下电力设施
    3.1.1.4 供水
      3.1.1.4.1 饮用水
      3.1.1.4.2 消防水
    3.1.1.5 天然气
    3.1.1.6 通信设施
      3.1.1.6.1 电话
      3.1.1.6.2 安保
  3.1.2 室外工程
    3.1.2.1 现场修整
      3.1.2.1.1 围墙
      3.1.2.1.2 绿化
      3.1.2.1.3 花草浇灌
    3.1.2.2 土方工程
      3.1.2.2.1 开挖
      3.1.2.2.2 夯实
    3.1.2.3 道路铺贴
      3.1.2.3.1 底基层
      3.1.2.3.2 路面混凝土
3.2 商业建筑B
  3.2.1 结构工程
    3.2.1.1 基础
    3.2.1.2 结构框架
  3.2.2 机械工程
    3.2.2.1 给水排水
    3.2.2.2 暖通
  3.2.3 电气工程
    3.2.3.1 预留预埋
    3.2.3.2 电气安装
  3.2.4 建筑装饰
    3.2.4.1 房间装饰装修
    3.2.4.2 家具
3.3 工业建筑A
  3.3.1 结构
    3.3.1.1 基础
    3.3.1.2 结构框架
    3.3.1.3 桥式吊车
  3.3.2 机械
    3.3.2.1 给水排水
    3.3.2.2 暖通
  3.3.3 电气
    3.3.3.1 预留预埋
    3.3.3.2 电气安装
  3.3.4 建筑装饰
    3.3.4.1 房间装饰装修

图 4-9 EPC 维修设施项目 WBS（提纲格式）

图形格式的 WBS 容易阅读，能为整个项目给出一个整体印象。然而，大多数项目的 WBS 内容较多，这使得将 WBS 中的所有内容显示在一页纸上很困难，或者根本不可能。在向高层领导或业主汇报时，通常较理想的是将 WBS 画在一张大图上。另一种选择是，将图形格式的 WBS 放在三个较小的图上。例如，对于一个 EPC 项目，将设计放在第一页；采购放在第二页；施工放在第三页。

大多数项目团队会使用提纲形式来编制 WBS，因为使用文件格式传输 WBS 要比处理大图容易得多。提纲形式很容易加以修改，这就变成了指导项目团队的工作文件。如图 4-9 所示的编码体系，提供了一个显示 WBS 分部分项的很好方法。对于某些项目，可能比较理想的做法是，为高层领导提供图形格式，而项目团队使用提纲格式。

6. 组建项目团队

项目管理的一个关键概念，就是围绕要完成的工作来组织项目。在审查了所有业主可行性研究的背景资料，以及其他关于项目的已知信息后，项目经理应编制一个初步的 WBS，以识别出要执行的主要任务。准备详细的任务清单并归入到不同阶段，将任务排序并显示工作的依赖关系。这就提供了项目的特征，可以用来协助选择项目团队所需的资源和技术知识。针对每个任务应附有一个时间表。所有这些准备工作都很必要，因为只有全面了解工作内容，项目经理才能有效地组建团队。实质上，项目经理必须编制一个项目前期工作计划，并经过主管领导的审核。这个计划将在团队组建完成后，扩展成为项目最终的工作计划。

在准备工作完成后，项目经理负责组织项目团队达成项目目标。项目经理与相关专业经理共同负责团队成员的选择。这个有时比较困难，因为每个项目经理都想要最优秀的人员到自己团队中。虽然每个项目都有其具体需求，但也必须考虑公司的整体人员安排。关键人员在项目期间来回调动显然不太实际，因此在人员安排上需要妥协和让步。对一个项目的人员安排，必须考虑所需的特殊技术知识，也要考虑公司范围内可用人员的现实状况。

项目团队包括不同专业部门（建筑、土建、结构、机械、电气等）人员、项目控制（预算、计划和进度计划、质量控制）人员及业主代表。团队成员数量会根据项目的规模和复杂程度不同而变化。项目经理是团队领导者，所有团队成员代表他们各自的专业技术领域，并在早期负责识别对项目目标、成本和进度有不利影响的潜在因素。如果问题发生了，每个成员应立即通知其直接主管领导和项目经理。

很重要的是，每个团队成员都应清楚项目目标，并认识到其贡献对项目成功的重要性，成员之间建立合作的工作关系相当必要。尽管项目经理通常是所有专业部门的联系人，但其可能会授权其他团队领导承担联系责任。由于达成项目目标、成本和进度的责任在项目经理，所以他必须了解全面的建议和信息。

项目经理必须组织、协调和监督团队成员的工作进展，以保证工作按时完成，并应与业主代表保持频繁的接触。

7. 启动会

项目团队组建以后，项目经理召集第一次团队会议，通常称作项目启动会。它是项目管理中最重要的会议之一，要在任何工作开始之前召开。启动会的目的是将团队成员召集在一起，明确每个人在项目中的责任，并向他们介绍关于项目的信息，以便每个人都感觉是团队的一部分。很重要的是，项目经理需全面了解项目目标、需求、预算和进度计划，并尽早将这些信息传递给团队成员。特别是工作范围，必须要经过认真的审核。

启动会允许团队确定工作重点，识别问题区域，明确成员责任并提供总体方向，以便团队成员为了一个共同目标而密切合作。在会上，项目经理应提出项目要求和初步工作计划，讨论工作程序并建立沟通联系和工作关系。尽最大努力消除任何关于范围、预算和进度计划的模糊不清或错误理解。项目的这三个要素（范围、预算和进度计划）在没有项目经理和业主代表同意的情况下，不能随意变更。

会议前，项目经理应准备项目总体信息和数据，包括：项目名称（将用于所有文件和通信）、项目地点、工作科目编码，以及项目团队需要的其他信息。标准、要求、制度、程序及其他内容也应当提出来。向团队关键成员提供这些信息非常重要，这会使他们知道项目已被批准实施，并感觉自己是团队的一部分。项目经理应在会议前拜访关键人员，以便了解和解决任何特殊问题，并且对任何不确定性进行澄清。

会议一般不要太长，但这是理解做什么、谁来做、何时做、费用多少的第一步。启动会不是设计会议，而是沟通会议。项目经理要保证会议往下进行，不应涉及太多细节。会议纪要必须记录并分发给团队成员。特别是要包括分发的信息文件、团队成员达成的一致意见、团队关心的问题，或需要项目经理和团队成员将来采取行动的事项。

启动会有三个主要目的：使团队成员了解项目目标和要求；发布项目经理的整体工作计划；安排每个团队成员为其所负责的工作领域准备工作包。工作包准备应在启动会后两周内完成，并返回到项目经理。为促进会议有序进行并确保涵盖所有重要内容，项目经理应使用一个启动会检查清单，如表 4-5 所示。

启动会检查清单 **表 4-5**

1. 审查议程和会议目的
2. 分发项目名称、科目编码和项目团队需要的总体信息
3. 介绍团队成员，并明确他们的专业领域和责任
4. 审查项目目标、需求、要求，和范围
5. 审查投标估算和批准的项目预算
6. 审查项目初步进度计划和里程碑节点
7. 审查初步的项目工作计划
如何管理设计
如何管理采购
如何管理施工
8. 讨论团队成员的分工
请求团队每个成员……………………………………………（谁）
审查各自技术领域的工作范围……………………………（做什么）
编制他们负责工作的初步进度计划………………………（什么时候）
编制他们负责工作的初步预算……………………………（花费多少）
9. 要求每个团队成员准备他们负责工作所涉及的工作包，并在两周内递交项目经理
10. 明确下次会议。记录会议纪要并分发给每个成员和管理层

8. 工作包

项目经理负责组织项目的工作计划，但如没有每个成员的广泛参与，工作计划也不能最终完成。启动会应作为一个有效的沟通机制，使团队成员了解项目需求及预算和时间限制。在启动会上，项目经理安排每个成员审查各自专业领域的工作范围，识别任何问题并编制满足工作范围的预算和进度计划。这可以通过编制一个提供工作描述的设计工作包来实现。

每个团队成员负责编制其将负责工作的一个或多个工作包。工作包提供为满足项目要求所需工作的详细描述，并要与项目经理的初步工作计划相匹配。工作包应由每个团队成员编制，并在启动会后两周内提交项目经理。

一个工作包分成三个部分：范围、预算和进度计划。图 4-10 是工作包内容的示例。范围部分描述所需的工作，以及要提供的服务。它应描述得足够详细，以便其他提供相关工作的成员能够进行相应的接口。这之所以重要，是因为项目管理的一个普遍问题就是相关工作界面的协调。有同一项工作同时被两个人做，或一项工作根本没人做的风险，因为这两个人都认为对方在做。在准备项目工作包过程中，团队成员必须保持密切的沟通。

工作包是 WBS 的最低层次，并是建立项目进度计划、跟踪、和成本控制的基准。工作包对于项目管理来说特别重要，因它将要执行的工作和时间、成本、人员联系了起来。如图 4-10 的预算部分所示，一个成本科目编码将工作与成本分解结构（CBS）相联系。同样，进度计划部分有一个编码将工作与组织分解结构（OBS）相联系。CBS 用来管理项目的成本，将在第 9 章进一步讨论。OBS 编码识别并将工作与人员进行联系。很多项目管理书中都讨论过工作包与 WBS、OBS 和 CBS 的关系。一个设计工作包的例子在图 4-10 中展示。

工作包预算部分的编制需要对工作需要的所有资源认真评估。所有任务和内容都必须分配预算，包括人员、电脑服务、复印费用、旅行费用、日常供给、其他成本等。

在准备工作包进度计划部分时，团队成员必须考虑他们的全部工作量。因为每个成员可能都被安排一个或多个项目，所以在准备一个新项目的工作包时，他们必须考虑其他在手任务及给未来任务的预留。项目延期完工的一个较普遍原因，就是团队成员未能对所有项目的时间整体考虑。经常发生的情况是，团队成员时间安排过度，没考虑潜在的干扰和不可预见的工作延误。

工作包

名　　称：__________

WBS 编码：__________

1. 范围

所需的工作范围：__________

将提供的服务：__________

本工作包不包含的服务，但包含在另一个工作包：__________

本工作包不包含的服务，但将由别人来执行：__________

9. 预算

工作分配的人员	人工时	¥－成本	CBS 编码 科目	类型	电脑服务 小时	¥－成本
____	____	____	____	____	____	____
____	____	____	____	____	____	____
____	____	____	____	____	____	____

人工时总计＝____　　人员成本＝¥____

电脑工时　＝____　　电脑成本＝¥____

履行费用　复印费用　其他费用

____＋____＋____＝¥____

总预算＝人工费＋电脑费用＋其他成本＝¥____

10. 进度计划

OBS 编码	工作任务	负责人	开始日期	完成日期
____	____	____	____	____
____	____	____	____	____
____	____	____	____	____

工作包：开始日期____　完成日期____

其他评论：__________

编制人：____　日期：____

批准人：____　日期：____

图 4-10　团队成员设计工作包

9. 工作跟进

在启动会的沟通交流以及团队成员对所需工作审查之后，可能需要对初始项目计划的工作分解结构（WBS）进行调整。某个成员可能有能力执行这项工作，但由于之前其他项目的任务，可能认为这个工作量超出其所能承受的范围。因此，这个成员负责的部分或全部工作就可能需要分包出去。另一种选择是根据组织内的整体资源情况重新安排人员。这些问题都应在启动会之后两周内解决。

所有团队成员工作包预算的汇总，提供了整个项目的成本估算。如果估算成本超出批准的预算，应在启动会后两周内尽早告知项目经理。整个团队必须共同努力来寻求完成项目的其他办法，以便将估算成本控制在批准的预算之内。如果项目团队内部无法解决，项目经理必须与其上级领导共同研究，找到一个可行的方案。如果问题仍不能得到解决，应通知业主代表并确定一个可达成协议的方案，使工作范围与批准的预算相匹配。很重要的是，这类问题要在项目开始时解决，因为这时有很多方案可以选择，而等到以后解决可能就太晚了。

在收到所有的工作包后，项目经理必须整合所有团队成员的进度计划，以形成整个项目的进度计划。如果项目进度计划超过了所需的完工日期，项目团队必须共同努力来确定计划进度的其他方法。如果计划进度与所需进度的差异无法在内部解决，项目经理必须与其上级领导共同协商解决。如果所需进度仍得不到满足，那就需通知业主，以便达成一个可接受的协议。

与项目范围、预算和进度相关的问题一定要在早期解决。团队成员间的有效沟通与密切合作是非常必要的。团队责任分配和工作包定义的结果，将允许项目经理完成最终的工作分解结构（WBS），它将形成项目工作计划的基础。在收到所有信息之后，项目经理就可以完成管理项目的整体计划了。

10. 项目工作计划

项目经理必须针对每个项目编制一个书面的工作计划，明确需要做的工作、由谁来做、何时做及成本将是多少。详细程度应足以使所有项目参与者理解，在项目每个阶段和时间段对他们的期望是什么？否则，就没有了控制的基础。很重要的是，鼓励所有成员参与，团队成员要理解项目需求，共同解决冲突，消除相关工作的重叠或遗漏。针对工作重点、进度计划和成本预算，必须要达成一致意见。

在收到所有成员的工作包后，项目经理就可以汇总最终项目工作计划。表4-6提供了一个工作计划的基本要素：目录、任务、进度计划、预算、风险管理、工作测量。项目目录包括所有相关信息，例如项目名称、编号、目标和范围。项目组织机构图显示所有参与者，包括业主代表。详细任务清单和任务分组将从工作分解结构（WBS）中得到。任务排序和进度计划可以通过整合团队成员提供的工作包来获得。同样，预算可以通过所有工作包的成本累加而得到。

项目工作计划的要素 **表4-6**

目录	谁？
项目名称和编号	
项目目标和范围	
项目组织机构图	
任务	做什么？
详细的任务清单	
任务分组	
工作包	
进度计划	何时做？
任务的顺序和相互关系	
每个任务的预计时长	
任务的开始和完成日期	
预算	花费多少？
每个任务的人工时和人工成本	
每个任务其他预计费用	
支付方式和预计每月收入	
风险评估	有什么问题？
风险列表和它们的发生概率	
每个风险对质量、进度和成本的影响	
防止和降低每个风险的策略	
工作测量	完成了什么？
任务的完成	
工作包的完成	
生成的图纸数量	

风险评估是工作计划的重要组成部分，经常会被项目经理和团队成员所忽略。风险评估和分析针对的问题是“哪里会出问题？”在项目开始任何

工作前，需要对项目相关风险进行彻底评估。每个风险都应被识别出来，并对其发生概率进行评估。也需要制定风险的预防计划，以及风险发生时降低风险的策略。

一旦工作计划完成，它将作为协调所有工作的文件和管理整个项目的指南，也成为控制所有工作的基础。项目工作计划的组成文件包括：工作分解结构（WBS）、项目组织机构图、工作包样板、项目进度计划等。注意，信息从项目管理要素之间相互传输，将形成整合的工作计划。

组织项目的第一步是编制工作分解结构（WBS）。它定义了要完成的工作，但未定义谁负责执行这些工作。成功的项目取决于能达成结果的人，然而仅选择优秀的人是不够的。项目管理的一个关键职能就是围绕要完成的工作来组织项目，然后选择正确的人在批准的预算和工期内执行任务。

在 WBS 完成后，下一步便是将公司组织架构（OBS）与 WBS 所定义的工作联系起来。图 4-11 展示的是 WBS 与 OBS 的联系，以识别出负责每部分工作的各个专业。在专业经理的协助下，项目经理可以开始从各专业部门选择人员，以便组成项目团队。

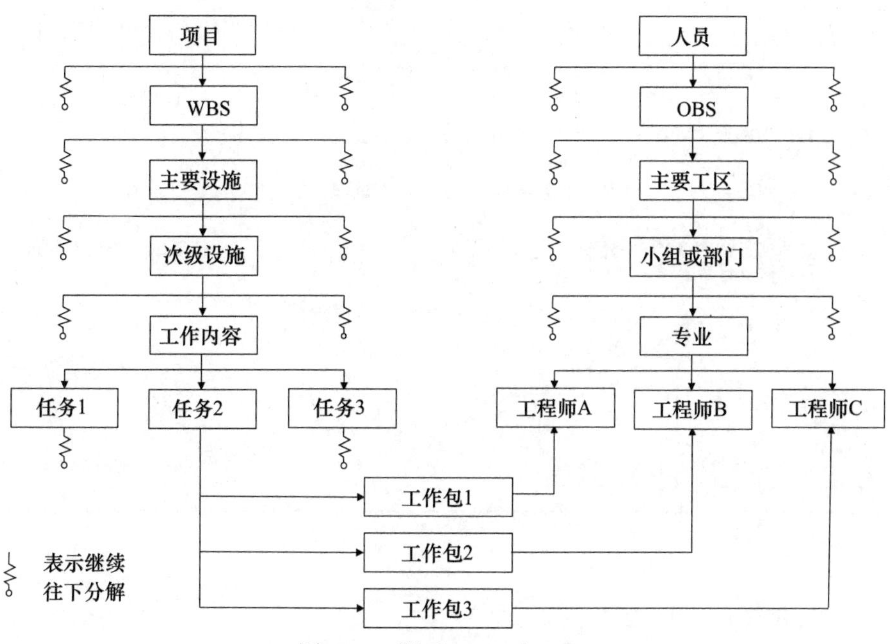

图 4-11　联系 WBS 和 OBS

WBS 与 OBS 的联系建立了管理项目的整体框架。在项目框架定义之后，就可以编制一个进度计划，来指导每项活动的时间和工作界面。完成每项活动的时间和成本可以从工作包中获得。关键路径法（CPM）技术是最普遍的网络计划系统，被广泛应用于建筑设计和施工行业，将在第 7 章详细讨论。

在完成项目框架之后，就可以建立一套编码体系，常被称为成本分解体系，来识别 WBS 中的每个元素。编码体系为所有参与者提供一个通用的账户代码，因为它与 WBS 直接相关联，也就是与要执行的工作相关联。

将 WBS、OBS 和 CPM 进度计划整合形成项目计划，它是项目跟踪和控制的基础。通过建立账户编码，使所需工作（WBS）与执行人员（OBS）相关联，并根据进度计划（CPM 进度计划）来完成工作。因此，WBS、OBS 和 CPM 必须联系在一起，以形成一个综合性的项目计划。

为加强有效性，项目管理系统必须整合项目的各个方面：要做的工作、谁来做、何时做及成本多少。实际的工作可以与计划的工作相对比，以评估项目的进展情况并发现趋势，来预测项目完工成本和日期。

项目工作计划的编制阶段如图 4-12 所示。

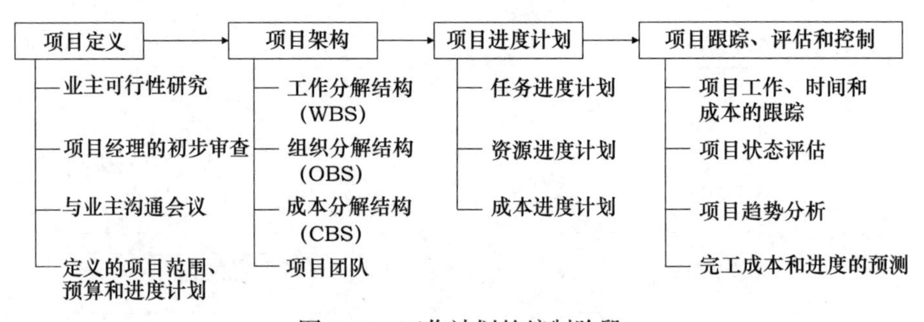

图 4-12　工作计划的编制阶段

4.4　制作设计方案

1. 项目演进过程

本部分是从负责设计工作的项目经理角度来编写的，因此，其中提到的项目经理是指设计项目经理。这里呈现和讨论的关于工程设计的资料，是应用项目管理原则和技术的一些示例。例如，范围是指设计的工作范围；预算是指提供设计服务的成本；进度计划是指执行设计工作的进度计划。

随着项目从概念到竣工阶段的发展，处于一个持续的变化状态。由于项目总在变化之中，所以设计项目经理从项目开始就应介入，直到项目竣工。设计项目经理的连续性对于项目的成功至关重要。在所有情况下，项目经理都是与业主的主要接触人。对于设计团队来说，项目变更是面临的主要问题，它会随着在如下阶段的进展而发生：

- 业主开发阶段
- 项目组织阶段
- 设计阶段
- 采购阶段
- 施工阶段
- 系统调试和试运营阶段
- 项目竣工和收尾阶段

项目开发阶段通常在发出招标文件时终止。在项目开发的这个时点，对招标要求和发起人目标必须有清晰的理解。项目发起人通常使用不同的名称，包括：业主、商业单位、运营集团、甲方、客户或最终用户。实质上，项目发起人就是请求项目并将在完工后使用项目的组织。设计团队清楚地理解项目预期目标，以及业主开发本项目的原因也非常重要。

2. 项目实施计划

制作设计方案的第一步是编制一个项目实施计划，以便管理设计过程。计划必须包括招标文件涵盖的工作范围，以及和其他项目参与者的界面关系，要包括企业内部和外包服务人员。招标文件经常对工作范围描述不清，在后面这会造成无法预见的额外工作，并对项目预算和进度产生不利影响。

计划还需包括一个里程碑节点计划，显示主要阶段和工作方面，以及关键的时间节点；还需编制一个总体初始预算来指导项目，以保证在项目进展过程中没有意外的惊讶。

3. 项目定义

尽管项目定义主要是业主的责任，但设计单位经常会参与并协助项目定义过程。设计团队早期提出的问题包括：我们对项目了解什么？我们要做的是什么？我们需要做什么工作？对这些问题的回答就需要有一个好的项目定义，否则不可能定义设计工作范围。项目定义是工程设计的前提条件。

项目定义不完整，是项目变更、返工、进度延误和成本超支的主要来源。美国建筑行业协会（CII）编制了项目定义评级索引表（PDRI）作为一个工具，来测量项目定义的水平。在授权详细设计和施工之前，可以使项目团队量化、分级和评估项目范围的定义水平。

图 4-13 是对工业项目的 PDRI，主要适用于工艺流程项目，也有针对建筑项目和基础设施项目的 PDRI。

对工业项目的 PDRI 包括 70 个元素，分成 15 个类别，并进一步组成三个部分。为了确定 PDRI，对每个要素进行评分（1～5），1 分代表定义完善，5 分代表要素定义不完整或较差。所有要素权重的总和是项目总体得分，分数越低就越好，分数越高就越差。统计表明，得分低于 200 比高于 200 的项目会更加成功。

4. 项目定义的问题

在具体实践中，用于定义项目需求的时间往往不足。项目定义通常是由设计和施工之外的人员完成的，一般是负责财务或业务管理的人员。他们的工作责任和技能，与使用工程的语言来定义项目需求相去甚远。

有时，唯一确定的有关项目的信息是业主要花费的预算，而对花费这些资金业主想要得到什么的概念很模糊。业主可能会有一个期望得到的内容清单，但最确定的信息就是现有的资金额。对于这种情况，设计师必须与业主密切配合，以识别出项目预期的运营标准：当项目完成时业主想用项目做什么。设计师必须协助业主将其需要的内容和想要的内容分开，并将业主的需求转化成设计工作范围及完成最终项目的建安成本。必须要确定项目每个元素的成本，以确保项目不超出业主现有的资金额。

人员变动是目标定义面临的另一个问题。很多业主组织频繁地提拔和调动人员。人员变动会导致项目优先级的变化。当项目到达审批阶段时，建立初始项目定义的人员可能已不再参与项目了。完工后将使用项目的人员，应参与并确认项目定义将会满足他们的目标和要求。目标和要求必须充分地量化与记录，这就要求业主组织和项目团队的协调配合。

Ⅰ项目决策的依据

A. 制造目标标准

A1. 可靠性理念

A2. 维护理念

A3. 运营理念

B. 商业目标

B1. 产品

B2. 营销策略

B3. 项目策略

B4. 经济可行性

B5. 容量

B6. 未来扩建考虑

B7. 预计项目生命周期

B8. 社会问题

C. 基本研发数据

C1. 技术

C2. 工艺流程

D. 项目范围

D1. 项目目标说明

D2. 项目设计标准

D3. 既有现场特征

D4. 拆除要求

D5. 专业的工作范围

D6. 项目进度计划

E. 价值工程

E1. 流程简化

E2. 设计 & 材料替代品

E3. 设计的可施工性分析

Ⅱ前端定义

F. 场地信息

F1. 现场位置

F2. 测量和土壤试验

F3. 环境评估

F4. 许可证要求

F5. 公用设施来源

F6. 消防和安全考虑

G. 工艺 / 机械

G1. 工艺流程图

G2. 供热 / 材料平衡

G3. 管道和仪表图

G4. 工艺流程安全

G5. 公用设施流向图

G6. 规范

G7. 管道系统要求

G8. 场地布局图

G9. 机械设备清单

G10. 线路清单

G11. 接线清单

G12. 管道专用物品表

H. 设备范围

H1. 设备状态

H2. 设备位置图

H3. 设备功用要求

I. 土建、结构 & 建筑

I1. 土建 / 结构要求

I2. 建筑要求

J. 基础设施

J1. 水处理要求

J2. 加载 / 卸载 / 储存设施要求

J3. 运输要求

K. 仪表和电气

K1. 控制理念

K2. 逻辑图表

K3. 电气区域划分

K4. 变电站要求

K5. 电气单线图

K6. 仪表 & 电气规范

Ⅲ实施方法

L. 采购策略

L1. 设备 & 材料采购策略

L2. 采购程序和计划

L3. 采购责任矩阵

M. 可交付成果

M1. CADD/ 模型要求

M2. 定义的可交付成果

M3. 分发矩阵

N. 项目控制

N1. 项目控制要求

N2. 项目会计要求

N3. 风险分析

P. 项目实施计划

P1. 业主 / 批准要求

P2. 设计 / 施工计划 & 方法

P3. 关停 / 转产要求

P4. 试运营和移交

P5. 正式运营要求

P6. 培训要求

图 4-13　工业项目定义等级索引表

项目的详细定义是计划工作的前提，因为团队成员必须在他们开始计划之前知道项目是什么。经常的情况是，对项目定义还未明确理解，就匆忙地进入项目实施阶段。这会给后期造成很多不利影响。提前针对项目定义达成一致，会有效预防项目范围变得失去控制。

5. 设计提案

在收到招标文件后，设计项目经理应对文件认真审查，以便了解与环境、社区关系、有害废物、投标策略、所需证书和规定、业主目标和期望等相关的问题。尽管这些问题将随后进一步补充完善，但项目经理必须意识到项目的所有方面。

提案的目的是为了明确工作范围，并准备设计的进度计划和预算。项目提案可能是正式的针对新客户的资格申请，也可能是非正式的针对现有工程扩建的简要范围描述。

在项目早期，设计工程师必须将业主的项目定义，转化成一个设计工作范围。然而，设计师可能会感觉业主定义不完整，或可能感觉有遗漏信息。这就需要联系业主以便澄清。但是，有时业主不能全面澄清或纠正这些差异。在这种情况下，设计工程师必须尽其最大努力自行定义设计工作范围，并根据设计师假定的工作范围编制预算和进度计划。那么，就必须记录并向业主沟通所做的假设，及其对整个项目的工作影响。这实质上，在项目这个时点就锁定了工作范围。然后，当了解更多信息后，对这部分假设的范围、预算和进度计划可以做适当调整。

图 4-14 是一个项目提案表的示例。项目数据应包括工程的简要描述。如果需要，在“评论”的位置可描述对提案的重要信息。应识别出所有参与项目的专业，包括建筑、土建、电气、机械、结构或其他特殊专业。如果不知道设计预算或估算的费用，那就应列出项目工程量或估算的施工成本。当表格的上面部分完成后，即应提交管理层进行审批。对项目提案表的分析，可以使管理层根据基本的项目信息做出决策。

设计项目经理负责整个提案工作的协调，具体义务包括：

- 定义项目工作范围
- 建立一个工作计划，包括提案工作的预算和进度计划
- 监督工作计划，确保团队成员的有效沟通

项目提案申请表

☐ 既有工程改造　　　　☐ 新建工程

项目数据

业主名称：____

工作描述：____

工程地点：____

编 制 人：________________　　日期：________________

涉及的专业：

☐ 建筑 ¥__________　　☐ 机械 ¥__________

☐ 土建 ¥__________　　☐ 结构 ¥__________

☐ 电气 ¥__________　　☐ 其他 ¥__________

估算

费　　用：¥__________　　人 工 时：¥__________

开始日期：__________　　完成日期：__________

提案需求情况：　☐ 否　　☐ 是，需求日期____________

评论：

____

____

____

____

____

批复：

☐不需进一步行动　　☐不需进一步讨论　　☐继续进行

日期__________

分发：

总 经 理　____________________

主管副总　____________________

项目经理　____________________

经营负责人　____________________

文件控制　____________________

图 4-14　项目提案申请表

- 与专业经理沟通，以识别主要人员
- 协助编制提案文件
- 参加业主的面试
- 参与编制价率表
- 汇总项目可交付成果清单

为完成这些义务，设计项目经理及其团队需回答如下问题：

为什么？　　我们为什么要做这个项目——项目目标？

- 对项目的期望——识别并记录
- 运营参数——生产的产品或提供的服务
- 商业需求——成本 / 进度限制和功能要求

做什么？　　达到项目的最终目标需要做什么？

- 所需主要系统的描述——布局图、流程表等
- 识别适用的环保和安全规定——国家、省和地区
- 确认要使用的标准——公司标准和业主标准

花费多少？　　完成项目的成本是多少？

- 识别成本——金额、人工时
- 描述成本估算方法——历史记录，供应商报价
- 组织成本估算——由各专业编制估算工作表

何时做？　　完成这个项目需要多少时间？

- 描述关键里程碑日期——设计、采购、施工和收尾
- 识别需要前置的采购——主要设备和特殊材料
- 识别潜在的进度风险——提供备选方案

谁来做？　　谁将执行工作？

- 识别需要的技能——技术性的和非技术性的
- 确定可利用的人员——内部人员和外部人员
- 分配责任和角色——定义权威和责任

有什么问题？　　项目潜在风险是什么？

- 评估风险——识别成本、进度、质量和范围的风险
- 分析风险——发生的概率和每个风险的影响
- 编制行动计划——预防或降低风险

专业经理负责对提案提供技术支持。这可能包括安排人员、准备初步设计、审查业主信息，以及执行提案文件的质量审查等。专业经理也要负责计算整个项目所需人工时，以确保当有必要满足项目进度时能提供足够的技术支持。

图 4-15 展示了一个项目的提案检查表，其中的项目数据与项目提案表列出的一样。在业主面试前，项目经理应整理一个清单，包括拟参加人员、议程，以及演示所需的材料清单：图板、照片、幻灯片、PPT 等。

项目提案检查表

项目经理：__________　　　营销主管：__________

项目数据

业主名称：______________________________

工程描述：______________________________

工程地点：______________________________

准备提案的估算成本：¥______________________

估算的人工时：___________________________

提案支持文件

☐ 组织机构图　　　☐ 特殊图表清单

☐ 价率表　　　☐ 旅行费用清单

☐ 要包括的项目列表　　　☐ 提案列表

☐ 人员简历表　　　☐ 其他：____________

业主面试

面试日期：____________　　　演练日期：____________

☐ 参加人员表　　　☐ 日程

☐ 演示资料清单　　　☐ 其他：____________

工程总体描述

____

____

____

____

____

☐ 图纸清单　　　☐ 规范清单

☐ 规范需求　　　☐ 其他：____________

审批：

总经理：________　日期：________　主管领导：________　日期：________

图 4-15　设计提案检查表

至少在提供的空间内，要描述一下项目的总体工作范围。额外的信息，例如：图纸清单、规范清单或业主特殊要求等，可以作为表格的附件。在准备提案前，将完成的表格及其附件递交管理层，以获得批准。

6. 设计的组织

项目设计团队成员参与项目越早越好，最好是在投标准备阶段就介入。那些将要实际完成设计的工程师，对于定义范围、识别潜在问题、准备合理预算和进度计划等，会提供特别有价值的建议。然而，实际设计人员常常不是准备投标的成员，或者直到递交投标并获得业主授标后才参与进来。到这时，可能范围、预算和进度计划已经固定，但这可能并不完全体现达到业主目标需要执行的实际工作。因此，获得设计团队建议或其及早参与，对于项目的成功至关重要。

为了有效地管理设计工作，应为每个项目编制一个组织机构图。它对定义设计经理及其团队在设计过程中的角色和责任非常有效。对于设计团队所有成员的汇报关系，也必须有清晰的理解。如果还牵涉外部咨询，也必须明确他们的汇报关系，以及他们的角色和责任。

图 4-16 是一个设计团队可能需要的技能清单的示例。针对每个项目有独特性的特殊技术知识清单，项目经理应编制一个组织机构图，来显示项目团队每个成员间的相互关系、角色和责任。

项目经理

A. 项目工程师
B. 计划和控制工程师
C. 绘图协调员
D. 专业：
  1. 建筑
    a. 主任建筑师
    b. 建筑师
    c. 绘图员 /CAD
  2. 土建
    a. 主任土建工程师
    b. 土建工程师
    c. 土建技术员
    d. 绘图员 /CAD
  3. 电气
    a. 主任电气工程师
    b. 电气工程师
    c. 电气技术员
    d. 绘图员 /CAD
  4. 机械
    a. 主任机械工程师
    b. 机械工程师
    c. 机械技术员
    d. 绘图员 /CAD
  5. 结构
    a. 主任结构工程师
    b. 结构工程师
    c. 结构技术员
    d. 绘图员 /CAD
E. 文书人员
F. 文件控制人员
G. 复印人员
H. 合同管理员

图 4-16 设计需要的专业人员示例

7. 预算的范围基准

如图 4-17 所示的项目提案细节表，可以帮助生成设计服务的预算。这些表也能协助完成最终的工作分解结构（WBS）和组织分解结构（OBS），因此项目提案细节表成为管理项目的基础。

项目提案细节表

专业：________

项目数据

项目经理：________　　营销主管：________

提案编号：________

业主名称：________

工程描述：________

工程地点：________

估算的部门预算：________　　人工时：________

范围定义

____

____

____

业主参考资料和附录

____

____

____

各类人员需要的人工时

	行政管理	规范	设计计算	图纸
部门经理				
主任工程师				
高级工程师				
普通工程师				
CADD/ 绘图员				
总计				

外部协调 / 其他要求

□ 规范清单

□ 图纸清单　　图纸总数：________

□ 其　他：________

□ 编 制 人：________　　日期：________

图 4-17　设计提案细节表

项目经理为每个涉及的专业发起其中一个表格。范围定义和估计的预算应尽可能完整、详细。每个设计专业要负责彻底检查业主的项目定义，并将项目定义转换成设计范围定义。每个专业的工作范围必须定义得足够详细，以便能够估算完成设计所需的人工时。

在图 4-17 上部的项目数据完成之后，应与相关的专业经理和主任设计师，对每个表及其支持文件进行审查。这两个人应负责估算每类人员需要完成工作的人工时。这个估算将要求准备一个详细的范围描述、所需的规范清单和一个初步的图纸清单。要制作的图纸数量为所需的人工时数量提供了依据。

专业经理将通过汇总估算表中的设计人工时，来完成项目提案细节表。分类人员的设计人工时应由设计经理完成，它是每类工作所需人工时的汇总，包括管理、规范、设计和图纸。根据项目的特点，可能有必要对图 4-17 中的分类进行增减。完成的表格加上所有支持文件，应归还到项目经理处。

在设计经理收集并审查了各专业的项目提案细节表后，如图 4-18 所示的项目预算表就可以完成了。这个表汇总从专业经理收到的所有信息，再加上设计经理提供的信息。办公、复印、项目支持、项目管理等资源人工时，也要加入到设计预算中。

项目预算金额可以使用几种方法来计算。对于较小或没有完整范围定义的项目，可以将单位资源平均成本应用于计算出的所有人工时。对于较大或范围定义详细的项目，可以根据人员分类计价，这样会更准确、更有竞争力。整个资源人工时的预算，将成为建立设计阶段项目账户体系的基础。

在编制预算过程中应进行详细检查，以减少较大漏项的可能性，并保证设计工作能在预算内完成。检查的例子可能包括：每个建筑预计的图纸数量、每张图预计的设计人工时、设计专业预计的时长、设计费占整个项目成本的百分比，以及每件主要设备的设计人工时。根据以往项目数据对这些比率进行简单核查，以防止设计预算出现较大失误。

设计项目经理也必须与各专业的设计经理沟通，保证预算中显示的资源在需要时可以得到。对预计时间内所需资源平均数进行简单的检查，就可以大致看出未来设计团队预期的工作量。专业经理可以将这个资源需求，与其正常的可用设计师做对比。经常是设计工作预算确定了，然后发现项目不能按时或在预算内完成，因为没有可用的资源。所以，简单的检查会在工程设计时减少这类问题的发生。

项目提案预算表 日期：______ 项目名称：______										
部门编号	部门	资源工时								金额（¥）
		价率								
		行政	管理	办公场所	规范	设计计算	图纸	记录图纸	总计	
	项目管理 建筑 机械 电气 结构 环境 土建 CADDS 文书 文件控制 复印 项目控制 管理								0 0 0 0 0 0 0 0 0 0 0 0	0 0 0 0 0 0
资源工时小计		0	0	0	0	0	0	0	0	0
费用小计（¥）		0	0	0	0	0	0	0		0
任务号	描述									
	不可预见费 一般费用 旅行费 办公室预算									
费用小计										
费用总计										

图 4-18 设计提案预算表

8. 设计工作包

在设计提案被业主接受后，设计项目经理应为设计工作编制一个完整的工作分解结构（WBS），设计工作包是工作分解结构（WBS）的最低层次。工作包将工作分解结构（WBS）与设计团队的组织分解结构（OBS）联系起来。

图 4-19 是一个电力传输线项目基础设计的工作包例子。工作包被分成三个类别：范围、预算和进度计划。范围描述所需的工作和提供的服务。其描述应足够详细，以便其他执行相关工作的成员可以进行相应的界面管理。这很重要，是因为项目管理的一个普遍问题是管理界面不清，常造成两个人在执行同一项工作；或者某项工作根本没有人做，进而导致推诿扯皮现象。图 4-19 的范围部分澄清了谁做什么的问题。

图 4-17 和图 4-18 中显示的设计提案信息，对准备工作包的预算很有帮助。例如，基础设计每人的人工时数在图 4-19 的预算部分显示；而且，工作任务清单、责任人及每个人的开始和结束日期，都显示在图 4-19 的进度计划部分。应注意，整个基础设计的开始和结束日期显示在进度计划的底部。

设计工作包提供了设计协调的基础，并建立了监督工作进度的基准，以保证设计工作按时并在批准预算内完成。

9. 编制设计工作计划

设计公司大多以设计计算、规范编写、图纸制作、试验或提供检查等工作，来考核员工绩效，很少会将编制工作计划纳入绩效考核之中，因此也就很少有人关注或努力去编制工作计划。然而，这是一个极大的错误，因为开始工作之前很少的一点策划，都可能预防很多未来的问题，包括设计费超支和设计延期。好的设计工作计划也会减少因设计错误而导致的返工，所以每项设计工作都应有一个书面工作计划，即使这不在绩效考核之内。

工作计划的详细程度，取决于准备设计文件的时间计划和分配的预算。进度计划编制应在投标准备或合同授标后立即开始。对于大型或较复杂的项目，建议使用关键路径法（CPM）进度计划。因为这种格式对工作任务的顺序和相互关系，提供了更详细、更清晰的定义。使用 CPM 法进度计划，强迫使用者深入思考，并明确定义各设计专业活动间的相互依赖关系，这就会生成一个更详细的设计进度计划。

工作包

名称：基础设计

WBS 编码：7-5-42-A10

1. 范围

所需工作范围：为某输电线项目的 31 个钢柱基础提供工程分析和设计服务。

要提供的服务：审查项目的背景资料。与钢柱厂家的结构工程师协调，获得没有超载情况下的基础顶部反应力。编写土壤勘探规范。分析地质报告和土壤承载力，基础尺寸和埋深，竖向和横向钢筋大小。准备施工图纸和规范。

本工作包不包括的服务，但包括在其他工作包中：获得通行权包括在现场工程工作包中。确定基础位置包括在地勘公司的测量工作包中。

本工作包不包括的服务，但将由别人执行：结构详图将由钢结构预制厂家提供。施工检查服务将由某某咨询公司提供。

2. 预算

工作分配的人员	职位	工时	¥-成本	CBS 科目编码	电脑服务 类型	工时	¥-成本
张 ××	地质工程师	35	1925	8159	—	—	—
刘 ××	结构工程师	180	12600	8172	设计	45	1125
田 ××	CAD 操作员	68	3060	7080	绘图	85	2125
闻 ××	设计实习生	20	600	1054	规范	25	625
		303 小时	¥18185			155 小时	¥3850

人员费用		电脑费用		旅行费用		复印费用		其他费用		总预算
¥18185	+	¥3850	+	¥3200	+	¥175	+	¥280	=	¥25690

3. 进度计划

OBS 编码	工作任务	负责人	开始日期	结束日期
510	审查背景资料	刘 ××	5/2/16	5/5/16
510	获得基础顶部应力	刘 ××	5/4/16	5/10/16
530	编制土壤勘探规范	张 ××	5/10/16	5/12/16
530	地质报告评估	张 ××	6/3/16	6/9/16
510	基础设计	刘 ××	6/9/16	6/17/16
520	制作图纸	田 ××	6/15/16	6/23/16
520	编制施工规范	刘 ××	6/20/16	6/27/16
510	设计审查	刘 ××	6/28/16	6/30/16

工作包：开始日期：5/2/16　　结束日期：6/30/16

其他评论：负责现场的工程师需要确保在 5 月 10 日前获得场地通行权，以便允许基础定位和地质钻探车进入项目。负责测量的工程师需确保在 5 月 15 日前完成基础定位，以便地质勘探公司可以开始土壤钻探。需要通知钢结构供应商确保在设计图纸和规范完成之前，及时完成钢结构详图。

编制人：__________　　日期：__________

批准人：__________　　日期：__________

图 4-19 基础设计的工作包

对于必须在短时间内完成的小型设计项目，使用横道图比较简单、实用。横道图不够详细，但对小型不太复杂的设计项目就足够了。然而，将所有单个横道图导入整个 CPM 总设计进度计划，来计划整个设计工作会非常有帮助。

不管使用什么方法，CPM 或横道图，进度计划都应包括所有需要的任务，并从详细审查用于准备投标的支持资料开始。特别是，进度计划应包括审查背景资料，以识别可能影响设计工作的因素，其中包括业主特殊要求、适用法规、政府当局等。进度计划也要显示关键进度审查、最终检查和纠正、外部咨询执行的工作，以及任何可能影响成功完成设计的特殊问题。设计进度计划应是以施工为导向，因为施工是整个项目的目标所在，而且是成本最高的部分。

编制进度计划的一个普遍错误是，在项目进度计划中未充分考虑意外的情况。常常是工作计划包括了所有已知信息，但没有包括一个合理的余量，以弥补设计过程中无法避免的延误。其中的例子包括获得许可证、政府机构反馈、业主设计审查、供应商反应速度，以及外部单位向设计团队提供信息等造成的延误。

设计预算应与设计进度进行整合管理。对于设计工作，将预算定义成人工时比金额会更有利，因为设计费主要以人工时为依据。将全部成员的人工时整合到进度计划中，就能提供一个系统的方法，来同时管理预算和进度。

工作计划完成以后，即可以利用工作计划中的信息来编制进度计划。根据复杂程度、设计重复性，以及过去类似项目的工时数据，就可以对每组图纸分配所需的时长。进度计划应定期审查和更新，通常与提交考勤表的时间相重合。基于图纸或任务完工程度的分析（分配的工时相对于估算的完工工时）对实际进度的审查，能提供在现有努力程度下的完工预测结果。定期审查可以对整体进度提供一个连贯性的报告，也就允许及时地做必要的调整，以保证在规定的时间和预算内完成项目。

在工作计划完成后，项目经理必须为设计团队和外部咨询专家设定基本规则，并与整个团队建立并审查图纸和 CAD 的工作标准。国家一般有行业标准可以参照，某些业主也会有自己的图纸和规范标准，很多还会规定在项目上必须使用特定的 CAD 系统。项目经理应与团队审查项目管理系统，以确保每个人都知道对他们的期望是什么。特别是，设计计算的检查系统和图纸的审查程序非常必要，以保证最少的错误和项目的可施工性。

设计预算是基于设计服务合同，并与制作设计文件的工作计划有关。有必要对实际成本相对于批准的预算进行认真监督，以保证设计工作的盈利空间。

10. 设计项目控制

对于任何设计工作，都必须有一个控制范围变更的程序。范围变更程序应确保在范围发生变化时，它对项目成本和进度的影响应被所有团队成员所了解，特别是业主单位。范围变更越晚，对项目造成的不利影响越大，这必须要让业主知道。

对于进度的测量和控制，必须建立一个体系，体系应包括设计的 WBS、设计经理及其团队针对进度测量和控制的角色和责任。外部咨询机构的角色和责任也应包括在体系中。

对于成本控制，也必须建立一个体系，同样要描述设计经理和团队以及外部咨询的角色和责任，还应包括设计的成本分解结构（CBS）。设计的不可预见费以及对其如何管理，是设计成本控制的一个关键因素。成本控制体系必须明确说明获得设计预算变更审批的程序，还需包括生产效率测量和成本绩效报告的程序。

4. 5　设计工作协调

1. 设计工作计划

为有效地协调设计过程，设计团队领导必须建立一个工作计划。设计工作计划应在设计提案准备阶段制定，必须包括工作范围、预算和进度计划。设计工作计划将成为各设计专业整合和协调的依据，也成为监督设计工作范围、成本和进度的基础。

对于设计工作，工作范围定义设计的可交付成果，包括每个设计专业的图纸和规范等。设计成本的测量通常是用人工时而非金额。对设计工作包一般使用里程碑甘特图来进行计划，但对于大型项目还是推荐使用 CPM 进度计划。

在研究了所有项目资料以后，设计团队领导需编制工作分解结构（WBS），用来定义完成设计可交付成果所需的各种工作包、图纸和规范等。接着，对每个专业的工作包分配人工时，包括建筑、土建、结构、电气和机械等。然后对设计工作包编制一个里程碑甘特图，并对这个甘特图通过分配人工时而加载成本。使用加载了成本的甘特图，通常在每周基础上进行更新，以监督和协调项目的设计工作，并可以每周进行一次挣得值分析。通过每个任务的完成百分比乘以其预算的人工时，即可以得到挣得的人工时。挣得人工时可以与实际花费的人工时及预算的人工时做比较，以测量设计过程的绩效情况。

2. 设计管理的普遍问题

项目的设计管理过程是很困难的，因为设计通常开始于很有限的信息，仅限于那些在提案准备时被批准的信息。立刻开始设计工作会有压力，因为范围常常未得到明确定义，预算和范围也没有直接联系，进度计划只包括一个开始和完成日期，也可能有几个中间里程碑节点。所有这些对负责设计的项目经理都会造成很多困难。设计项目经理普遍的一些抱怨包括：

- 项目范围没有完整定义
- 从项目开始到完成有太多范围增加
- 项目预算与范围没有很好的联系
- 工作量不平衡，太忙或无事可做
- 同时负责的项目太多
- 项目工作重点转移
- 沟通不畅、误解和太多返工
- 公司项目管理混乱
- 缺乏项目管理的体系
- 缺乏全面和可理解的项目计划

3. 管理设计阶段的范围增加

有些设计师在设计过程中为了取悦业主，倾向于进行设计变更，并不考虑变更对项目成本和进度的影响。变更可以分为项目发展或范围增加两种情况。项目发展是指根据最新项目定义需要增加的范围。范围增加是指那些改变了项目初始范围的变更，也就是在开始设计之前批准的范围。

对于任何设计工作，都必须有一个控制范围增加的程序。业主和工程师都必须致力于范围管理和变更控制。在概念设计阶段完成后，业主必须严格地锁定项目范围。每项提出的变更必须经过正式的评审和批准流程，要考虑对成本和进度的影响，以及对其他活动产生的后果。设计过程中批准变更的权威必须有严格的限定。

业主和工程师应针对变更管理理念和计划达成一致。例如，在什么情况下将考虑变更：是否将不可行？是否会有法律纠纷？是否有环境影响？当变更建议提出后，必须回答的问题例如：这个变更是增值并且必要的吗？业主和工程师应当针对锁定项目范围，达成一个"不晚于"日期。

尽管在概念设计阶段完成后冻结项目范围是目前最好的实践方法，但也应认识到，在某些项目上业主是在激烈的竞争环境中运营。在充分竞争的环境中，业主可能需要一定的灵活性，在设计过程中甚至在施工过程中修改项目范围，以便项目完成后达到最好的功能要求。对于这种情况，设计团队的工作就更加复杂，必须进行特殊的努力让业主了解范围变更的全面影响。范围变更对设计和施工增加的成本，必须针对项目未来收益进行评估，包括财务收入、运营和维修成本等。

项目预算应包括一个范围变更的不可预见费和范围增加的管理储备金。任何提出的变更必须发送到所有的专业经理，或变更对其工作有影响的人员。然后，这些经理们应确定并报告实施变更将对成本和进度造成的影响。在经过业主代表、设计经理和项目经理对上述影响的审查和批准之前，不可以执行变更。一旦变更获得批复，有必要将变更的原因传达给受到影响的人员。

4. 管理小型项目

一个项目经理同时负责多个小型项目是很普遍的情况。这时项目经理的问题不是管理任何一个项目，而是其对每个项目给予关注的能力，因为这使进度计划和资源控制变得复杂化。对于小型项目，项目经理必须与其他经理共享资源，因为可用的人员是有限的。这意味着分配到项目的有限人员必须承担多个职能责任，时间管理就非常关键。项目经理经常发现或者在等信息，或者在同时努力满足好几个项目的紧迫需求。

小型项目工期较短，通常没有足够时间做详细的工作计划，或在执行过程中纠正问题。通常在项目完成时，团队成员的学习曲线仍在上升。

为了管理多个小项目，项目经理必须建立一个总体进度计划，包括其责任范围内的所有项目。这将有助于减少多个技术人员被同时需要的情况发生。问题在于对项目经理负责的多个任务的计划安排，而不是其中一个项目任务的计划。

相比大型项目经理，有更多的项目经理在管理小型项目。很多设计公司组织了专门部门，致力于小项目的管理。高级管理层对小型项目的管理问题，应给予特殊的态度和关注。表 4-7 提供了一些管理小项目人员的基本特质。

小项目团队成员的特质 **表 4-7**

1. 有一个“能做”的态度
2. 喜欢亲自动手工作
3. 不喜欢官僚主义
4. 喜欢做决策者
5. 几乎不需要别人监督
6. 拥有一套使客户满意的价值体系
7. 是很好的沟通者
8. 喜欢把问题谈开
9. 出现问题时知道何时停止一项活动
10. 有让别人满足其需求的品格和人际能力
11. 有在公司内各部门间沟通和将事情办成的能力

5. 项目团队会议

设计是一个创造性的过程，涉及不同的专业领域和对项目有重要影响的各种决策。一个设计师的工作经常会影响到其他设计师的工作。设计协调一个比较困难的任务是相关工作的接口管理，以确保整个项目的协调性。一般情况下，问题不是能否找到胜任设计的人员，而是所有设计师之间的界面管理。这只能在定期安排的团队会议上，通过有效沟通来达到目的。

团队会议应在项目期间每周召开一次。这些会议有必要使团队行动保持一个步调，以确保信息交流的连续性。一般项目都会涉及很多冲突，及时解决冲突的最好办法是由那些受到影响的人提供建议。这只能通过公开讨论和让步来达到。

项目经理是所有团队会议的领导者，但其不应控制整个讨论。经常安排某个团队成员来主导讨论过程，以解决与其专业领域相关的问题。项目经理需要使用自己的判断和管理艺术，知道何时自己主导及何时让别人主导会议。

应准备一个日程来引导项目团队会议，以保证涵盖了主要内容并在最短时间内开完。日程应包括一个需要讨论的内容清单，包括完成的工作、进行中的工作、计划的工作及特殊问题。每个成员都应参加团队会议。项目经理应准备并分发会议纪要给所有项目参与人员。

项目经理必须保证会议是卓有成效的。会议是无法避免并且非常重要的，但如果计划和组织不得当，会议还可能制造矛盾并浪费时间。表 4-8 提供了一些召开团队会议的指导内容。

卓有成效会议的指南　　表 4-8

卓有成效会议的指南
1. 提前公布一个日程，以允许成员更好地参会
2. 列出上次会议未完成的内容，包括负责汇报进展情况的人员姓名
3. 仅限于需要参加的人员参会
4. 不要浪费时间讨论与会议无关的问题
5. 挑选具有领导者素质的人主持会议，保证会议富有信息量
6. 保持严格的日程控制，按照内容顺序设定讨论的时间限制
7. 尽可能避免干扰，例如电话等

6. 周 / 月度报告

项目管理涉及没完没了的准备报告的过程。为使这个过程更有意义，报告必须是定期准备并应包含对接收者有益的信息。现在有一种倾向是，报告几乎包括所有事情，导致报告体量很大、内容庞杂，而重要内容却被忽略了。

一般来讲，项目经理应准备两个常规的报告，每周重点事项报告和月度项目报告。每周重点事项报告的大部分内容，可以从团队周例会的会议纪要中获得，应包括：完成的工作、进行中的工作、计划的工作和特殊问题。通常，周报告是项目经理及其团队用来协调进展中的工作。

项目月度报告应包括达到的里程碑节点、截至目前的实际成本和预测成本的对比列表、计划进度和实际进度的比较。趋势报告也应包括在其中，以体现项目预计的完工日期和预测的项目完工总成本。月度报告一般由高层管理和业主代表使用，并作为项目档案的永久性记录。

对周和月度报告应建立一个格式，使所有报告保持一致，以便进行项目状态的对比，并能评估项目进展和团队绩效。除了用于沟通项目的状态，报告还可起到明确问题责任和认可优秀表现的作用。

7. 图纸索引

设计工作的最终产品是一套合同文件（图纸和规范），用以指导项目的实际建造过程。在开始设计前，项目经理必须准备一个项目工作计划。工作计划的一部分包括由每个设计师准备的工作包。在每个工作包中包括一个图纸清单和预计完成日期。

项目经理通过整合所有团队成员的图纸清单，可以编制一个图纸索引表。这个图纸索引表对项目经理极其重要，因为它可以作为一个检查清单，检查预计要完成多少图纸，何时能完成这些图纸，还能协助编制施工进度计划。图 4-20 展示了图纸索引表的内容。其中，包括每张图的修订号和日期会有较大帮助，因为设计协调一个普遍问题是对图纸最新版本的跟踪。

图纸索引表随着设计进展会处于持续的变化状态。在工作进展过程中，取决于最终选择的设计构型，图纸数量可能会增加或减少。图纸变化是设计工作的一个必要部分，每个设计师都有义务对清单做必要的修订，并保证项目经理了解这些变化。

8. 文件分发

设计过程需要及时的文件分发和信息交换。通常，团队成员总会有一种尽快完成工作的紧迫感。当信息不能快速分发时，就会增加每个人的工作量，并导致工作的延误、效率降低和士气低落。

图纸索引表 ××× 项目 更新日期：2016 年 10 月 26 日				
图纸编号	名称	计划日期	实际日期	版本号 1 2 3 4
C0	室外工程图纸			
C1	场地平面图	09/15/2016	09/17/2016	1- 10/05/2016
C2	场地平整图	10/01/2016	09/27/2016	
C3	路面铺贴图 1	10/15/2016	10/12/2016	
C4	路面铺贴图 2	10/20/2016	10/18/2016	3- 10/24/2016
A0	建筑图纸			
A1	一层平面图	10/10/2016	10/09/2016	
A2	二层平面图	10/15/2016	10/16/2016	
A3	房间表	10/20/2016	10/20/2016	
A4	墙面装饰图	10/25/2016	10/24/2016	
A5	门窗表	11/01/2016		
S0	结构图纸			
S1	基础图	10/15/2016	10/16/2016	
S2	楼层板图	10/25/2016	10/28/2016	
S3	柱子 & 梁 1	11/01/2016		
S4	柱子 & 梁 2	11/05/2016		
S5	屋顶平面图	11/10/2016		
M0	机械图纸			
M1	压缩机	11/01/2016		
M2	空调管道	11/05/2016		
E0	电气图纸			
E1	控制箱	11/05/2016		
E2	穿线图 1	11/10/2016		
E3	穿线图 2	11/15/2016		
P0	给水排水图纸			
P1	管道图	10/10/2016	10/14/2016	
P2	卫生洁具图	10/20/2016	10/18/2016	

图 4-20　图纸索引表示例

项目经理可以编制一个关键文件分发表（参考图 4-21），体现文件在团队成员和其他主要参与者之间的流动。这是一个有效的沟通工具，因为它可以让每个人知道谁接收了什么具体文件。经常的情况是某个团队成员收到一个文件并审查了内容，认为另一个成员也需要知道这个文件。关键文件分发表可以核实文件接收人，因此就没有必要试图联系一个可能当时找不到的人。

对每个项目都应有一个单独的关键文件分发表。它可以很容易地使用电脑制作并复印，装订成表格形式供团队成员使用。它不同于公司传统使用的便条，因为它包含项目名称和团队成员的姓名，因此可以很容易识别这个文件是针对哪个项目，以及谁接收这个文件。

关键文件分发表

×××项目

发送至	姓名	职位	地址	电话	日期
____	____	____	____	____	____
____	____	____	____	____	____
____	____	____	____	____	____
____	____	____	____	____	____
____	____	____	____	____	____
____	____	____	____	____	____

评论：

行动：面谈____ 电话联系____ 审查____

发送人：____ 日期：____

图 4-21 关键文件分发表

9. 权威／责任清单

一个项目经理经常同时负责一个或多个项目。有些项目可能处于开发的早期阶段，有些可能在紧张的实施阶段，而其他可能处于收尾阶段。负责多个项目的项目经理面临的问题不是其中一个项目的管理，而是同时管理所有项目的难度。这种工作环境就需要使用系统性的方法，以了解每个人的工作状态。

为有效跟踪每个成员的工作，项目经理可以为每个项目建立一个权威/责任清单（参考图 4-22）。这个清单需要持续的修订，以显示每个团队成员的工作进展状态。它对于准备团队会议的日程特别有用，也可以帮助项目经理安排工作，以及为上级领导和业主准备报告。

权威/责任清单 ×××项目 2016 年 2 月 26 日			
任务/工作内容	权威/责任	状态	日期
土壤试验规范	陈克立	已发出	02/26/2016
风荷载确认	刘佳尼	未解决	04/22/2016
结构网片审批	王保同	已批准	03/09/2016
最终塔楼结构	张胜利	进行中	05/26/2016
钢结构供应商投标清单	马晓明	进行中	04/03/2016
过路权听证会	张小鹏	未解决	06/01/2016

图 4-22 项目权威/责任清单

权威/责任清单可以使用电脑 Word 文档来准备，项目经理能够根据最新进展很容易地增加、删减或修订信息。文件每次更新可以用新的文件名存储并包括日期，这样就可以对每次更新保持记录。这提供了完整的项目历史文件，对于将来查阅项目过程情况非常有价值。这个文档可以纳入一个综合文档中，提供这个项目经理负责的所有项目的信息汇总清单。

管理权威/责任清单的一个更有效的方式是使用电子表格。将每条信息输入到一个单元格，使得项目经理可以生成多种类型的数据。例如，可以列出在某个具体日期尚待解决的问题，或列出某个人负责的工作。电子表格的使用能够让项目经理获得任何类别的信息，是管理任何单独项目或多个项目很有价值的工具。

10. 设计责任清单

表 4-9 提供了一个项目设计阶段的综合性责任清单，使用的是项目管理咨询模式。对于其他模式，项目经理的责任将根据合同规定在业主和设计师之间进行分配。对于建筑类型的项目，建筑师将是设计团队的主导者，而对工业/基础设施项目，工程师将主导设计工作。

设计阶段责任清单 表 4-9

设计阶段	业主	项目经理	设计师	承包商
1. 项目团队	领导	成员	成员	×
2. 项目信息	提供	审查	获得 / 审批	×
3. 设计需要的信息	提供	审查	明确需求	×
4. 项目团队会议	根据需要参加	组织和主持	参加	×
5. 设计会议	根据需要参加	参加	组织和主持	×
6. 预算	提供	评估	评估	×
7. 不可预见费	提供	建议	建议	×
8. 进度计划	参与和批准	准备、监督和执行	参与、批准和执行	执行
9. 设定里程碑	审查	提供	审查和批准	×
10. 土壤承载力	审查 & 支付	审查	安排、审查和建议	×
11. 初步设计图纸	审查、评论 & 批准	审查、评论和建议	提供	×
12. 批准设计	批准	建议	发出文件	×
13. 施工图设计	审查、评论 & 批准	审查、评论和建议	提供	×
14. 概念规范	审查、评论和批准	审查、评论和建议	提供	×
15. 技术规范	审查和批准	审查和评论	提供	×
16. 设计必选	根据需要批准	建议	建议和准备	×
17. 价值工程	根据需要批准	提供	协助和审查	×
18. 成本估算	根据需要批准	提供	协助和审查	×
19. 机构审查	监督	监督	协助	×
20. 许可证	支付	安排并获得	协助	×
21. 保险	提供	协助和建议	×	×
22. 现金流预测	提供	提供和更新	协助	×
23. 规范－投标人指示	批准	提供	审查和建议	×
24. 规范－投标部分	批准	提供	审查和建议	×
25. 招标方案	根据需要批准	建议和审查	建议、审查和发出	×

11. 团队管理

有效的团队管理对于任何项目都是成功管理的关键要素。通常，项目经理负有三个方面的责任：项目团队内部，团队和业主之间及项目经理组织的其他管理。在每个方面，常有不同的情况会引起干扰、冲突、延误和误解，进而影响项目的绩效。项目经理有责任协调团队工作，将这些情况的发生降到最低，能快速地发现并及时地解决问题。表 4-10 是一个与团队管理相关的典型问题清单。

团队管理的典型问题　　表 4-10

1. 团队成员不同的观点、优先级、兴趣和判断
2. 项目目标不明确
3. 沟通问题
4. 业主的范围变更
5. 团队成员缺乏协调
6. 缺少管理支持

团队是由一群人组成，每个人通常都不止负责一个项目。随着一个成员负责的项目数量增加，其失去重点的风险也会增大。项目经理必须确保团队成员知道并清晰地理解项目目标，因为特别是在设计阶段项目目标会变得不太明确。

沟通不畅是团队管理相关问题的最普遍原因。必须通过定期召开会议，使团队成员了解情况并及时进行信息交流。团队会议应作为将问题摊开在桌面上讨论的机会，以便能解决问题。同时，项目经理也必须给那些不愿意在会上提出问题的成员单独讨论的机会。

业主的范围变更会对项目预算和进度造成不利影响。团队成员必须对为了试图取悦业主而增加项目范围的倾向保持警惕。范围必须在项目开始时锁定，如果业主和项目经理没有书面同意，就不应当进行变更。书面同意必须包括预算和进度的调整，以便与范围变更相吻合。

项目经理负责整个项目团队的协调，但团队成员之间的单独协调也是必要的。项目经理必须培养一种合作的氛围，鼓励团队成员之间自由的信息交换。

项目经理必须获得其组织的管理支持，这可以通过保持管理层了解项目状态和团队需求而达到目的。除非了解需求，否则不会得到帮助，所以在项目审查的流程中应包括公司管理层代表。

为了协助项目经理执行团队管理的责任，必须及时更新项目工作计划。当项目范围、团队成员、要执行的任务、个人责任、进度计划和预算发生变化时，工作计划必须进行正式的修订。

团队必须以一种开放的方式进行管理。关于团队角色和关系以及每个决策的原因，都应在会上进行讨论，而不是在私下谈话。

“团队”的概念应渗透到所有成员的工作态度中。项目经理必须强调责任和团结，以减少鸡毛蒜皮的冲突。由于每个人都有独特的个性，所以就有不同的观点、兴趣和判断。因为人的多样性，项目经理作为项目团队领导者，就必须应付与人性相关的方面。某些领导特质是与生俱来的，但其他的则需要通过培训和经验加以开发。

12. 可施工性分析

传统模式下，设计和施工在项目早期就分开了。一些新技术的应用，例如BIM、机器人和施工自动化，使得人们对项目可施工性分析产生了更高的兴趣。由于这些革新，设计构型可以使施工更加快捷，这更强调整合设计和施工的过程，在设计工作中包含可施工性分析。期望的结果是在设计之前或过程中促进施工和设计的思想交流，而不是在设计完成之后进行。

为了施工更加快捷，与设计构型相关的可施工性至少有五个因素需要考虑：简单化、灵活性、工序、替代方案、技术工人可得到性。

简单化是任何可施工设计方案的一个理想元素。不必要的复杂化对任何人都没有好处，并明显增加最终产品不能令人满意的概率。特别是对改造或重建工程，可能需要特殊的设计图纸来提高项目的可施工性。

选择替代方案或革新措施的灵活性，对于现场施工人员来说是非常期望的。设计应规定预期结果，但不应限制达到这些结果的方式方法。在充分竞争的市场上，最理想的是提供不限制施工方式的设计方案。

安装顺序就跟在采购和施工过程中要考虑一样，它也应是设计的一个考虑因素。很多时候，设计对施工过程提出了不必要的安装工序限制。设计应包括认真的布局考虑和设施间距，以便多个施工作业能同时进行。

替代品或备选方案应得到更多关注，但大部分时候却被忽略了，因为普遍的态度是这个事情一直是以某种方式做的。不正确的材料应用将影响可施工性，并导致很高的修复成本。在设计阶段通过可施工性分析，可以有效降低或消除这些影响。

技术工人的可得到性，经常在项目生命周期中不能及早加以考虑。工人和工人技术水平应得到全面调查。缺乏应有的技能水平或足够的劳动力可能给项目带来巨大的成本影响，需在设计阶段进行考虑。

研究表明，公司或项目规模对可施工性分析，与执行可施工性程序不会构成障碍。让施工人员参与到设计阶段可以导致更好的项目、更低的成本、更高的生产效率，以及项目较早的完工。有效贯彻可施工性分析的一个主要障碍是，设计人员认为施工对设计的审查，只是为了选择最容易施工的设计方案。

13. 设计后评审

评估是一个持续的过程，它对于改善项目管理非常必要。建筑企业用以管理工作的体系必须有足够的灵活性，以应对每个项目的不同情况。在每个项目开始，项目经理必须确定如何修订和改善管理体系，以适应本项目的要求。

在每个项目的设计完成后，项目经理及其团队应针对设计工作和设计过程管理，进行一个完整而真诚的评估。这个评估应包括团队每个成员，以及其他参与设计的关键人员。

为了评估项目的各个方面，应准备一个检查清单，包括范围增加、质量和范围的匹配性、业主期望和满意度、团队及其他各方的冲突、过多的进度计划变更、最终成本和原始预算对比，以及对未来项目管理的提醒事项。

对设计过程全面深入的讨论之后，由项目经理准备一个简要的总结报告，应包括一个对管理体系改善的建议清单。

第5章

项目施工阶段管理

5.1 施工的重要性

施工阶段之所以重要，是因为项目的最终质量高度依赖于施工管理和做工水平。施工质量取决于设计文件的完整性和质量，以及其他三个因素：具有必要技能的工人；具有协调现场活动能力的现场主管；符合质量要求的材料。技能熟练的工人和对工人有效的管理是完成高质量项目的必要条件。

施工阶段重要性的另一个方面，是因为项目大部分成本和时间都将在施工阶段花费。一般来讲，设计费用仅占项目总预算的不到10%，而施工阶段就要花费90%以上的预算。因此，设计成本变更15%，可能只影响项目预算的1.5%；而施工成本变更15%，就会造成13.5%的影响。

与成本类似，建造项目需要的时间几乎总是远远大于设计项目需要的时间。很多业主需要项目尽快完工以便投入使用，因此，任何对预计完工日期的延误，都会对业主和承包商造成极大的麻烦。由于施工过程的固有风险及必须完成的很多任务，所以施工承包商必须以最高效的方式，认真地计划、安排并管理好项目。

5.2 施工阶段的假定

施工阶段的目标是依据图纸和规范，在预算和工期内完成项目。为了达到这个目标，通常会有三个假定，如表5-1所示。

尽管上述假定合情合理，但由于施工业务的性质决定，总会有各种各样的变更。项目是一个独特且不重复的活动，正因为每个项目具有独特性，其结果就永远不可能完全准确地预测。为建设一个项目，业主通常将合同授予一个承包商，由其提供所有的人工、设备、材料和施工服务，以满足图纸和规范的要求。这就需要同时协调很多任务和活动，解释图纸并与恶劣的天气做斗争。

施工阶段的假定　　表 5-1

范围	设计图纸和规范不存在问题和错误，并满足业主要求以及适用的法规和标准
预算	预算是被批准的；也就是，业主能够支付这个预算，且承包商能够在这个预算内完成项目，并有合理的利润
进度计划	进度计划是合理的；也就是工期足够短，以满足业主要求，也足够长使承包商可以完成工作

很多人很难承认图纸和规范总会存在错误这个事实。设计工作需要很多人员，他们必须执行设计计算、相关工作协调并生成很多图纸，包括立面图、剖面图、详图和尺寸等。尽管每个设计师都会尽力制作完美无瑕的图纸和规范，但这通常是难以达到的。

在开始施工之前，业主一般会接受并批准设计文件，但这并不代表这些图纸和规范就是业主真正想要的。某些业主的利益，特别是非盈利组织或政府机构，是由董事会、理事会或委员会成员来代表。这些人通常具有其他业务背景，或对项目工作和图纸的理解有零星的知识。因此，他们可能在没有完全理解项目到底是什么样的情况下，就批准了材料的选择和项目的构型。

如果承包商的投标价格低于建造项目的成本，也会给业主和承包商带来很多问题。承包商是一个商业实体，其必须获得一定的利润，才能维持企业的运营。因此在施工合同授标前，对每个承包商的投标进行仔细评估很有必要。因为如果一个承包商投标价格过低，无论参与人员能力多强，项目的管理都将困难重重。

某些情况的发生会改变项目的预算和进度计划，例如：施工过程中业主要求的变更、设计的修订、现场条件的变化等。为了减少这些情况的影响，应安排一个合理的不可预见费，来应对这些会对预算和进度造成不利影响的变更。

对承包商要完成的工作需考虑足够的时间。如果工期要求过于紧张，工人的生产效率和工程质量将受到不利影响。在施工过程中，总会有干扰正常工作的各种情况发生，例如天气、材料交货、设计问题、施工检查等。

承包商必须对整个项目要求进行计划和预测，并在进度计划中考虑合理的时间变更。这是建筑业务的固有性质决定的。

项目经理必须应对上述提到的问题，时刻对这些情况保持警惕，并要持之以恒地计划、更新和协调项目，来处理不断发生的新情况、新问题。

5.3 合同价格形式

对施工分包商支付方式的选择，会对项目成本、进度及业主和设计的参与度有较大影响。合同价格形式一般分为两大类：固定价格和成本加酬金。对于固定价合同，会以固定总价或单价为基础来支付分包商。成本加酬金合同可能包括如下任何一种或多种组合支付方式：成本加一个百分比或固定管理费、保证最高价格或奖励。

关于施工服务上述支付方式的优缺点、适用条件等，有很多文章进行论述。下面仅对这些论述进行一个总结，希望对项目经理履行管理责任有所帮助。

固定价合同是为了在施工开始之前，通过提供一套完整的图纸和规范来锁定项目的成本。然而，对于施工过程中任何必要的变更，施工承包商有权获得补偿。因此对固定价合同，施工过程的变更是成本超支的一个主要原因。对于此类项目，确保一个完整的设计且尽可能不出现错误，并尽量减少过程变更非常必要。在招标前，应认真审查设计文件，以检查可能存在的任何差异并保证项目的可施工性。项目经理应与业主一起评估项目变更的全面影响，尤其是对项目成本和进度的影响，因为项目一个方面的变更常会对其他方面产生影响。在施工合同签订前，应针对与项目变更相关的额外工作，达成一个劳工和设备的价率表。

签订单价合同是因为准确的工程量可能还未确定，承包商无法提交固定总价投标。单价合同成本超支的一个主要来源是工程量估算的错误。工程量估算错误可能导致承包商的不平衡报价，这会引起项目预计成本的大幅增加和昂贵的法律纠纷。因此，在施工承包商招标前，应对单价合同的估算工程量进行彻底的审查。在收到所有投标后，应对每项单价内容进行认真的评审，以检查是否存在不平衡报价。特别是对工程量较大和单价成本很高的内容，更要检查报价的不规则性。

对于某些项目，在设计完成之前开始施工可能比较理想。例如，比较复杂的项目或由于紧急情况必须完成的项目，而在开始施工之前完成项目的详细设计是不现实的。成本加酬金合同需要对材料交货和进度测量进行全面的监督，业主 / 总承包商必须对分包商的材料、人工、设备和其他相关成本进行审查和批准。这种方法对于工程总承包项目来说，可以做到边设计、边采购、边施工，对过程中必要的设计修订比较灵活。然而，总承包商必须有很强的管理项目能力，目前这种支付方式在我国建筑行业应用较少。但随着建筑管理模式的不断升级，企业项目管理水平的不断提高，这种支付方式将会得到更广泛地应用，因其对加快项目进度具有较大优势。

5.4　施工分包策略

1. 设计 / 招标 / 施工交付方式

设计 / 招标 / 施工（D/B/B）常被认为是传统的项目交付方式。在开始招标和施工过程前，所有设计工作已经完成。这种交付方式通常适用于成本相比进度更重要且范围定义比较详细的项目。

D/B/B 项目交付方式是一种三方安排，涉及业主 / 总包、设计方和承包商。业主 / 总包与设计单位签订设计服务合同，与承包商签订施工承包合同，两者都为业主工作。尽管承包商不是为设计单位工作，但业主 / 总包通常会指定设计方作为其代表来协调施工。设计服务通常是基于提前确定的一个费用或施工合同的百分比进行支付。承包商一般是基于固定价格进行支付。

因为在招标之前设计已经完成，业主就能够在开始成本花费最大的施工阶段前，充分了解项目的样子。承包商也会对项目要求有清晰的理解，因此能够比较准确地估算施工成本。这就使业主 / 总包在签订施工合同前，就能了解项目成本。D/B/B 模式下，各方的责任、风险和参与程度都有明确定义。业主对设计有相对较高的参与和控制程度，但由于合同文件明确定义了承包商责任和义务，所以在施工期间的参与度和控制度较低。

D/B/B 交付方式的最大劣势是工期较长，因为在开始施工前需要完成设计和招投标工作。同时，施工合同签订后所做的变更会增加项目成本。

进行施工分包时，可以根据具体情况采用不同的交付方式。如果在开始招标和施工过程前，所有设计已经完成且范围定义比较完整，即可使用传统的施工招标模式。这种模式通常是基于固定价格形式，选择最低价中标。由于招标前设计已经完成，分包商对项目要求有一个清晰的理解，因此也能够比较准确地估算出项目施工成本。这对于总承包商在签订合同前锁定成本非常有利。

2. 设计 / 施工交付方式

为了压缩完成项目的时间，经常会选择设计 / 建造（DB）交付方式。由于施工会在所有设计完成前开始，项目工期通常可以缩短。这对于业主 / 总包在施工期间修改设计提供了弹性。DB 项目交付模式通常适用于工期要求严格、成本相对次要且范围定义不太完善的项目。

DB 项目交付方式是一种合同两方的安排，包括业主 / 总包和 DB 承包商。业主或总包和 DB 承包商签订一个合同，由其提供设计和施工服务。所有的设计和施工都由 DB 公司来执行，尽管 DB 公司可能会雇用一个或多个分包商。DB 公司一般有内部设计人员和有经验的施工人员，这会大大减少在传统模式下设计与施工的矛盾和冲突。

有时，一个施工承包商会与一个设计公司联合或一个设计公司与一个施工承包商联合，共同为业主提供 DB 服务。

选择 DB 公司通常采用以资格为基础的选择程序，业主或总包会要求经过资格预审或筛选的公司进行投标，并使用评标程序来评估每个 DB 公司在以往项目的质量和安全记录及进度和成本表现等。因此，承包商选择是基于资格而非仅仅价格。DB 服务的报价通常是成本加酬金形式，成本加固定酬金或成本加一个百分比。

对于范围定义相对明确的项目，DB 公司的选择也会基于价格。为了达到激励目的，合同可能会采用保证最高价形式。当最终成本低于保证最高价时给予奖励，当最终成本高于保证最高价时给予惩罚。

尽管项目总成本是一个主要考虑因素，但在 DB 项目开始时由于设计还未完成，总成本还不能确定。因此在项目早期就必须进行检查，因为设计者同时也是建造者。如果业主 / 总包内部有合格人员，就可以自行检查，有时也会利用独立第三方提供检查服务。

5.5　交付方式的关键决策

下面的问题可能会对项目成功有重要影响，应在选择项目交付方式时给予考虑：

1. 合同数量

如施工分包策略部分所述，取决于选择的项目交付方式，可能会签订一个或多个合同。对于设计 / 招标 / 施工（DBB）模式，至少要签订两份合同：一份与设计单位签订；一份与施工单位签订。设计和施工单位可能再将部分工作分包出去。

对于设计 / 施工（DB）模式，只需与 DB 公司签订一份合同，承包商可能将部分工作分包出去。

2. 选择标准

承包商选择可能是基于价格或资格。传统模式下，设计单位选择一般基于资格，承包商选择是基于价格。然而，近些年的发展趋势是选择设计单位也开始主要看价格。选择标准取决于采购的服务，一般使用价格标准是针对容易定义的产品或容易评价的服务；基于资格的选择是针对非常规的产品、专业化工作或需要特殊技能和知识的服务。

3. 与承包商的关系

一个分包商可以被看作是一个代理或供应商。代理代表业主的利益，获取一定的管理费，通常是基于资格进行选择。供应商是交付一个规定的产品或服务，被支付一个价格，通常是基于价格进行选择。传统上来讲，设计单位一般以代理的形式出现，承包商以供应商的形式出现。然而，某些业主可能要求承包商作为其代理进行采购和施工管理，而将设计院作为图纸和规范的供应商。当业主需要建议或指导时，他们一般会选择代理关系；而当业主确切地知道自己要什么时，就会选择供应商关系。

4. 付款条件

如合同价格形式部分所述，付款条件可以在固定总价和成本加酬金之间变动。固定价格用于对工作细节有明确理解的情况，成本加酬金用于工作范围还不清楚或未详细定义的情况。从固定总价到成本加酬金之间，有一系列的付款形式。

在固定总价付款模式下，承包商根据其执行合同文件中的工作被支付一个总价格。对于单价合同条件，承包商是基于提前确定的单价和实际安装数量得到支付。

对于有保证最高价格（GMP）的成本加酬金模式，承包商被支付实际成本加上一个费用。如果成本超过了保证最高价格，承包商将承担额外成本；如果成本低于保证最高价格，承包商将分享节约部分。

对于有目标价格的成本加酬金模式，承包商被支付实际成本加上一个费用。为了鼓励不超过目标价格，可以设定在最终成本与目标成本偏离时的各种奖励或惩罚。例如，如果高于目标成本，承包商可能承担超出总成本的 80%，业主承担 20%；或者，如果最终成本低于目标成本，承包商可能获得 70% 节约，业主获得 30%。因此，成本低于目标价时承包商分享节约部分，成本高于目标价时承包商支付部分超支费用。目标价可以通过变更程序进行修订。

上述的付款条件可能是一个合同中的组合，例如，固定价模式下对普通土壤开挖使用固定单价，对岩石开挖使用成本加酬金。付款条件应与合同各方所承担的风险相对等。

5.6 潜在投标人和投标

施工承包商的选择非常重要，因为项目的成功高度依赖于承包商。业主／总承包商必须依靠施工承包商提供人工、设备、材料和技术，来根据图纸和规范建造项目。如果施工承包商有问题，每个人就都会有问题。

业主／总承包商通常在接受投标前，要求潜在承包商提供一个投标保函。在合同授标前，大多会要求承包商提交一个材料和人工付款保函及一份履约保函。所有保函都应在现场施工开始之前提交。尽管保函能对业主提供某种程度的保护，但它们并不能保证施工的顺利进行。因此，除保函要求外，潜在投标人应通过一个资格预审程序进行筛选，以评估他们的经验记录、财务能力、安全记录、总体特征和行业信誉等。

对于竞争性投标项目，至少应收到三个投标，以进行具有代表性的成本比对。通常来讲，收到的投标越多，竞争就越激烈，导致的投标价格越低。然而，投标人的质量比投标人的数量更重要。对于私人投资项目，有可能会控制哪些公司被允许投标。在这种情况下，就最好不要允许那些能力有问题或根本不想让其参与项目建设的公司投标。

对于承包商投标的时间，应给予认真的考虑。投标截止日期应足够投标人彻底地准备标书。如果对投标时间长度不太确定，应咨询有经验的承包商，以协助制定一个合理的准备标书的时间。如果投标时间太短，有些投标人可能会拒绝，或更坏的情况是不能准确地准备标书；如果投标时间太长，就会对施工造成不必要的延误。

在投标过程中，附录是对招标文件的变更，用来纠正错误、澄清项目要求，或在合同授标前所做的修订。发出过多的附录可能会让潜在的投标人感到沮丧，对图纸和规范质量产生怀疑，或增加施工期间产生变更的可能性。这些情况可能还会导致金额较大的变更单，并对项目最终成本造成不利影响。

还需召开一个标前会议，以澄清项目任何独特的方面，并协助投标人准备一个高质量的投标。这对于澄清工作范围、解释特殊工作条件并回答承包商的问题，是一个合适的机会。任何会上澄清但没包括在投标文件中的内容，应向所有各方进行书面确认。

对于任何项目，管理合同的一方应使用承包商投标的招标文件，编制一个详细的成本估算。这将有助于对承包商标书的评估，因为准备估算的过程需要对项目各个方面进行仔细研究。许多与项目相关的问题，可以通过仔细地审查招标文件，并经过详细的成本估算过程检查出来。如果招标人不具备这种能力，有很多专业造价咨询公司可以提供此类服务。

5.7 以资格为基础选择承包商

对于固定总价项目，选择施工承包商通常是基于最低价格和最合格的投标人。确定最低价格相对容易，因为每个承包商会提交一个投标价格。为确保达到资格要求，承包商常需在投标前提交一个资格预审表。这个表通常包括关于承包商信誉、财务稳定性、工程实施能力等方面的信息。另外，大多数招标文件会要求递交投标时，附带一份投标保函。投标保函也是向招标人保证，在合同签订后能够开具支付和履约保函。

对于成本加酬金或议标项目，承包商通常是基于资格进行选择，因为在选择承包商时项目价格还不能确定。业主一般会通过一个承包商短名单来做选择，其中每一家都可能是被选择的对象。应组织会议对拟签合同内容和预期的项目成果，给予每个潜在承包商提出问题并得到澄清的机会。这些会议以传达信息为主，可能包括一个项目现场参观。然后，向承包商正式发出投标邀请。一般投标文件要求的信息包括综合项目管理和技术能力、过去相关工作的记录和表现、实施项目要采取的方法，并包括一个成本报价。应向每个承包商提供一个投标的固定格式，以便在同一个基础上对投标进行比较。

在收到所有投标文件后即可以开始评标，并对每个成本报价进行评估。由于实际成本尚不明确，因此必须确定每家承包商的报价是否符合实际。成本报价可能涉及一个费率表，包括适用于本工程的所有人工、设备和间接费用。通常，业主不是寻求最低报价，而是寻求一个有竞争力的成本区间。成本因素要考虑，但最终选择是基于最佳及最终报价。

为了确定最佳及最终报价，应使用一个加权评估体系，为每份投标提供一个量化的评估。例如，将投标内容进行分类，按照其重要程度对每类设置一个权重。下面是评标分类的一个示例。

- 管理信息系统
- 项目进度计划
- 人员
- 承包商质量控制
- 分包商管理
- 资源利用
- 职业健康和安全管理
- 财务能力
- 经验和证明材料

信息管理系统可能包括：制图（CAD）软件、进度计划、成本估算、财务、报告等软件系统，以及其他相关数据。信息管理系统的建设水平，是一个公司在设计和施工过程中控制预算的能力体现。承包商应提供一个合理的项目进度计划（横道图或网络），以显示完成项目需要的主要里程碑节点；还应提供一个成本报价，因为价格是选择承包商的一个重要因素。尽管在选择承包商时最终成本还不能确定，但其仍然在某种程度对最终成本有指示作用。

在基于资格选择承包商时，人员的能力极其重要。关键人员的履历应由能体现一个有能力执行项目任务的团队组成。每个投标都应包括一个人员列表、资源、将要使用的主要分包商等。

工程总承包项目需要管理很多个分包商。在基于资格选择承包商时，投标文件应包括一个采购材料、设备、服务和分包商的计划。业主/总承包商应在发出招标文件前，提供一个合格供应商名录。基于资格的选择程序还应提供关于资源利用的信息，包括详细的人员计划描述，以应对正常的工作量波动，确保在整个项目期间有足够的熟练工人。

根据资格选择承包商时，投标文件应包括一个质量保证和质量控制体系。这个体系应涵盖设计阶段的质量控制，以及采购和施工过程的质量控制，包括试验、检验和安全等。

在评估承包商的资格时，所要考虑的因素应针对每个项目具体情况而定。总体来说，最终选择是基于质量、技术实力、进度和成本的综合评价。质量可能会以技术优越性、管理能力、人员资格、以往经验、过去表现等来体现。尽管以最低价选择承包商比较有利，但最终选择应是寻求在工作方面能够提供最高价值的投标。

对于成本加酬金合同，成本报价不应作为控制因素，因为前期估算可能不会真实反映最终实际成本。一般来讲，成本加酬金合同不会基于最低价选择承包商，因为这会鼓励提交不符合实际的报价，并增加成本超支的可能性。最基本的考虑应是哪个公司能以对业主最有利的方式执行合同，这要依据建立的评价标准通过投标评估来确定。

5.8 项目成功的关键因素

为达到施工过程的项目成功，有几个重要因素需要考虑。首先，必须安排一名优秀的施工经理代表业主/总承包商的利益。他必须了解项目的要求，并能随时回答问题和应对发生的情况。现场施工经理的权威和责任必须要对各方有清晰的定义，包括对业主、咨询和施工承包商。

另一个重要因素是要有一个详细的施工进度计划，应由执行工作的施工承包商编制并使用，而非业主或总承包商编制。业主/总承包商仅需规定项目的开始和结束日期。施工承包商知道他们自己的能力、资源，以及如何计划以协调与其他现场活动的关系。因此，他们最有资格编制一个指导施工活动的进度计划。

必须建立一个有效的项目控制系统，来监督、测量和评估成本、进度、人工时、工程质量等。后面章节将专门讨论项目的计划和控制。

项目成功最重要的因素是良好的沟通。大多数有经验的项目经理都能认识到，项目大部分问题的根源都可以追溯到沟通不畅。人们不会故意做劣质工作或犯错误。这类问题大都是由于沟通不畅，对做什么、什么时候做造成的误解。因此，必须要有开放的沟通渠道，以便在正确的时间有正确的人回答正确的问题。

项目组织机构图通常显示的是权威的竖向线条，但严格遵照竖向沟通，有时不利于及时对信息传递作出反应，因此就需要在实际工作的人员之间建立横向沟通渠道。

在不同组织之间的横向沟通是最难以监督和控制的，因为他们基本是以口头形式且不做记录，这可能会导致误解和可能的纠纷。所以，横向沟通应仅限于信息分享，不宜涉及决策。尽管这些横向沟通非常必要，但每个人都有责任向其直接上级汇报沟通的结果。

5.9　施工进度计划

编制施工进度计划的目的，是为了对工作进行充分的计划，以便能够有效地管理。进度计划必须显示要完成任务所有需要的活动，并以一定的逻辑顺序进行组织。通常为了容易理解，会在时间轴上进行呈现，其目的是确保所有完成工作的必要活动得以正确的计划和协调。当发生变更时，必须对进度计划做相应调整。施工承包商必须对工作进行计划，并要按照计划执行工作。

在准备进度计划时，现场施工主管的参与非常必要，因其将对工作进行日常监督，他们对如何将工作付诸实践会有更好的理解和想法。如果现场主管参与了进度计划编制，这个进度计划将会得到有效使用，因这有现场主管们自己的贡献；反之，那些没有现场主管参与的进度计划，很少会获得成功。成本估算人员和施工项目经理能够提供非常有价值的信息，并协助现场主管准备进度计划，但现场主管必须按照其预期实施项目的方式，对活动的顺序进行计划。

一个好的施工进度计划会考虑到各方的利益（业主、总承包商、分包商等）。首先，施工进度计划对于现场监督人员来说，必须是可读并容易理解的。经常存在的情况是，施工进度计划包括太多细节，以至于对现场人员毫无用处。进度计划应仅仅包含足够的细节，能使现场主管知道对他们的期望是什么就可以了。其次，现场工长可以对他们各自的工作编制周计划或两周计划。例如，在进度计划中可以显示“二层粉刷”；然后，粉刷工长可以编制周计划，显示在进度计划中的那一周要粉刷的具体房间。

在施工过程中材料和设备的交货日期非常重要，因为延迟交货常是项目延误的主要原因之一。对于关键活动的完成日期必须密切监视，以确保当现场需要时材料和设备能够及时到达现场。

5.10 施工进度计划相关的问题

在某些情况下，施工承包商可能会避免向总承包商提交进度计划，其理念是如果没有进度计划，总承包商就无法证明承包商不能正确地计划和协调工作；另外一个想法可能是，在没有进度计划情况下，承包商可以在工作结束时基于实际进度编制进度计划，为其任何争议或索赔提供有力的支持。

能迫使承包商编制合理进度计划的一个方法，是将施工进度计划作为一个付款条件，包括在合同文件中。那么，承包商将只有在提交了基准进度计划和每月的计划更新之后，才能得到付款。例如，将施工进度计划与动迁费付款相联系。这样，只有承包商提交了进度计划，才能获得动迁费支付。

近些年来有个不良的倾向是，利用施工进度计划协助向业主或总承包商索赔额外时间和成本。有些承包商编制进度计划，仅仅因为它是合同的要求。建筑业的普遍实践是将成本和进度相联系，这会影响对承包商的付款。有些承包商编制进度计划的概念，是基于在争议索赔时它能帮助从业主得到更多的时间和费用。因此，进度计划有时不只是作为管理项目的工具，而且是索赔时间或成本的工具。

对施工承包商进度计划的要求、审核和批准，也存在一定的风险。被批准和接受的进度计划可能对业主／总承包商产生法律约束。例如，当业主或总承包商接受一个进度计划时，可能会对其构成风险，因为这可能成为承包商索赔文件的一部分。然而，不要求施工进度计划同样存在风险。如果没有进度计划，承包商可能就无法正确地安排工作，业主／总承包商也无法对其工作进行测量和监督。大部分项目经理都认可，要求施工进度计划的风险会更小。

无论安排谁负责审查或批准施工进度计划，都应格外注意，因为在施工进度计划方面可能会出现一些问题。以下是应注意的几个方面：

1. 对承包商提交的警惕

提交是指由承包商向总承包商或设计人员发送的需要审查和批准的文件。有时合同文件会规定总包工程师需在一个合理时间内审批文件，以便不影响工程进展。承包商通常会在进度计划中显示审查时间是3～5天。如果这个进度计划被认可和接受，那么进度计划中的时间就成为“合理时间”的定义。任何审查超过这个时间，就会被认为是“不合理”时间，因此就构成延期或索赔的证据。

在其他情况下，进度计划中可能没有提交日期，然而提交日期被认为是施工活动开始的同一天或前一天。然后，总包工程师在审查提交文件时，承包商可能就会发起延期索赔。

为了避免与提交审查相关的问题，在合同文件中应明确规定审查需要的时间。例如，可以申明工程师从收到提交的文件，进行审查并做出回复，需要至少20个工作日。另外，合同文件还可以规定承包商的重新提交需要与第一次提交同样的审查时间。这就完全澄清了总包工程师在规定时间内需要对承包商多次提交进行审查，还是每次提交都需要重新开始的问题。这使得承包商提交无法接受的文件需要承担相应的风险。

在合同中规定进度计划需要包括提交审查，可以避免很多与提交审查和审查时间影响的相关问题。合同中可以加入一个条款，规定承包商应为项目需要的所有提交编制一个计划表，包括每个提交需要何时提供审查。这有助于确保承包商对所有提交有计划可循，也能使总包工程师合理地安排人员和工作量，以便及时执行审查过程。

2. 总包提供的设备或材料

在工程总承包项目中，普遍的做法是总承包商采购和提供长周期设备或材料，这有助于项目时间和成本的节约。总包提供的设备或材料的交货日期通常会列入施工进度计划中。如果交货日期显示在进度计划中，并且这个进度计划被总承包商所接受，这就构成了非正式的保证。这些物品的交货日期不应晚于进度计划显示的日期。如果总包不能满足计划的交货日期，那么承包商可能就会对工程延误发起成本索赔。

当施工进度计划对总包提供的货物显示较早的交货日期时，会产生另外的问题。这可能在总包提供的货物晚到的情况下，为承包商提供了延期索赔的机会。为了避免此类问题的发生，合同文件可以规定总包供应货物的最早可能交货日期，这些日期可以基于生产厂家的交货期，加上一个合理的时间富余量。另一种应对与总包提供物品相关索赔问题的方法是在合同文件中规定，总包提供的物品将不早于某个日期且不晚于某个日期到达。这样，就可以给予承包商一定的保证，何时这些物品将到达现场。提供一个预期交货期窗口，可以减少与总承包商提供货物相关的风险。

3. 承包商采购和安装的设备

进度计划简单地将设备安装作为一个活动，对设备的采购和安装不能提供充分的工作描述。由承包商采购和安装的主要设备，应将加工、交货、安装作为单独活动来显示。这将保证承包商充分地计划，并减少对加工期和交货期的混淆。它也能澄清承包商关于设备的付款申请，因为承包商对设备采购的付款申请，可能会比设备安装的付款申请要早得多。设计师应在招标文件中明确哪些设备是主要设备。

对承包商提供的设备进行正确计划的另一个方法，是在合同中加入一个条款，要求承包商准备一个单独的时间计划，以显示项目中每件设备的预计订购和交货日期。合同文件应规定哪些设备是主要设备，以防止产生任何歧义。

4. 合同的进度约束条件

在项目的设计阶段，编写的合同文件可能包括对某些进度的约束，要求在其他活动开始前，施工活动必须结束或遵守某种顺序，以防止对其他活动的干扰。这种情况在改造装修类项目中，比新建项目更多。承包商最初提交的进度计划，可能会忽略这些约束要求。如果业主 / 总承包商接受了没有约束的进度计划，随后再试图强加这些合同要求，承包商可能会辩解，因为进度计划已被接受，业主 / 总承包商“放弃了合同要求”，因而这时要加入这些约束，就需对成本做调整。

业主 / 总承包商需要认真审查所有的约束，以评估它们对承包商施工的影响。这必须在设计阶段完成，以确保所有的约束条件都列入合同文件中。因为这些约束条件通常会对承包商造成额外的成本和时间增加。

5. 隐藏时差

隐藏时差是编制施工进度计划的一种技术，以至于大部分活动有很少或没有时差。这会形成有多条关键路径的进度计划，或一条关键路径和多条接近关键路径的进度计划，因为非关键路径时差很小，比如只有 5～10 天。有较多隐藏时差的进度计划对延误会非常敏感。任何因业主 / 总包造成的干扰，都会增加承包商索赔额外费用的机会。

施工进度计划可能也包括优先顺序，其中可以同时执行的活动却显示为依次进行，这样就会减少网络的时差，进而导致更多的关键活动。

对施工进度计划需要进行严格的审查，以评估那些人造的活动时长。例如，一个显示 20 天时长的活动可能仅需要 10 天时间，这将大大减少网络中的时差。

6. 进度计划更新

项目开始编制的很完善的进度计划，经常会由于过程更新不及时而变得无法使用。随着施工变更的发生，就会逐渐根据约束条件来模拟实际工作。活动约束条件的使用，例如开始－开始和完成－完成等，总会产生较难理解的逻辑关系，并经常导致对进度计划的混淆和不信任。

让业主、总包和主要分包商共同参与进度计划的更新审查，将会很有帮助。项目各方之间的共同讨论将增进沟通，减少进度计划更新之后的意外和惊讶，并且这些讨论可能会消除很多活动约束。最好的方式可能是，在编制原始进度计划或更新进度计划时不使用活动约束（在第 10 章有详细介绍）。

5.11　与分包商的关系

在施工阶段，施工承包商起着主导作用；然而，业主和总承包商也扮演重要的角色。必须建立一个团队的合作氛围，使得各方成为一个整体，为达成项目目标共同努力。

相比于其他行业，建筑业是很独特的。由于每个建筑项目都不相同：劳动力是临时性的；涉及工种众多；项目在较短工期内实施；并且有大量材料设备需要安装。而且，大部分施工工作受到天气影响，工人完成任务后即需要分流。鉴于这些因素，施工管理是一个挑战，参与者的密切合作也就格外重要。

在所有情况下，都应与施工承包商建立公平、一致、礼貌和稳固的合作关系。每个人都应以专业化的方式处理事情，以获得他人的尊重，并使其他人做必须完成的事情。人有时必须是果敢的，但不能令人反感，而其他时候又必须保持沉默，但又不能优柔寡断。因此，在施工环境中工作，必须建立与人合作并知道如何应对每种情况的能力。

鉴于施工项目的性质，很多时候人与人之间会产生矛盾和冲突。但必须认识到矛盾和冲突不一定总是坏事，因为很多好的想法会在争论中产生。对待矛盾的正确态度应是，争议通过外交方式可以达成一致意见。也有些时候，采取中立立场可能会更理想。

承包商是独立的商业组织，并只要求生产合同规定的最终产品。有很多时候，可能分包商和总包之间不会总能达成协议，但是完成最终的产品应是重中之重。因此，最好的总分包关系就是充分发挥承包商的技术、工人和设备的作用。

5.12 质量控制

高质量的工作是由对工作充满自豪感，并具备必要技能和经验的人方能达到的。建筑的实际质量在很大程度上取决于施工控制本身，而这正是施工承包商的主要责任。如今所说的“质量控制”，它作为质量保证计划的一部分，很多年来一直被认为是对材料和做工的检验和试验职能，以便证明工作满足了图纸和规范的要求。

质量是项目所有参与者的责任。人们普遍对待质量的态度是“我们做什么才能通过质量控制?”或者“我们如何做才能通过检查?”然而，正确的态度应当是“我们如何做才能完成一个满足规范和业主要求，并使我们感到自豪的项目”。如果没有正确的态度，即使进行了最好的策划，质量控制也不会成功。

传统施工工作的验收，是对工程每一部分进行 100% 的视觉检查。另外，还使用单个的抽样来确定材料的真正质量。如果试验结果是在规定的容差之内，这个材料即获通过并被接受；否则，材料或做工就不能通过并被拒收。如果是后一种情况，就需要进行技术判断，以决定这个材料是否重新试验或者可以认为实质上符合，因为这个偏差可能对功能不会造成严重影响。这就常使检验者非常为难，并可能给业主和承包商造成延误、争议和很多其他问题。

施工过程中质量控制的目的，是确保工作按照合同规定的要求完成。质量控制计划可以由业主、总承包商、施工承包商或独立监理来执行。近年来，业主更倾向于要求总承包商管理自己的质量控制程序，并在项目质量控制中发挥更积极的作用。承包商被要求建立质量控制计划，以维护自身的工作监督体系，进行试验并保持记录，以确保工作质量符合合同要求。然后，业主会监督承包商的质量控制计划，并在施工过程中进行抽查。这也是质量保证体系的一部分。

在现代的质量保证计划中，传统规范正在被以统计为基础的规范所取代，其既能反映建筑材料的可变性，也能体现施工过程的真实能力。质量要求利用承包商工作需达到的目标值来表达，并使用上下限来规定要求的符合性。以统计为基础的验收流程要求随机抽样，每个抽样包括随机抽取的一定数量的样本，以便消除偏差。验收程序更加详细，并且为了减少不确定性，业主和承包商的风险也更明确。

每个承包商都需建立一个流程控制图，以确保能够满足业主的验收要求。流程控制图被用作流程控制的工具，它是反映目标质量水平和从这个水平可允许偏差的简单线条图。它们能在工作被拒收之前监测出问题，这可以降低承包商因罚款和返工而造成的损失。因此，流程控制图将检测结果以表格形成呈现，使各方都能观察到可能影响质量的趋势或方式。

图 5-2 展示的是一个百分比通过等级控制图。图 5-2（a）可以用于监测流程的平均值；也就是，流程平均值是否保持在恒定水平或偏移了。水

平轴识别监测的次数，也就是，1 是第一次检验，30 是最后一次检验。竖轴代表所观察的质量特征，在这个例子中就表示通过一个筛分粒度的百分比。每个小圆圈代表那个样本的平均值或子群。上下两条虚线代表控制上限和下限，用来判断流程变化的控制程度。控制上下限通常放置在偏离目标值的两个标准差。图 5-2（b）被称为 *R*- 图（区间），用于检测过程变量的变化。

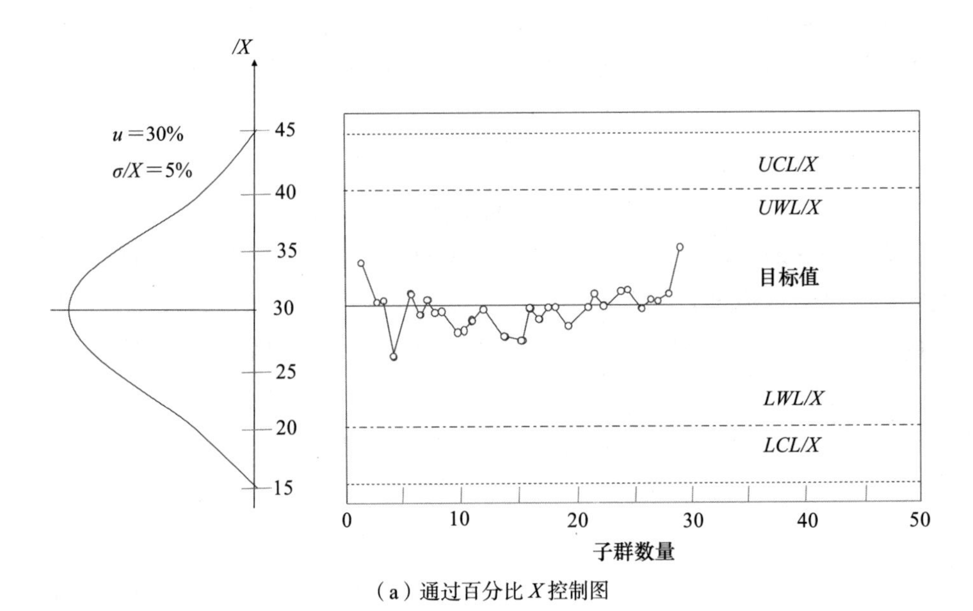

（a）通过百分比 *X* 控制图

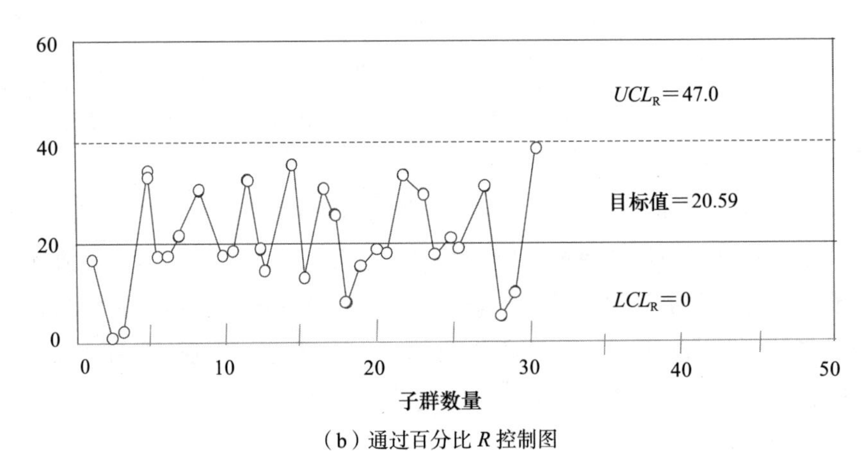

（b）通过百分比 *R* 控制图

图 5-2　*X* 控制图和 *R* 控制图

5.13　争议解决

建筑项目的性质决定了，在业主、总承包商、分包商之间产生争议几乎是无法避免的。解决争议可能会通过几种不同方式：谈判、调停、仲裁或诉讼。

争议各方之间可以直接谈判来公开讨论和解决冲突，以达到各方的满意，通常不牵涉其他方。调停需要争议各方利用一个独立而客观的中间人来协助解决争议，但调停者没有作出最终决定的权威性。仲裁与调停类似，但仲裁有权做出最终有约束性的决定，争议各方不可以再上诉。对于某些争议，可能需要一个仲裁委员会来解决争议。诉讼是通过法律诉讼的解决方式，要通过司法体系的法律程序来解决。通常来讲，这种方式比其他方式需要更长的时间和更高的费用。

通过谈判解决争议通常是最快捷也最经济的方式，因为这仅就事实进行讨论，并不涉及法律的烦琐程序。直接谈判是在自愿基础上，由相关各方以非正式的方式，在达成一致的时间和地点举行。每方的谈判者必须有代表其公司的权威。取决于问题的复杂程度，谈判团队的组成也会不同，但通常牵涉的人越少，效率会越高。谈判的成功取决于谈判双方的良好意愿、合同对争议问题的明确程度、谈判之前的准备情况等。直接谈判有利于加强各方之间的业务关系。

如果直接谈判不能解决问题，调停常是下一步最适合的方法。与直接谈判类似，调停也是自愿的，因此谈判双方必须同意调停者作为中间人来寻求变通方法，收集事实证据和澄清纠纷，劝说双方采取灵活的态度，以便达成最终协议。在这个过程中，调停者可能会与争议双方单独或一起会晤，以找到双方能够达成协议的共同点。

仲裁是将争议提交到一个双方认可的公平第三方，其决定具有法律约束力并可以执行。为了使用这个方法，通常会在合同通用部分包括一个仲裁条款，因而在合同签订时，合同双方即同意通过仲裁解决所有争端。

争议各方都会努力在进入法律诉讼之前解决冲突，因为法律手段是最昂贵、耗时最长、最复杂的争议解决方法。律师要遵照司法程序来代表各方的利益，争议的最终决议是由法院作出。

5.14 现场安全

就像项目计划、进度计划、成本估算、成本控制及其他项目工作一样，安全也是项目管理的一个重要部分。在项目各层面和各阶段，都必须体现出对安全的关注。安全事故不仅伤害工人个人，还会影响他们的家庭。经济成本、责任后果、当局要求及公司形象等，这都充分说明了项目安全管理的重要性。

前文提到的很多项目管理的基本原则和方法，也同样适用于安全管理。安全是项目设计和施工每个阶段都必须考虑的因素。安全不能被随意地包括在项目中，而必须将其设计到项目中，并像对待范围、预算和进度一样进行密切监督。

由于工作性质决定，施工会涉及很多潜在的对工人和设备的危害，例如：高温、噪声、大风、扬尘、震动和有毒化学品等。国家和地方的安全规定适用于项目所有各方：设计师、业主、工人、承包商。项目经理必须与其团队密切配合，将安全包括在项目各个方面：计划、设计、预算、和施工。安全应从公司的高层开始，通过宣传和行动渗透到管理的每个层级，直到工地的班组和工人。

尽管目前将施工安全责任都放在了承包商身上，但整个项目团队必须对安全理念的理解和贯彻有统一的认识，以改善施工现场的安全状况。

事故成本包括医疗成本、保险赔偿、责任和财产损失等。近年来，这些成本一直在攀升。然而，还有其他因事故造成的更大成本，这可能包括受伤员工的时间损失成本、由于事故造成的停工成本及损失的管理费用。因此，安全需要引起每个人的注意。

经验表明，现场安全管理好的经理同时也是效率更高的经理，他们能更好地控制工作成本，并使工作按计划进行。这些事实就与某些经理对较差的安全管理常用的两种借口相矛盾：像施工这种危险行业，事故不可避免；我们首先确保的是将工作完成。这种错误的观念会给项目和公司带来沉重的代价。现场安全管理应将生产效率和安全作为工作高效的两个相关方面，成功的现场经理会认为“你不必为了安全而牺牲效率，班组越安全，他们工作越快；你有更多安全，你就有更高的效率”。

承包商的资格预审通常是基于开具保函的能力和以往经验，施工承包商的选择通常是基于最低投标价格。也许，承包商的安全记录也应作为评标决策的必要内容加以考虑，以便将不良的安全记录作为拒绝投标人的依据。

5.15　变更管理

几乎每个项目在施工过程中都会发生一些变更，变更的来源可能是业主、设计或承包商。业主可能希望做些变更，以更好地达到其使用目的；设计师可能会对原始图纸或规范做些修改；承包商也可能希望进行变更，因为在施工过程中不可能总能对要发生的情况准确预测。因此，施工过程变更几乎是不可避免的。

施工过程变更的机制是通过变更单，它是一个描述工作修改的书面文件。所有被批准的变更单将被纳入原始招标文件，成为项目合同文件的一部分。尽管变更单可能会增加或减少项目的成本/时间，但大多数情况是增加项目成本并影响项目进度。因此，项目经理在施工过程中必须谨慎地对待变更，因为变更几乎总是对项目成本和进度造成负面影响。

如果变更能够被提前预测，即会大大加强对变更的管理。在开始施工前，有些因素可以被确定为项目未来变更的预警信号。经验表明，如果固定总价项目的最低价和次低价金额之间差距较大，就很容易发生较多的成本增加。在建筑行业有句俗话“把钱留在了桌子上”，通常是指最低价和次低价之间的差额。因此，如果项目有较多“把钱留在了桌子上”，项目经理就需花费更大精力来监控项目，因为可能会有潜在的较大的成本增加。

施工过程中管理变更的一个方法是，要求在月度基础上提交预计变更的清单。项目经理或其代表应与提出变更的一方紧密合作，评估这个变更的需求和价值。有时，对一个变更的价值进行了坦诚讨论，并对变更的影响与变更的真实价值全面对比，可能发现这个变更根本就没有必要。

评估变更时必须对其所有方面进行彻底地分析，因为项目任何部分的一个变更，经常会影响项目的其他方面。有时，对项目其他方面的全面影响，直到以后的日子才会发现，这对项目后期成本会造成非常不利的影响。通常，用“波纹效应”来描述那些在项目前期做出，而对后期造成影响的变更。

除非绝对必要，项目经理在施工过程中应尽量避免变更。如果一个变更证明是必要的，就需进行彻底的评估、清晰的定义，各方达成一致意见，并以最快捷和经济的方式来贯彻执行。

5.16 资源管理

完成项目的施工阶段需要很多资源，其中包括人员、设备、材料和分包商等。每种资源都必须以最高效的方式管理，才能保证将施工成本降到最低。

那些负责安装材料和操作设备的熟练工人是项目最重要的资源，他们通过培训和经验获得技能。假若有足够的指令、工具和材料，他们有能力完成任务。很经常地，技术工人会因为工作质量不佳受到批评；但一般来讲，没有人会故意这样做。质量不佳的原因通常是指令不明确、材料到货晚、工具不足或缺乏领导和监督。这些问题的根由来自项目管理的责任。因此，项目必须有详细定义的工作计划，对今天和后续要完成的工作进行明确的定义，并将计划传达到项目的工人团队。

用于项目的设备类型和数量取决于项目的性质。例如，建设一个大型的土坝可能需要大量的刮土机、推土机、水车、夯实机和平路机等。然而，建设一个购物中心可能只需要一个前装式装载机、货车和小型塔式起重机。项目设备的选择和利用，必须是整体施工计划和进度计划的一部分，就像项目的工人用工计划一样。准备项目设备计划是施工经理及其现场主管的责任，需对设备的闲置时间和维修给予足够的考虑，因为缺少设备会对项目进度产生重大影响。

大多建设项目的主要成本来自物资的采购和安装。物资管理系统包括对项目所需材料的识别、采购、储存、分发和处理等主要职能。通过确保在正确的时间和地点有可用的合格材料，能极大地加强对项目人员的有效利用。物资计划会根据项目大小、地点、现金流需求、采购和检验程序等有所不同。材料的现场交货时间极其重要，因为材料晚到、材料不完整或者错误材料交付，是造成施工延误的重要因素。承包商应负责建立详细定义的物资管理系统，并编制一个项目物资管理计划。长周期材料必须包括在施工进度计划中。

在工程总承包模式下，业主只跟总承包商签订一个合同。然后，总承包商再分包给很多分包商，通常叫作专业承包商，来执行需要特殊技能或设备的安装任务。因此，施工项目的大量工作，是由对总承包商负责的很多分包商来完成的。这种多层次的合同安排就需要认真的计划、安排和协调，来整合所有分包商的工作。这就要求总承包商有很强的项目管理能力，因为任何分包商的工作经常会影响一个或多个其他分包商的工作。

对于分包商的管理应使用同样的项目管理原则，对每个分包商都必须有详细定义的工作范围、预算和进度计划。另外，在项目所有分包商之间必须有清晰的工作界面，有效管理分包商是总承包商的主要责任。

第6章

项目收尾管理

6.1 项目收尾的启动

项目生命周期的最后一步是项目收尾。尽管项目收尾发生在项目最后，但对收尾的策划则需从施工开始前的阶段就应着手。收尾需要的信息和文件应从很早阶段开始收集，甚至要在开始工作实施之前。实体工程竣工很显然是项目收尾的最重要内容，但其并非是唯一的内容，还有大量的管理和合同文件在项目移交中扮演重要的角色。项目收尾不是一个很复杂的过程，但有时会耗时很长。

项目收尾开始于施工前的计划阶段，需通过一个收尾会议向所有参与方澄清合同对收尾的要求。尽管这看起来有点过早；但恰恰相反，较早地引入项目收尾程序，可以使团队建立一个收集必要文件和信息的体系，以便在施工过程中不断积累，而非到了项目结束再去搜索资料。

为了识别项目的收尾要求，一个有效的方法是仔细研究合同关于对收尾的要求，和市政当局的相关规定，并列出具体项目收尾需要的详细内容清单。这个清单可能包括但不限于如下内容：

- 收尾程序
- 最终清理
- 系统运行
- 演示和说明
- 成品保护
- 修补清单和竣工证书
- 项目变更单登记簿
- 保修内容
- 项目记录文件、最终验收、竣工文件等
- 收尾提交资料
- 留置权释放

- 运营和维修数据
- 维修说明书
- 维修合同
- 设备和系统手册
- 试验和试运行报告
- 备件和维修产品
- 产品保证书和保函
- 质保、保函释放
- 运营保险单
- 剩余材料处理

一旦项目团队明确了项目收尾的总体要求，下一步便是编制一个收尾的责任矩阵。这个矩阵应包括对收尾内容的描述，也应明确提交日期、请求日期、收到日期、收尾内容处理、提交业主日期及接受人姓名。负责收尾的项目成员应对所有收尾提交的文件保留一份复印件以便存档，并要求业主签字确认收到。尽管这可能看起来有点夸张，但很多业主经常会弄丢原件，并要求承包商补充文件，因为没有文件提交的证据；另一方面，这也会防止发生关于收到什么和未收到什么的争议。

6.2 系统调试和试运行

对于重型工业厂房项目，施工检查贯穿项目整个过程。然而，业主代表通常要求器皿关闭前和大型设备安装后进行检验。机械竣工这个词经常用来定义执行这些程序的项目阶段。

有时，很难定义机械竣工，因此，项目经理应与业主代表确定一个设备完工标准，以澄清什么构成机械竣工。这应当包括在施工合同中，以便所有项目参与者知道在项目什么阶段应该做什么。

对于系统调试，总包项目经理需要协调业主代表、主任设计师、施工承包商、设备厂家的界面关系。各方的角色和责任必须明确地定义，针对要调试的系统、需要试验的类型以及谁来见证试验达成一致意见。很重要的是，要编制一个施工计划及时支持系统调试工作。开车活动计划应从业主运营人员的“需求日期”开始倒排。对于系统调试的准备和执行也需要编制工作包，所需试验应在施工达到 30% 左右开始明确，开车计划应在工期达到 70% 左右确定。

应准备一个正式的计划，定义器皿何时关闭、通知检查需要的前置时间、需要监督的内容、业主代表的签字确认等，这有助于消除器皿不必要的开启和关闭，以便节省项目大量的时间。

项目经理必须从业主代表处得到设备移交给业主的书面程序。设备照管和看护极其重要，因为这会涉及大量成本。因此，参与各方了解谁在负责以及他们何时负责是非常重要的。项目经理应通知工厂，某件设备何时完成、试验并准备好向业主移交。设备一旦被接收，任何修改就需要业主的授权。这个程序应以正式的方式处理，并有各负责方代表的签字。

项目经理需要与承包商和设计师协调，以定义项目开车的程序。这个过程应是正式的，但也要有灵活性。针对开车过程中需要团队成员的各项支持，项目经理应从业主代表得到书面要求，这一定要是业主的具体意见，不应仅仅是项目经理的推测。

6.3 项目最终验收

施工工作的检查贯穿整个项目过程。在整个项目完工之前，各种设备和机电系统可能已完成，并按照合同要求准备好进行调试和验收。项目经理必须与业主代表及设计负责人密切配合，以进行检查、试验和最终接收。

应明确机械竣工的定义并向施工承包商发出正式通知，以便给验收过程留出足够时间。这会避免因准备不足而损失大量时间，并对项目完工日期造成不利影响。关于在试验过程中业主想要验证什么、见证什么试验及需要试验的类型，必须有一个清晰的理解。主要合同各方的责任必须明确定义，项目经理负责有效地协调这项工作。

项目收尾过程在项目临近结束时开始，这时承包商会发出最终工作检查的申请。在申请之前，应准备一份缺陷修补清单，列出所有仍需完成或纠正的内容。为了准备这个清单，现场检查人员必须认真审查他们的每日检查记录，标注出所有需要纠正的工作内容。有时，在工作达到满意和验收之前，有必要对缺陷修补过程进行多轮循环。最终检查应包括业主、承包商及关键设计专业的代表。项目经理应组织和安排最终检查。

工作接收和向承包商最终付款必须根据合同文件规定执行。项目实质性竣工是按照合同要求，施工完成到可以按照业主目的进行占用的日期。这意味着仅存在很微小的问题需要解决，并且项目完成的已足够投入使用。承包商可能会发出一个实质性竣工证书，并附有需要完成的所有剩余工作清单。对这个证书及所附清单的批准，就表明对已完工作的接收。因此，确保这个清单的完整性非常重要。因为业主一旦签署证书后，承包商将按照合同不再负有责任。在最终付款之前，承包商应提交最终的文件：保修证书、留置权释放及合同需要的其他文件。

6.4 项目合同收尾

合同收尾涉及项目协议项下的义务的履行。这既包括与业主的主合同，也包括与分包商不同层次的合同。通常，还要审核原始合同中的维修或服务协议，确保其正常和按计划执行。合同收尾是项目收尾中一个简单但又至关重要的部分，它也常涉及对项目合同的认真审查，以便使例如津贴、单价等内容保持一致。它也包括对批准的变更单的认真审查，以确保合同总价是正确的。这同时也是管理收尾的一部分。这个任务在两个程序中的交叉，可以起到对错误的核查作用。合同收尾可能也包括采购单与发票的匹配，以保证与供应商付款相吻合。施工过程中任何供应商或分包商的合同终止应包括一个对终止原因的解释，以及任何因合同终止导致的行动及其参考的支持文件。应注意，在收尾时看起来很有说服力的证据，可能在几个月或几年之后会显得非常牵强。为保证不丢失重要细节，应使用描述性的方式。

6.5 项目管理收尾

管理收尾程序聚焦于管理类型文件的收集、准备和归档。管理性文件最好被划分为：财务会计汇总；分包 / 供应商已被支付的付款记录；收尾矩阵的定期更新；较低层级文件的归档；以及经验教训总结文件的编制和分发。

管理收尾也包括项目的财务对账和账目审查，含外部和内部，以证实它们对这个项目已关闭。列出被批准的变更单以证实合同金额和款项已支付。尚未解决的具有争议的金额暂时搁置待后处理。最后，生成最终的工作成本报告并分发进行评审。

6.6 记录和竣工文件

对于任何项目，修订和变更几乎是肯定的。至少一套用于投标目的的原始合同文件，必须以一种可复印的形式保存。这对于索赔和争议的解决非常必要，因为不可避免地会产生这样的疑问“承包商投标的依据是什么?”另外，在施工过程中，必须对所有变更单文件进行全面地记录和保存。

一个普遍的合同要求是，承包商必须编制一套竣工文件，包括规范、图纸、附录、变更单和装配图。竣工图要显示那些未按原始设计执行的工程尺寸和细节。例如，门的位置、电缆或空调管道的路径、地下管道和设施的位置，以及其他隐蔽工程的变化。这些文件显示所有相对于原始合同文件的变化，并在项目竣工时提交给业主。

6.7 项目文件归档

项目的历史数据对于未来项目是宝贵的信息来源。所有项目记录（成本、进度、记录文件等）都应按照公司的记录留存指南以电子版形式存储。作为存档程序的一部分，必须建立一个详细的文档检索体系。在适当情况下，文件应按照时间顺序或序号进行分类，以便日后查询。归档的文件至少包括如下内容：

- 合同文件：图纸和规范
- 合同修订：变更单等
- 分包合同
- 采购单登记簿
- 文件传输单登记表
- 项目提交登记簿
- 付款申请
- 技术联系单登记簿，包括回复内容
- 最终成本会计和付款记录
- 基准和定期更新的进度计划
- 会议纪要
- 项目收尾登记簿
- 经验教训总结报告

要认识到有些项目会留下未决问题，并可能需要第三方专家的介入。对于有未解决索赔的项目，就可能意味着要诉诸法律，那么必须有完整和所需的文件，这就更增加了文件正确归档保存的重要性。

6.8 经验教训总结

经验总结是讨论和记录项目获得的经验，教训是通过处理或解决项目现实中产生的问题而得到。它是对项目正面和负面情况的审查，以及项目团队在整个项目期间如何应对问题的总结。其目的是为将来的项目提供预见性，以便正面的经验得以复制和改进，负面的教训得以避免和不再重复。

经验教训总结会跟其他会议一样，需要制定会议日程并提前分发，以便团队成员添加一些内容。关键利益相关者，例如项目团队和项目经理、施工主管、高层经理、财务人员，有时某些项目团队之外的相关者都会参加。做好充分的会议通知，使参会者能提前理清思路并记录重点。会议应由项目经理之外的负责人员主持，这有助于防止一边倒的观点或对项目问题的轻描淡写。为使经验教训总结会议产生更高价值，讨论必须是真诚和坦率的。参会者必须能够公开他们的观点，不论是正面还是负面的，不应担心报复。经验教训总结会不是批评指责的机会，也不是以惩罚为目的。

为给将来的项目提供有价值的建议，找到问题的责任至关重要。经验教训总结会的目的是关注于重要问题，不管是好的还是差的方面。参会者应避免个人攻击，或可能会被理解为个人攻击的“吹毛求疵”。

竣工项目最普遍忽略的教训之一是成本的比较分析：实际成本及其是如何花费的与投标时的成本估算对比，这同样适用于进度计划。常发生的情况是没有将任务实际成本和时长与估算成本和时长对比的情况下就直接归档了。这两个方面对于改善未来项目绩效都有很好的学习作用。有时，成本和进度分析一般在正常的经验教训总结会之外单独进行，最好是局限于预算和进度管理部门内部。这也可能包括对造成这种差异的原因分析。项目团队必须记得，不是所有的经验教训都是战术性的，有的只是算术方面的小问题。

还要记着对项目团队成员卓越表现的认可，正面鼓励会大大地满足和激励团队成员。在项目完工时，团队成员一般对高级管理层的公开正面表扬非常自豪。这对于未来绩效可以起到巨大的促进作用。

经验教训总结会也可以是讨论试用的新技术、新产品、新工艺或新分包商的最好机会。这些批评性的信息能大大改善对产品或分包商的二次使用。更重要的是，避免同一类错误再次出现。所以，经验教训总结对于团队成员是非常有价值的收尾机制。

经验教训总结有很多文件格式，一般每个总结是一个单独文件，或可能是项目报告的一部分，可以采用描述性的形式，但必须包括如下内容：

- 详细描述问题发生的细节
- 确认问题发生的任何诱因或临界点
- 详细说明问题的影响（成本/进度）
- 详细说明问题的根源
- 提供诊断问题或采取纠正措施的信息来源（如果是负面问题）
- 描述采取的纠正行动和补救问题所需的结果
- 提出任何充分利用事件的行动（如果是正面问题或机会）

关于项目评价的经验教训总结和评论，应当详细地记录并公开讨论，目的是为消除将来可避免发生的问题。

6.9 项目收尾报告

项目收尾报告记录完整的收尾过程，它提供项目的历史总结：基准、成就、最重要的经验教训。报告应识别出实际进度和成本与项目计划阶段建立的基准的偏差。项目收尾报告的目的，是为项目和团队绩效提供一个坦诚又简明的评价。

团队成员应积极地向负责编写报告的项目经理提供信息和数据。在项目过程中负责不同职能的人员，对项目的得失可能会有很多不同的看法，因此可能对未来项目提供很有帮助的观点。

收尾报告是在项目全面完成和所有收尾任务结束之后编写，但应在团队成员对项目仍记忆犹新时进行，项目收尾后的两到三个月是编写报告比较好的窗口期。

第7章

项目进度计划管理

7.1 项目计划与进度计划

项目计划是识别完成项目所有必要活动的过程。项目进度计划是确定计划活动的顺序，为每个活动分配符合实际的时长，并确定每个活动的开始和结束日期的过程。因此，项目计划是项目进度计划的前提，因为只有将活动识别出来，才能确定它们的顺序和开始、结束日期。

然而，项目计划和进度计划这两个概念常以同义词使用，因为计划和进度计划相互作用和影响。例如，对项目一系列活动可能进行了计划和进度计划；然而，在对进度计划审查之后，可能决定需要增加一些活动或对一些活动重新安排，以便得到最佳的项目活动进度计划。

相比于进度计划，项目计划更难以完成。对项目计划人员最大的考验是其识别完成项目所需全部工作的能力。本书前面章节更关注于识别项目活动，并将这些活动进行符合逻辑的分类。例如，如第 4 章呈现的编制详细定义的工作分解结构（WBS）过程，生成的就是完成项目必须执行的一系列活动。

在活动被识别出来后，确定项目进度计划就相对容易了。就进度计划而言，已经有很多方法和工具。电脑已被广泛用于进度计划的计算过程。然而，对于项目计划和进度计划都应给予足够的重视。有时，由于过度追求电脑生成的进度计划，致使项目进度计划无法使用。计划 / 进度计划人员在使用电脑生成进度计划之前，必须有足够时间对计划进行全面思考。简单来说，一个优秀的计划者比熟练的电脑操作者更重要。前面章节呈现和讨论的内容，为编制一个好的进度计划提供了有力支撑。

7.2　计划预期的结果

项目计划是项目管理的核心，因为它为协调各方工作提供了沟通平台。计划也将建立项目控制系统的基准，以便跟踪完成项目所需的工作量、成本和时间。尽管做计划最主要的目的是能按时完成项目，但还可以从项目计划得到很多其他好处（表 7-1）。

项目计划和进度计划的期望结果　　　**表 7-1**

1. 按时完成项目
2. 持续的工作流动（不被干扰和延误）
3. 减少返工量（最少量的变更）
4. 减少混淆和误解
5. 增进每个人对项目状态的了解
6. 及时向管理层报告
7. 你在运转项目，而不是项目运转你
8. 了解项目关键内容的时间计划
9. 了解项目的成本分布
10. 人员分工，明确责任和权威
11. 明白谁做什么，何时做，需要花费多少
12. 整合所有工作，以确保向业主交付高质量的项目

计划是编制进度计划的第一步，它是一个过程而非一个单独的活动。随着项目的发展，需要对计划进行修订，并将变更纳入进度计划中。很多情况或事件的发生可能会影响项目进度计划。例如，人员变化、许可证问题、主要设备的变化或设计问题。好的计划能够提前监测到变更，并以高效的方式来调整进度计划。

很多设计师普遍抱怨他们不能高效地工作，因为有很多干扰和延误。然而，其主要原因通常是缺乏计划，或在某些情况下根本就没有计划。计划应明确识别每个人所需的工作，以及相互之间的工作界面。它也应包括项目参与者之间合理的信息交流时间，以及审查和批准的延误等。

很多设计师另一个方面的抱怨，是由项目变更引起的工作返工，这也会导致混淆和误解，并进一步妨碍生产效率。在工作开始前，计划应包括对所需工作的清晰描述。但是，必须认识到变更是项目工作的一个必要部分，特别是在项目早期阶段。如果预计要发生变更或认为变更的可能性很大，那么项目计划就应对预期的变更提供适当的考虑。可惜的是，人们经常知道会发生变更，但在项目计划中却未给予认真的对待。

项目计划和进度计划可以作为一个有效预防问题的工具。它可以防止工作延误导致的延期完工和成本超支，以及可能的法律纠纷。它还可以防止因缺乏方向，而导致的工作士气低落和生产效率下降。

7.3 项目计划的价值

项目计划和进度计划最明显的目的之一，是按时完成项目。但是，项目计划还有很多其他价值。计划是用于协调各方工作的一个集中沟通工具。项目计划提供了工作活动的基准，可以用来测量进度。它可以保持工作持续的流动，以便每个人更好地了解项目。计划编制的流程需要项目人员提前识别必须要完成的工作。计划完成后，它将定义项目人员的义务、责任和权威。结构化的工作能够提升项目的质量。

项目计划也能够预防问题。详细的项目计划将减少项目变更和返工量或工作重叠。它有助于预防干扰和工作延误，这能够提高生产效率和工作质量。项目计划会减少项目人员之间的混淆和误解，这有助于防止工人士气和生产效率的下降。好的计划也能帮助减少和管理项目可能产生的法律纠纷。

7.4 计划与进度计划原则

为了指导整个项目，必须有明确的可操作性计划。计划必须包括并连接项目的三个要素：范围、预算和进度。很多时候，计划仅仅关注于进度，而忽略了范围和预算的重要性。

要编制一个整合的项目计划，必须将项目分解成可以测量和管理的定义详细的工作单元。这个过程开始于编制工作分解结构（WBS）。一旦工作分解结构（WBS）完成后，就可以选择具备相应工作技能的成员。这些成员有能力对所需的工作进行详细的定义，也能够确定工作所需的时间和成本。根据这些信息，即可编制一个完整的项目计划。

项目计划和进度计划必须明确定义每个成员的责任、进度、预算及预期问题。当项目发生变更时，项目经理应与相关各方达成正式的协议。对进度和预算要给予同等的关注，并将两者结合起来考虑。项目在启动时就应考虑开始计划、进度计划和控制过程，并要贯穿于项目的整个生命周期，直到结束。表 7-2 列出了计划和进度计划的关键性原则。

计划和进度计划的关键原则　　表 7-2

1. 计划应在工作开始之前而非之后编制
2. 让实际执行工作的人员参与计划和进度计划准备
3. 应包括项目的各个方面：范围、预算、进度和质量
4. 计划要考虑一定弹性，包括对变更的考虑和审批时间
5. 记住进度计划是执行工作的计划，它将永远不会完全准确
6. 保持计划简单明了，去除那些使计划难以理解的无关细节
7. 与各参与方针对计划进行沟通，没人知道的计划是毫无意义的

7.5　编制计划的责任分工

项目的主要参与方：业主、总承包商、施工承包商，都对项目计划和进度计划负有责任。认为这只某一方责任的观点是完全错误的，各方必须对各自的工作建立进度计划，并将计划与其他方进行沟通和协调，因为每一方的工作都会影响其他方的工作。

业主需要明确项目完工日期，这对设计和施工进度计划都有控制作用。

业主也应对项目的组成部分确立优先顺序。例如，如果一个项目包括三个建筑物，就应明确每个建筑物的相对重要性。这能够帮助设计师组织其工作并编制设计进度计划，以便将重点放在对业主最重要的建筑图纸上。这也有助于在编制规范和合同文件过程中，将项目重点传达给施工承包商。

设计师必须编制满足业主要求的设计进度计划。这个进度计划应根据业主需求考虑工作的优先顺序，需要对设计过程负主要责任的设计师全面参与。具体实践中，设计进度计划常常由主任设计师或设计项目经理完成，并不牵涉那些实际执行工作的人员。

施工承包商必须根据合同文件，编制所有施工活动的进度计划。它应包括材料设备的采购和交付，现场工人和设备的协调，以及所有分包商的工作界面等。施工进度计划的目标应是有效地管理工作，以便向业主交付高质量的工程。施工进度计划的目的不应是为解决项目争议，而应是以最高效的方式管理项目。

在工程总承包项目中，通常是总承包商负责编制并维护项目总体控制计划，其他方参与监督和控制，但各方都需对其工作部分的进度计划负责。项目所有各方共用一个项目总体控制计划，能够减少很多各自为政的问题，对项目的整体控制非常有效。

7.6 进度计划编制技术

取决于项目规模、复杂程度、工期、人员、和业主要求，编制进度计划的技术会有所不同。项目经理必须根据具体情况，选择应用相对简单并容易被参与者理解的进度计划技术。其中，有两个最常用的方法：横道图（或称甘特图）和关键路径法（有时称 CPM 或网络分析系统）。

横道图由亨利·甘特在第一次世界大战期间开发，是进度计划的时标图格式。横道图很容易理解，但难以更新。它不显示活动的相互关系，也不能将成本和资源与进度计划整合。这对于整个项目的总体计划比较有效，但对于详细的施工工作则有很大局限性，因为施工所需的活动间的相互关系未被定义。很多项目经理倾向于对设计进度计划使用横道图，因为它简单、易用，并且不需要活动之间的关系。然而，由于活动间的相互关系没有定义，进度计划更新可能就会花费大量时间。横道图中一个活动的变化，不会自动更改后续的活动。而且，横道图不能整合成本，也不能提供资源，例如人工时，而这对于设计管理非常重要。

某些设计师争辩说，他们不会定义设计活动间的相互关系，并以此作为支持其使用横道图的理由。他们还说，设计项目的资源变化很频繁，导致进度计划的维护相当困难。这两种情况在某些项目上有时都会发生，但是如果这种现象在每个项目都存在，那就很可能证明项目未被认真地计划、管理和控制。

关键路径法（CPM）作为一种确定性的进度计划方法，是由美国杜邦公司于 1956 年开发，这种方法被普遍用于设计和施工行业。一个相似的方法，计划评审技术（PERT）由美国海军于 1957 年开发，是一种概率方法的进度计划技术，它被广泛应用于制造业。这两种方法经常被统称为网络分析系统。关键路径法（CPM）提供活动间的相互关系及成本和资源计划，它也是项目整体进度计划和详细施工进度计划的一个有效技术。然而，当应用于项目早期阶段的详细设计时，确实有一些局限性，因为它需要详细描述活动间的相互关系。

尽管关键路径法（CPM）技术相比横道图需花费更多精力，但其能为项目的有效管理提供更详细的信息。使用网络进度计划来计划项目，会强迫团队将项目分解成可以识别的任务，并使用更加详细的逻辑关系将任务联系起来。这种早期的计划工作将帮助项目团队，在资源冲突发生之前就能够识别出来。项目经理必须利用其判断力去选择最适用的进度计划方法，并能将项目要求传递给所有项目参与者。

7.7　网络分析系统

网络分析系统（NAS）为项目计划、进度计划和控制提供了一个综合性的方法。它是通过图表形式定义和协调工作，并显示活动以及活动间相互关系的技术总称。很多图书和文章对这个技术的程序及应用都已有详细的描述，本书的目的不是再呈现网络方法的细节，读者可以参考相关书籍。下面仅就网络分析系统的一些基本概念做一介绍，以便对项目经理编制计划和进度计划提供帮助。图 7-1 中列出的基本定义用于明确后面的内容，因为网络分析使用的词汇有很多区别。

活动 — 完成项目需要执行的一个任务，例如：基础设计、设计审查、采购钢结构、混凝土柱支模板。
一个活动需要时间、成本，或者时间和成本。

网络 — 代表完成项目所需活动关系的一个图。网络可以使用“箭线图”或“前导图”。

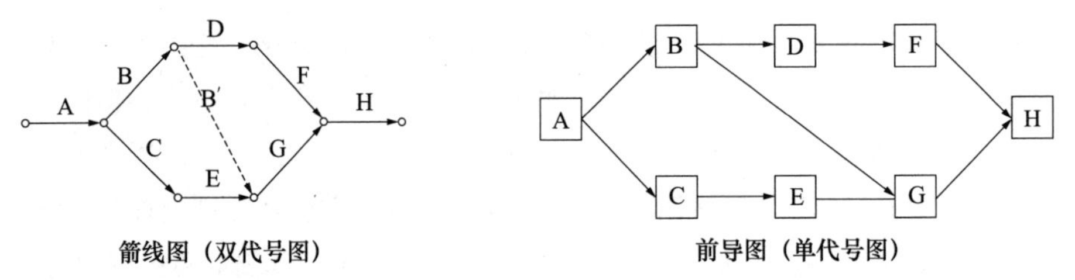

时长（D） — 执行一个活动预估的时间。时间应包括所有分配到这个活动的资源。
最早开始（ES）— 一个活动最早的开始时间。
最早完成（EF）— 一个活动最早的完成时间，等于最早开始时间加上时长。

$$EF = ES + D$$

最晚完成（LF）— 一个活动最晚完成时间。
最晚开始（LS）— 在不延误项目完工日期的情况下，一个活动的最晚开始时间。

$$LS = LF - D$$

总时差（TF） — 在不延误项目完工日期情况下，一个活动可以被延迟的时间总量。

$$TF = LF - EF = LS - ES$$

自由时差（FF）— 在不延误后续活动最早开始时间情况下，一个活动可以被延迟的时间总量。

关键路径 — 通过网络图相互连接的一系列活动，每个活动的自由时差和总时差为零。
关键路径决定了完成项目的最少时间。

虚拟活动 — 一个活动（在箭线网络图中以虚线表示），表明任何虚拟活动之后的活动必须在虚拟活动之前的活动完成之后才能开始。虚拟活动不需要任何时间。

图 7-1 CPM 的基本定义

关键路径法（CPM）是项目管理最普遍使用的网络分析系统方法。它的概念很简单，计算也只需基本的算数计算，并且有很多 CPM 进度计划编制的电脑软件可用。使用 CPM 最难的工作就是识别完成项目所需的各项活动，以及活动间的相互关系，也就是，CPM 网络计划的编制。如果首先建立了定义详细的工作分解结构（WBS），CPM 进度计划的编制就会大大地简化。

制作 CPM 网络图有两个基本方法：箭线网络图（又称双代号网络图）和前导网络图（又称单代号网络图）。尽管两种方法能达到同样的效果，但大部分项目经理倾向于使用单代号网络图，因为它不需使用虚拟活动。单代号网络图也可以提供开始－开始、完成－完成、开始－完成和完成－开始的活动关系，这可以大大减少网络图需要的活动数量。但是，很多人不喜欢使用这些关系，因为这会在网络进度计划中产生混淆。

图 7-2 是一个简单的单代号网络图，用来显示一个项目使用 CPM 对进度计划分析的时间计算。每个活动由一个单独字母代表，活动上面的数字是分配的活动编码，每个活动底部的数字代表时长（以工作天表示）。左下角的一个图例定义了开始和结束日期，所有对开始和结束的计算是基于一天的结束。

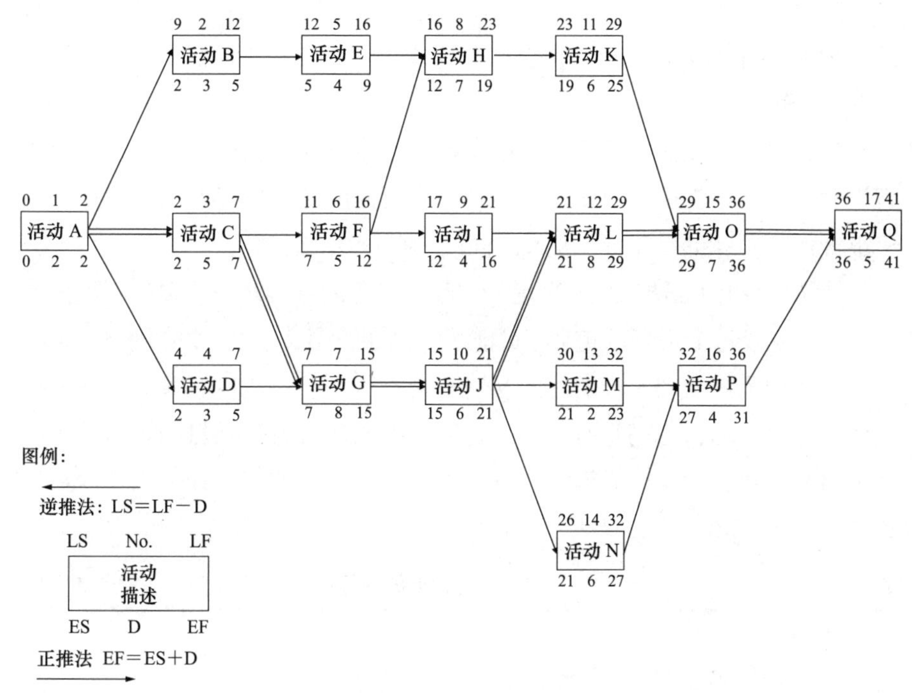

图 7-2　简单的单代号网络图时间计算

在 CPM 网络图准备完成后，应对每个活动分配时长并执行正推法计算，以便计算每个活动的最早开始和最早完成时间。所有前置活动最早完成时间的最大值决定所有后续活动的最早开始时间。例如，在活动 E 和 F 都完成之前，活动 H 不能开始。由于两个前置活动的最早完成时间最大值是 12，活动 H 的最早开始时间就是 12。正推法计算要针对所有活动，从第一个活动 A 到最后一个活动 Q。最后一个活动最早完成时间决定项目的完工时间，针对这个具体项目就是 41 天。这个项目工期是基于所有项目活动时长和相互关系计算出来的一个值。

还可以使用逆推法，来计算每个活动的最晚开始和最晚结束时间。所有后续活动最晚开始时间的最小值，决定所有前置活动的最晚完成时间。例如，在活动 F 完成之前，活动 H 和 I 都不能开始。由于后续两个活动的最早开始时间最小值是 16，活动 F 的最晚完成时间就是 16。逆推法计算也针对所有活动执行，从最后一个活动 Q 到第一个活动 A。

开始和完成日期之间的差异，决定自由时差和总时差。例如，活动 M 的总时差是 9 天，正是其最晚开始（30）和最早开始（21）之间的差异。活动 M 的自由时差是 4 天，是其最早完成（23）和其紧后活动 P 最早开始（27）之间的差距。

关键路径如图 8-2 所示，以双线表示，是由一系列相互连接且总时差为零的活动来定义的。由于这些活动没有可用时差，所以对它们的任何延误都将延迟项目完工日期。因此，它们被称为关键活动。

表 7-3 列出了指导 CPM 进度计划编制过程的基本步骤。要想不做任何调整就能完成每个步骤是几乎不可能的。例如，第 2 步的 CPM 网络图可能需要在评估了第 4 和 5 步的时间和资源后进行一些调整。有些原来计划按顺序执行的活动，为满足时间要求可能需要同时进行。项目经理及其团队必须通力合作，利用现有资源编制一个能达到所需完工日期要求的项目计划和进度计划。

计划和进度计划的步骤 **表 7-3**

1. 编制项目工作分解结构（WBS）
a. 考虑需要时间的活动
b. 考虑需要成本的活动

续表

c. 考虑你需要安排的活动
d. 考虑你想要监督的活动
2. 按照活动必须执行的顺序准备一个网络图
a. 考虑哪些活动是每个活动的紧前活动
b. 考虑哪些活动是每个活动的紧后活动
c. 活动的相互关系是由“工作必须如何完成（约束）”和“你想要工作如何完成”两方面组成
3. 确定完成每个活动所需的时间、成本和资源
a. 审查 WBS 中的工作包
b. 从项目团队成员获得信息输入
4. 计算进度计划，确定开始、完成和时差
a. 执行正推法，以确定最早开始和最早完成
b. 执行逆推法，以确定最晚开始和最晚完成
c. 计算开始和完成时间的差异，确定时差和关键活动
5. 分析项目的成本和资源
a. 计算每个活动和整个项目每天的成本
b. 计算完成项目的每天人工时和 / 或其他资源需求
6. 沟通计划和进度计划的结果
a. 展示活动的时间计划
b. 展示活动的成本计划
c. 展示其他资源的计划

7.8 从 WBS 到 CPM 网络

表 7-3 提供了用来指导编制项目进度计划网络分析系统的基本步骤。建立 WBS 是非常重要的第一步，却常常被人们所忽略。不准备 WBS 就试图开始编制 CPM 网络计划，通常会导致网络计划的反复修改。每个项目经理及其团队都应密切配合，利用现有资源编制一个满足项目完工日期的计划和进度计划。

图 7-3 是一个服务设施项目设计工作的 WBS 例子，包括两个建筑物、室外工程和现场公用设施。图 7-3 展示的是 WBS 的图表格式，图 7-4 展示的是同一个项目的提纲格式。为了满足项目要求，合同策略是利用内部人

员设计现场公用设施、室外工程、和工业维修建筑（以建筑 A 表示）；将商业建筑（以建筑 B 表示）的设计分包给一家外部单位，它将用作员工的办公楼。

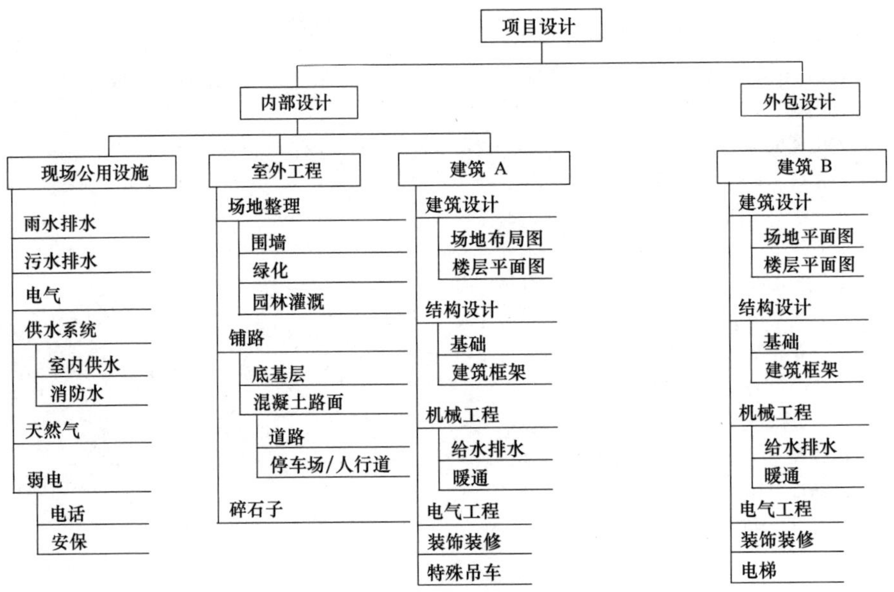

图 7-3　服务设施项目的设计 WBS（图形格式）

1.0　设施维修项目的设计
　1.1　内部设计
　　1.1.1　公用设施
　　　1.1.1.1　雨水排水
　　　1.1.1.2　污水排水
　　　1.1.1.3　电气
　　　1.1.1.4　供水系统
　　　　1.1.1.4.1　室内供水
　　　　1.1.1.4.2　消防供水
　　1.1.2　室外工程
　　　1.1.2.1　场地整理
　　　　1.1.2.1.1　围墙
　　　　1.1.2.1.2　绿化
　　　　1.1.2.1.3　园林浇灌
　　1.1.3　建筑 A
　　　1.1.3.1　建筑设计
　　　　1.1.3.1.1　场地布局图
　　　　1.1.3.1.2　楼层平面图
　　　1.1.3.2　结构设计
　　　　1.1.3.2.1　基础
　　　　1.1.3.2.2　建筑框架
　　　1.1.3.3　机械工程
　　　　1.1.3.3.1　给水排水
　　　　1.1.3.3.2　暖通
　　　1.1.3.4　电气工程
　　　1.1.3.5　装饰装修
　　　1.1.3.6　特殊吊车
　1.2　外包设计
　　1.2.1　建筑 B
　　　1.2.1.1　场地平面图
　　　1.2.1.2　楼层平面图
　　1.2.2　结构设计
　　　1.2.2.1　基础
　　　1.2.2.2　建筑框架
　　1.2.3　机械工程
　　　1.2.3.1　给水排水
　　　1.2.3.2　暖通
　　1.2.4　电气工程
　　　1.2.4.1　管线
　　　1.2.4.2　设备
　　1.2.5　装修装饰
　　1.2.6　电梯

图 7-4　服务设施项目的设计 WBS（提纲格式）

可以看出，WBS 定义了必须要执行的任务和活动，但并未提供执行工作的顺序。这就需要编制 CPM 网络图，来体现 WBS 中活动的顺序和相互依赖关系。网络图可以使用传统绘图技术，也可以使用电脑制作。在电脑上可以使用计算机辅助绘图软件（如 CAD），或者专门的 CPM 进度计划软件（如 P6）。

不管使用什么方法，网络图的最初逻辑关系必须由计划编制人员来安排。简单来说，计划人员必须告诉绘图员或电脑如何绘制网络图。完成这个任务的一个有效方法是，将每个活动写在一个卡片上，并将这些活动卡片钉在一个公告板或办公室墙上。在形成正式的网络图之前，这些活动可以很容易地重新安排和调整，并由关键参与人员进行审查。

图 7-5 是根据图 7-3 所示的 WBS 编制的 CPM 网络图。注意，CPM 中的每个活动都来自 WBS 显示的工作任务。因此，项目经理是围绕要执行的工作来计划项目，这些工作是由执行工作的人来定义的。相关的活动被组合在一起，并按照要执行的顺序排序。例如，建筑图的设计是在结构、机电设计之前。项目开始时活动界面的详细规划对于项目的成功管理非常重要。

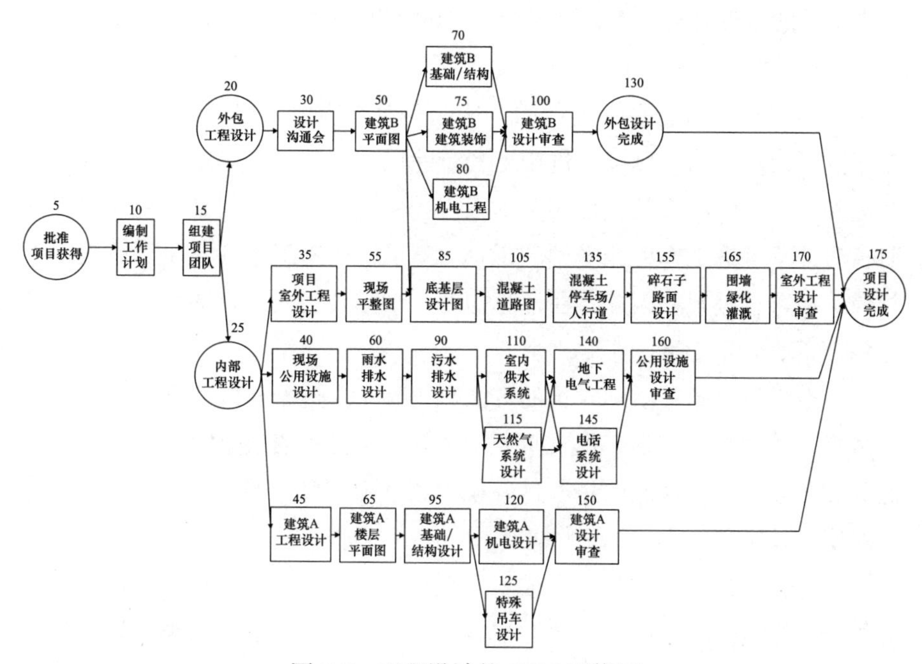

图 7-5　工程设计的 CPM 网络图

CPM 计划的目的是对工作进行计划和指导项目进展，并提供项目控制的基准。后文将讨论通过扩展网络计划来涵盖采购和施工活动，以将 CPM 计划与项目控制联系起来。

7.9 分配合理的时长

CPM 网络计划定义了完成项目需要执行的活动和活动顺序，然而要完成整个项目计划，就必须确定每个活动所需的预计时间。为每个活动分配的时长非常重要，因为关键路径、活动时间、成本分布和资源利用都与活动时长有直接关系。

一个活动所分配的时长跟很多因素有关：工程数量和质量、分配到这个活动的人员和设备数量、工人技能水平、设备可用性、工作环境、工作监督的有效性及其他条件。尽管存在这些变量，但仍需尽最大努力来确定每个活动的合理时长，因为分配到 CPM 网络计划中的活动时长，对进度计划和项目的整体管理有着巨大影响。

项目的很多活动是常规性的，这能相对准确地确定可能的完成时间。对于这类活动，时长可以通过用工程量除以生产效率来确定，生产效率跟分配到这个活动的人数直接相关。很多人常犯的一个错误是，在计算活动时长时，不考虑工作可能受到的干扰。然而，所有工作都会受到耽误、干扰或其他影响因素。因此，在计算的时长中需要加入一定的富余量，以确定每个活动符合实际的时长。

一般来讲，确定活动时长的方法有三种：通过分析以前完成项目的历史数据；通过参考各类工程成本和生产效率定额；或通过执行工作人员的经验和判断。比较理想的是通过各种方法来确定可能的时长，并对结果进行对比，以检查是否存在较大偏差。

设计工作的进度计划是生成最终图纸的全部时间，包括设计计算和设计绘图的搭接时间。如前所述，很多工程师喜欢使用横道图来计划单独的设计任务。但为了项目控制，必须将单独的横道图纳入 CPM 网络计划活动中，以形成项目的整体进度计划。CPM 设计进度计划中每个活动的开始和结束时间，是对这个工作包所有任务的综合考虑。

7.10　计算机应用

CPM 网络图本身能识别活动的顺序，但并不提供计划的开始和结束日期、成本分布或资源的分配。通过对每个活动分配时长、成本和资源，可以很容易地得到这些信息。

目前，有很多 CPM 电脑软件可用来执行必要的计算，以确定活动预计的时间、成本和资源。尽管因软件不同电脑生成的报告的数量、类型、格式有很大区别，但其需要输入的基本数据基本是同样的。需要输入的数据信息包括：活动编号、描述、时长、成本、资源，例如人工时。活动的顺序或逻辑关系是由 CPM 网络图来定义的。输入的数据是设计工作包或承包商项目估算中包含的同样信息。因此，CPM 的计算机应用既适用于项目设计阶段，也适用于施工阶段。

为 CPM 电脑分析必须收集的信息如图 7-6 和图 7-7 所示。图 7-6 是一个简单的污水和供水线项目的 CPM 单代号网络图。选择这个例子的施工活动，是因为它们能够很容易被读者理解。图 7-6 中的每个活动都有时间和成本信息，但为简单起见，没有包括资源。图 7-6 中展示了人工分析的开始和完成时间，以便将这些计算与电脑生成的报告结果相联系。网络图中显示的时间都代表一天的结束。这个项目电脑输入的数据列表如图 7-7 所示。

对这个项目有两个测量班组可用，这就允许活动 130 和 140 可以同时进行。项目只有一套挖掘设备，因此供水线路 A 的开挖工作（活动 170）必须在供水线路 B 的开挖（活动 190）之前进行。其他类似的约束也体现在网络中，这说明在进度计划完成前必须先进行项目计划。

电脑进度计划分析需要输入的数据如图 7-7 所示。输入数据的第一部分定义了与每个活动相关的信息，第二部分定义了活动执行的顺序。也就是活动工序或界面关系。项目名称显示在活动清单的上面，项目开始日期显示在活动顺序清单的底部。

图 7-8 展示的是 CPM 电脑软件生成的典型活动进度计划报告。开始日期代表这天的开始，完成日期代表这天的结束。对每个活动都显示了自由时差和总时差。活动左侧的字母“C”表示它是关键活动。也就是，这个活动没有自由时差和总时差。

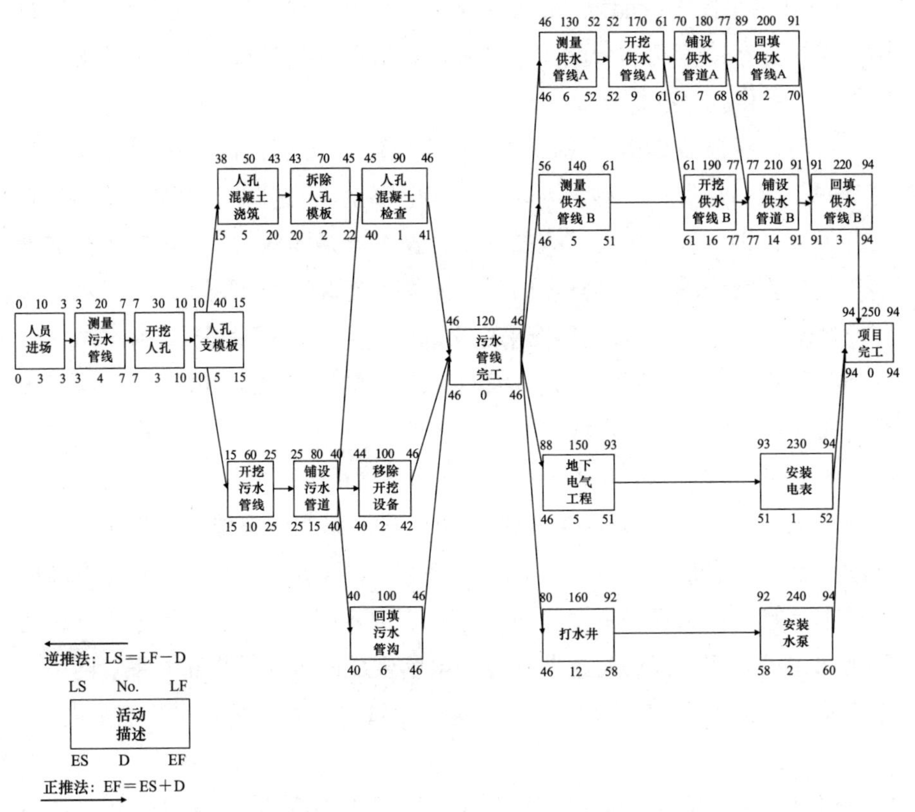

图 7-6　污水供水线项目施工阶段的 CPM 网络图

* * * * * * * * * * *
* *　　输入数据　　* *
* * * * * * * * * * *

项目：污水和供水线工程

活动清单：

编号	编码	描述	时长	成本	分配的开始时间
10	5000	进入场地	3	1400	
20	1100	测量污水线	4	2700	
30	1200	开挖人孔	3	3500	
40	1200	支设人孔模板	5	6000	
50	1200	浇筑人孔混凝土	5	4700	
60	1300	开挖污水管沟	10	12600	
70	1200	拆除人孔模板	2	2100	
80	1400	铺设污水管道	15	11250	
90	1200	检查人孔	1	800	
100	1300	移走开挖设备	2	1400	
110	1500	回填污水管沟	6	3600	
120	5000	污水管道完成	0	0	
130	2110	测量供水线 A	6	4000	
140	2120	测量供水线 B	5	3400	
150	3000	地下电力设施	5	2500	
160	4000	打水井	12	7000	
170	2310	开挖供水管沟 A	9	8800	
180	2410	铺设供水管 A	7	16800	
190	2320	开挖供水管沟 B	16	15600	
200	2510	回填供水管沟 A	2	900	
210	2420	铺设供水管 B	14	33600	
220	2520	回填供水管沟 B	3	2850	
230	3000	安装水表	1	600	
240	4000	安装水泵	2	1400	
250	5000	项目结束	0	0	

活动顺序：

从	到
—	—
10	20
20	30
30	40
40	50
40	60
50	70
60	80
70	90
80	90
80	110
80	100
90	120
100	120
110	120
120	130
120	160
120	150
120	140
130	170
140	190
150	230
160	240
170	180
170	190
180	200
180	210
190	210
200	220
210	220
220	250
230	250
240	250

项目开始日期：2016 年 4 月 1 日

每周五天工作日

没有考虑节假日

图 7-7　污水和供水线项目电脑输入数据

* * * * * * * * * * * * *
* *　活动进度计划　* *
* * * * * * * * * * * * *

项目：污水与供水管线
* * 第一页 * *
所有活动计划
活动进度计划

活动编号	活动描述	时长	最早开始	最早完成	最晚开始	最晚完成	总时差	自由时差
C 10	进入场地	3	2016年4月1日 1	2016年4月5日 3	2016年4月1日 1	2016年4月5日 3	0	0
C 20	测量污水管线	4	2016年4月6日 4	2016年4月11日 7	2016年4月6日 4	2016年4月11日 7	0	0
C 30	人孔开挖	3	2016年4月12日 8	2016年4月14日 10	2016年4月12日 8	2016年4月14日 10	0	0
C 40	支设人孔模板	5	2016年4月15日 11	2016年4月21日 15	2016年4月15日 11	2016年4月21日 15	0	0
50	浇筑人孔混凝土	5	2016年4月22日 16	2016年4月28日 20	2016年5月25日 39	2016年5月31日 43	23	0
C 60	开挖污水管沟	10	2016年4月22日 16	2016年5月5日 25	2016年4月22日 16	2016年5月5日 25	0	0
70	拆除人孔模板	2	2016年4月29日 21	2016年5月2日 22	2016年6月1日 44	2016年6月2日 45	23	18
C 80	铺设污水管道	15	2016年5月6日 26	2016年5月26日 40	2016年5月6日 26	2016年5月26日 40	0	0
90	检查人孔	1	2016年5月27日 41	2016年5月27日 41	2016年6月3日 46	2016年6月3日 46	5	5
100	移走开挖设备	2	2016年5月27日 41	2016年5月30日 42	2016年6月2日 45	2016年6月3日 46	4	4
C 110	回填污水管沟	6	2016年5月27日 41	2016年6月3日 46	2016年5月27日 41	2016年6月3日 46	0	0
C 120	污水管完成	0	2016年6月1日 47	2016年6月6日 47	2016年6月6日 47	2016年6月6日 47	0	0
C 130	测量供水管线A	6	2016年6月6日 47	2016年6月13日 52	2016年6月6日 47	2016年6月13日 52	0	0
140	测量供水管线B	5	2016年6月6日 47	2016年6月10日 51	2016年6月20日 57	2016年6月24日 61	10	10
150	地下电力设施	5	2016年6月6日 47	2016年6月10日 51	2016年8月3日 89	2016年8月9日 93	42	0
160	打水井	12	2016年6月6日 47	2016年6月21日 58	2016年6月22日 81	2016年8月8日 92	34	0
230	安装水表	1	2016年6月13日 52	2016年6月13日 52	2016年8月10日 94	2016年8月10日 94	42	42
C 170	开挖供水管沟A	9	2016年6月14日 53	2016年6月24日 61	2016年6月14日 53	2016年6月24日 61	0	0
240	安装水泵	2	2016年6月22日 59	2016年6月23日 60	2016年8月9日 93	2016年8月10日 94	34	34
180	铺设供水管道A	7	2016年6月27日 62	2016年7月5日 68	2016年7月8日 71	2016年7月18日 77	9	9
C 190	开挖供水管沟B	16	2016年6月27日 62	2016年7月18日 72	2016年6月27日 62	2016年7月18日 72	0	0
200	回填供水管沟A	2	2016年7月6日 69	2016年7月7日 70	2016年8月4日 90	2016年8月5日 91	21	21
C 210	铺设供水管道B	14	2016年7月19日 78	2016年8月5日 91	2016年7月19日 78	2016年8月5日 91	0	0
C 220	回填供水管沟B	3	2016年8月8日 92	2016年8月10日 94	2016年8月8日 92	2016年8月10日 94	0	0
C 250	项目完工	0	2016年8月10日 94	2016年8月10日 94	2016年8月10日 94	2016年8月10日 94	0	0

图 7-8　电脑生成的活动进度计划

7.11 成本分配

为成功地管理项目，必须知道成本针对时间的分布。根据前面部分的内容，最早开始和最早完成、最晚开始和最晚完成是基于活动的时长及顺序进行计算的。成本分析也可以通过分配预计完成每项活动的成本来执行。一项活动的成本可能是分布在整个活动期间，然而活动可能是在一个时间区间内执行，从最早到最晚开始日期开始，至最早到最晚完成日期结束。

因为活动会在一个时间区间内发生，所以成本分析必须基于活动最早和最晚开始，以及目标计划来执行。目标计划是最早开始和最晚开始的中间点。表7-4展示的是污水和供水线项目（如图7-6所示）的最早开始成本分析。针对项目的每一天，将每项在施活动每天的成本进行累加，得到当天的项目总成本。累计项目成本除以项目总成本¥147000，可以获得每天的成本百分比。每日的时间百分比是通过工作天数除以项目总时长94天来计算。对于活动的最晚开始和目标计划，可以进行类似的计算。

尽管对于一个成本分析的计算很简单，但需要的计算很多，就像这个污水和供水线小项目所示，它仅仅有25个活动和94天工期。随着计算机的广泛应用，一个小型电脑就可以对有几百个活动的项目，在2秒内完成所有活动的成本分析计算。

图7-9是表7-4中每日成本分布计算的一个电脑打印图。也可以对其他资源执行类似的分析，例如人工和设备。例如，和图7-11类似，可以使用每日人工时分布来监测每个期间需用工人的多少。项目经理及团队可以尽早发现这些问题，对项目计划做适当的调整，或在必要时增加人员。

一个项目的累计成本图表普遍被称为S曲线，因为它与字母“S”形状相似。最早、最晚和目标累计成本分布可以叠加在一个图表中，以形成时间的包络线，项目成本可能分布在这个区间内（参考图7-10）。这个图表将项目的两个基本元素，时间和成本联系了起来。第三个元素：完成的工作量，也必须要与时间和成本相联系。

以最早开始为基础的项目每日成本计算　　　　表 7-4

项目总时长＝94 工作天

项目总成本＝¥147000. 00

天	时间 %	进展中的活动	项目成本 / 天	累计项目成本	成本 %
1	1.06%	活动 10　¥1400/3 = ¥466.67/天	¥466.67	¥466.67	0.32%
2	2.12%	“　”　“ = ”	“	¥933.33	0.63%
3	3.19%	“　“　” = “	”	¥1400.00	0.95%
4	4.25%	活动 20　¥2700/4 = ¥675.00/天	¥675.00	¥2075.00	1.41%
5	5.32%	“　“　“ = ”	“	¥2750.00	1.86%
6	6.38%	“　“　” = “	”	¥3425.00	2.32%
7	7.45%	“　“　“ = “	“	¥4100.00	2.78%
8	8.51%	活动 30　¥3500/3 = ¥1167.67/天	¥1167.67	¥5267,67	3.57%
9	9.57%	“　“　“ = “	“	¥6433.33	4.36%
10	10.63%	“　“　“ = “	“	¥7600.00	5.51%
11	11.70%	活动 40　¥6000/5 = ¥1200.00/天	¥1200.00	¥8800.00	5.97%
12	12.77%	“　“　“ = “	“	¥10000.00	6.78%
13	13.83%	“　“　“ = “	“	¥11200.00	7.59%
14	14.89%	“　“　“ = “	“	¥12400.00	8.41%
15	15.96%	“　“　“ = “	“	¥13600.00	9.22%
16	17.02%	活动 50　¥4700/5 = ¥940.00/天			
		活动 60　¥12600/10 = ¥1260.00/天	¥2200.00	¥15800.00	10.71%
17	18.09%	“　”　“ = ”	“	¥18000.00	12.20%
18	19.15%	“　“　“ = “	“	¥20200.00	13.69%
19	20.21%	“　“　“ = “	“	¥22400.00	15.19%
20	21.28%	“　“　“ = “	“	¥24600.00	16.68%
21	22.34 %	活动 60　¥12600/10 = ¥1260.00/天			
		活动 70　¥ 2100/2 = ¥1050.00/天	¥2310.00	¥25910.00	18.24%
·	·			·	·
·	·			·	·
·	·			·	·
94	100%			¥147500.00	100.0%

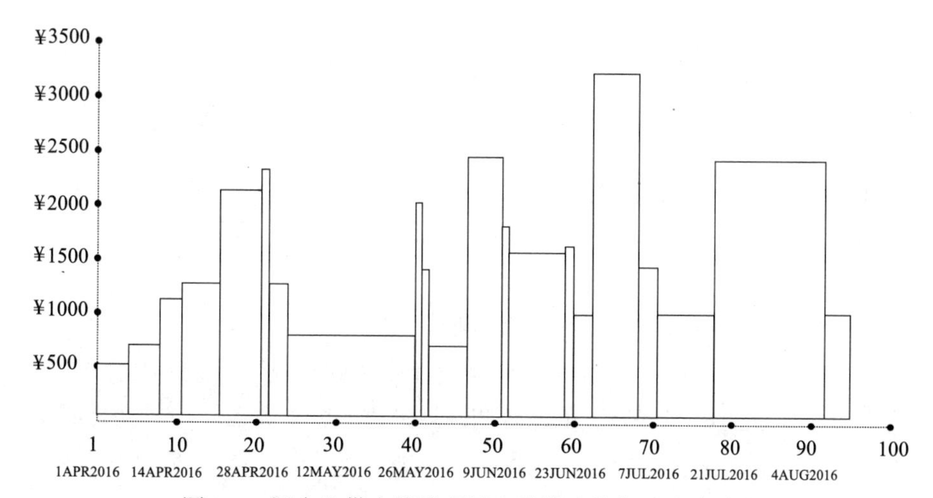

图 7-9 污水和供水管线项目电脑输出的每日成本分布

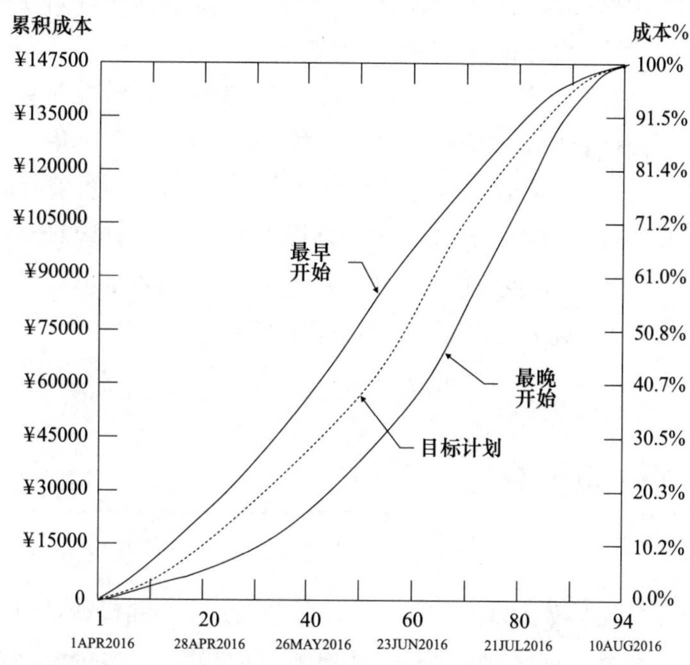

图 7-10 以最早、最晚开始和目标计划为基础的累积成本曲线（示意性 S 曲线）

本部分呈现的报告类型是从很多电脑软件可以得到的典型报告的示例。为得到所描述的这些分析，项目经理必须准备的唯一数据输入如图 7-7 所示。

7.12 设计资源分配

资源的有效利用对于项目的成功非常关键。设计阶段最基本的资源就是设计团队的人工时。项目经理依靠设计团队创造设计方案、制作图纸，编写拟建项目的规范。为了正确协调设计工作的各个方面，项目经理必须确保在需要时能得到正确的技术支持。一般来说，设计团队成员是由各个部门安排到项目上。由于每个设计师经常同时参与几个项目，项目经理就必须针对每个项目编制一个资源分配计划。然后，将这个计划分发到每个成员所属的部门，以保证在需要时能得到每个资源。

项目经理可以对项目计划加载资源，以涵盖每个设计专业所需的人工时数量。资源计划与本章前面呈现的成本分布很相似，只是用人工时取代了成本金额。因此，资源计划就是每个设计专业的人工时针对时间的一个直方图。项目经理应向设计团队的经理提供每个项目的资源计划。然后，设计经理可以整合所有在施项目的资源计划，形成对本部门提供技术支持的需求。这对于在需要时保证有足够的资源储备非常必要。

7.13 施工资源分配

在施工阶段，基本资源是工人、材料和设备。必须保证采购正确数量和质量的材料并在正确时间交付工地现场，才能保证工人的效率。项目要安装的设备经常需要一个较长的生产周期。因此，项目计划应包括施工队伍所需的材料和设备。

现场劳动力操作机械设备并安装材料，人工费常占施工成本的一大部分，因此需要一个资源分配计划，以保证施工期间较高的生产效率。项目经理可以对项目计划加载资源，以便包括每个施工工种所需的人工时。资源计划是人工时针对时间的一个直方图，与前面提到的成本分布直方图类似。

施工进度计划显示预期的工作顺序。然而，为达到更好的可行性，计划也必须包括资源的分配，例如每个工种需要的人工。项目每个工种对人工的需求应均匀分布，尽可能避免不规则性。资源计划可以作为一个工具，来确保项目相对均匀的人工分布。图 7-11 是一个项目简单的横道图，显示每个工作活动、班组个数及每个班组的人数。图 7-11 的下半部分显示在项目中间位置，出现每日人工的不均匀分布。

活动编号	时长（天）	班组个数	班组人数	项目的工作天																								
				1	2	3	4	5	6	7	8	9	10	11	12	13	14	15	16	17	18	19	20	21	22	23	24	25
A	4	1	4	4	4	4	4																					
B	7	2	3			6	6	6	6	6	6	6																
C	9	1	2					2	2	2	2	2	2	2	2	2												
D	7	2	4					8	8	8	8	8	8	8														
E	3	1	5							5	5	5																
F	9	3	4									12	12	12	12	12	12	12	12	12								
G	4	1	5										5	5	5	5												
H	8	3	6														18	18	18	18	18	18	18	18				
I	11	2	4														8	8	8	8	8	8	8	8	8	8	8	
J	4	3	2																				6	6	6	6		
K	6	1	3																				3	3	3	3	3	3
合计				4	4	10	10	16	16	21	21	33	27	27	19	19	35	35	38	38	26	26	35	35	17	17	11	3

每天的工人人数	1	2	3	4	5	6	7	8	9	10	11	12	13	14	15	16	17	18	19	20	21	22	23	24	25
																38	38								
																38	38								
																38	38								
35														35	35	38	38			35	35				
														35	35	38	38			35	35				
									33					35	35	38	38			35	35				
									33					35	35	38	38			35	35				
									33					35	35	38	38			35	35				
30									33					35	35	38	38			35	35				
									33					35	35	38	38			35	35				
									33					35	35	38	38			35	35				
									33	27	27			35	35	38	38			35	35				
									33	27	27			35	35	38	38	26	26	35	35				
25									33	27	27			35	35	38	38	26	26	35	35				
									33	27	27			35	35	38	38	26	26	35	35				
									33	27	27			35	35	38	38	26	26	35	35				
									33	27	27			35	35	38	38	26	26	35	35				
							21	21	33	27	27			35	35	38	38	26	26	35	35				
20							21	21	33	27	27			35	35	38	38	26	26	35	35				
							21	21	33	27	27	19	19	35	35	38	38	26	26	35	35				
							21	21	33	27	27	19	19	35	35	38	38	26	26	35	35				
							21	21	33	27	27	19	19	35	35	38	38	26	26	35	35				
							21	21	33	27	27	19	19	35	35	38	38	26	26	35	35	17	17		
15					16	16	21	21	33	27	27	19	19	35	35	38	38	26	26	35	35	17	17		
					16	16	21	21	33	27	27	19	19	35	35	38	38	26	26	35	35	17	17		
					16	16	21	21	33	27	27	19	19	35	35	38	38	26	26	35	35	17	17		
					16	16	21	21	33	27	27	19	19	35	35	38	38	26	26	35	35	17	17		
					16	16	21	21	33	27	27	19	19	35	35	38	38	26	26	35	35	17	17	11	
10			10	10	16	16	21	21	33	27	27	19	19	35	35	38	38	26	26	35	35	17	17	11	
			10	10	16	16	21	21	33	27	27	19	19	35	35	38	38	26	26	35	35	17	17	11	
			10	10	16	16	21	21	33	27	27	19	19	35	35	38	38	26	26	35	35	17	17	11	
			10	10	16	16	21	21	33	27	27	19	19	35	35	38	38	26	26	35	35	17	17	11	
			10	10	16	16	21	21	33	27	27	19	19	35	35	38	38	26	26	35	35	17	17	11	
5			10	10	16	16	21	21	33	27	27	19	19	35	35	38	38	26	26	35	35	17	17	11	
	4	4	10	10	16	16	21	21	33	27	27	19	19	35	35	38	38	26	26	35	35	17	17	11	
	4	4	10	10	16	16	21	21	33	27	27	19	19	35	35	38	38	26	26	35	35	17	17	11	3
	4	4	10	10	16	16	21	21	33	27	27	19	19	35	35	38	38	26	26	35	35	17	17	11	3
1	4	4	10	10	16	16	21	21	33	27	27	19	19	35	35	38	38	26	26	35	35	17	17	11	3

图 7-11　工人不规则分布

图 7-12 展示的是与图 7-11 同一个项目，只是活动 F 推后 1 天开始，活动 H 提前 2 天开始。通过对项目计划这两个很小的调整，图 7-12 的下半部分就显示出相对均匀的人工分布。针对每个工种可以进行类似的分析，以保证项目人工分布的均匀性。如果一个具体工种的资源分配在图表中显示是平缓的，而对所有工种的资源分配就会显示为“钟”形，如图 7-12 所示。

活动编号	时长(天)	班组数量	班组人数	项目的工作天																								
				1	2	3	4	5	6	7	8	9	10	11	12	13	14	15	16	17	18	19	20	21	22	23	24	25
A	4	1	4	4	4	4	4																					
B	7	2	3			6	6	6	6	6	6	6																
C	9	1	2					2	2	2	2	2	2	2	2	2												
D	7	2	4					8	8	8	8	8	8	8														
E	3	1	5							5	5	5																
F	9	3	4									12	12	12	12	12	12	12	12	12								
G	4	1	5										5	5	5	5												
H	8	3	6												18	18	18	18	18	18	18	18						
I	11	2	4														8	8	8	8	8	8	8	8	8	8	8	
J	4	3	2																				6	6	6	6		
K	6	1	3																				3	3	3	3	3	3
合计				4	4	10	10	16	16	21	21	21	27	27	37	37	38	38	38	38	38	26	17	17	17	17	11	3
																	38	38	38	38	38							
每日工人数量															37	37	38	38	38	38	38							
															37	37	38	38	38	38	38							
35															37	37	38	38	38	38	38							
															37	37	38	38	38	38	38							
															37	37	38	38	38	38	38							
															37	37	38	38	38	38	38							
															37	37	38	38	38	38	38							
30															37	37	38	38	38	38	38							
															37	37	38	38	38	38	38							
															37	37	38	38	38	38	38							
													27	27	37	37	38	38	38	38	38							
													27	27	37	37	38	38	38	38	38	26						
25													27	27	37	37	38	38	38	38	38	26						
													27	27	37	37	38	38	38	38	38	26						
													27	27	37	37	38	38	38	38	38	26						
													27	27	37	37	38	38	38	38	38	26						
										21	21	21	27	27	37	37	38	38	38	38	38	26						
20										21	21	33	27	27	37	37	38	38	38	38	38	26						
										21	21	33	27	27	37	37	38	38	38	38	38	26						
										21	21	33	27	27	37	37	38	38	38	38	38	26						
										21	21	33	27	27	37	37	38	38	38	38	38	26	17	17	17	17		
								16	16	21	21	33	27	27	37	37	38	38	38	38	38	26	17	17	17	17		
15								16	16	21	21	33	27	27	37	37	38	38	38	38	38	26	17	17	17	17		
								16	16	21	21	33	27	27	37	37	38	38	38	38	38	26	17	17	17	17		
								16	16	21	21	33	27	27	37	37	38	38	38	38	38	26	17	17	17	17		
								16	16	21	21	33	27	27	37	37	38	38	38	38	38	26	17	17	17	17		
								16	16	21	21	33	27	27	37	37	38	38	38	38	38	26	17	17	17	17	11	
10						10	10	16	16	21	21	33	27	27	37	37	38	38	38	38	38	26	17	17	17	17	11	
						10	10	16	16	21	21	33	27	27	37	37	38	38	38	38	38	26	17	17	17	17	11	
						10	10	16	16	21	21	33	27	27	37	37	38	38	38	38	38	26	17	17	17	17	11	
						10	10	16	16	21	21	33	27	27	37	37	38	38	38	38	38	26	17	17	17	17	11	
						10	10	16	16	21	21	33	27	27	37	37	38	38	38	38	38	26	17	17	17	17	11	
5						10	10	16	16	21	21	33	27	27	37	37	38	38	38	38	38	26	17	17	17	17	11	
				4	4	10	10	16	16	21	21	33	27	27	37	37	38	38	38	38	38	26	17	17	17	17	11	
				4	4	10	10	16	16	21	21	33	27	27	37	37	38	38	38	38	38	26	17	17	17	17	11	3
				4	4	10	10	16	16	21	21	33	27	27	37	37	38	38	38	38	38	26	17	17	17	17	11	3
1				4	4	10	10	16	16	21	21	33	27	27	37	37	38	38	38	38	38	26	17	17	17	17	11	3

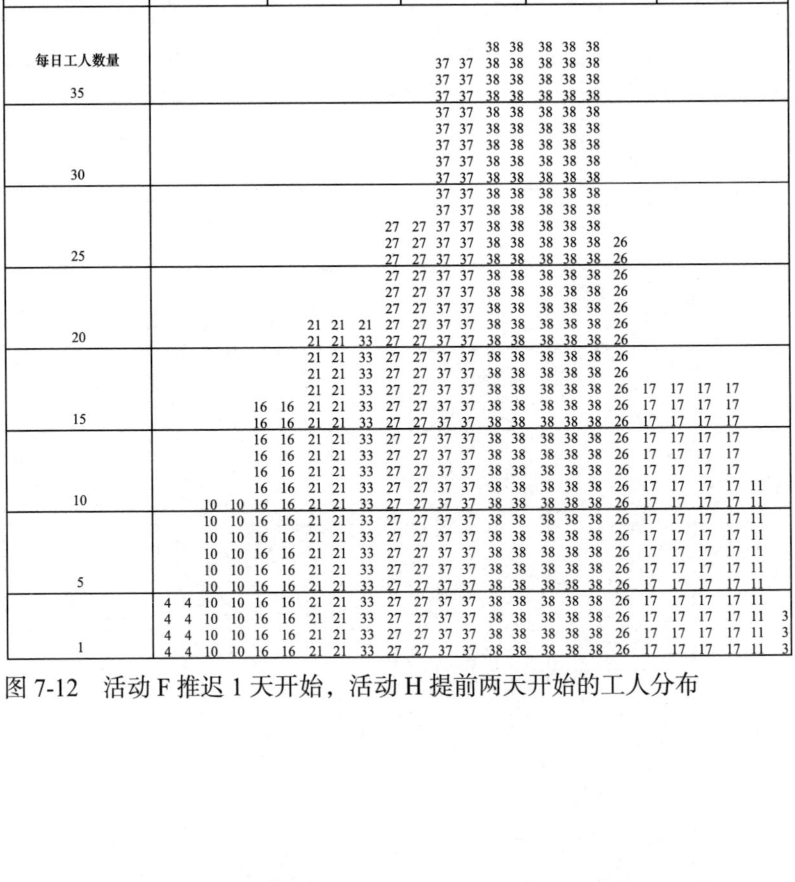

图 7-12　活动 F 推迟 1 天开始，活动 H 提前两天开始的工人分布

7.14　进度计划和成本分布的验算

本章前面部分介绍了计划的原则、进度计划的编制技术、进度计划成本加载以获得成本分布的方法。计划是识别必须执行的活动和活动顺序，进度计划是根据活动时长和相互关系建立活动的开始和完成时间。整个项目生命周期的成本分布，是通过对项目成本估算的活动分配成本而得到。

项目进度计划对于管理项目是至关重要的，因其包含项目所有的关键因素：需要做什么、何时做、花费多少成本。因此，高质量的进度计划和成本估算是成功管理项目的关键。进度计划也是项目计划的焦点。

电脑被用来执行很多 CPM 进度计划的计算，它比较擅长计算活动的最早 / 最晚开始、最早 / 最晚完成时间、总时差和自由时差，以及在最早、最晚和目标计划基础上的成本分布。但是，电脑不能识别活动，也不能确定活动的逻辑顺序。只有人能识别活动及活动之间的顺序。

在向电脑进度计划软件输入数据之前，应对活动清单进行仔细检查，以保证对完成项目的工作进行充分的定义。需要编制一个逻辑网络图并严格审查，确保活动的顺序符合实际情况，以指导现场施工。还应对每个活动分配的时长进行仔细检查，以保证工作在合理的时间内完成。这些工作只能由人来做，电脑无法代替。

人们很容易变得浮躁并且过度依赖电脑。尽管电脑可以在几秒钟内执行大量的计算，但它也非常可能在输入数据时制造很多错误。因此，很有必要检查电脑输出的结果，以保证生成一个高质量的进度计划。示例 7-1 展示了为检查和验证电脑生成的结果而进行的人工计算。例如，很容易对 CPM 网络图执行正推法，来计算一个活动的最早开始和最早完成时间，以检查和验证电脑输出的结果。

[示例 7-1] 项目团队识别了如下所需执行的活动。每个活动的时长是基于工程量、可用资源、班组生产效率。每项活动的成本是基于工程量和以前完工项目的历史成本数据。

活动	时长	成本	前置任务	后续任务
A	2d	¥500	无	B、C 和 D
B	3d	¥900	A	E
C	4d	¥1600	A	F
D	5d	¥500	A	G
E	7d	¥1400	B	H
F	7d	¥1500	C	I 和 L
G	8d	¥2400	D	J 和 K
H	4d	¥800	E	L
I	2d	¥1000	F	N
J	12d	¥3600	G	M 和 O
K	5d	¥2000	G	P
L	6d	¥1200	F 和 H	Q
M	2d	¥900	J	N
N	2d	¥700	I 和 M	S
O	6d	¥1800	J	R 和 T
P	4d	¥1200	K	T
Q	4d	¥2000	L	U
R	4d	¥1600	O	S
S	2d	¥1400	N 和 R	V
T	9d	¥1800	O 和 P	V
U	2d	¥1200	Q	V
V	3d	¥300	S、T 和 U	无

从上述信息可以建立一个 CPM 单代号网络图来计算项目的进度计划。关键路径通过关键活动之间的双线来表示。

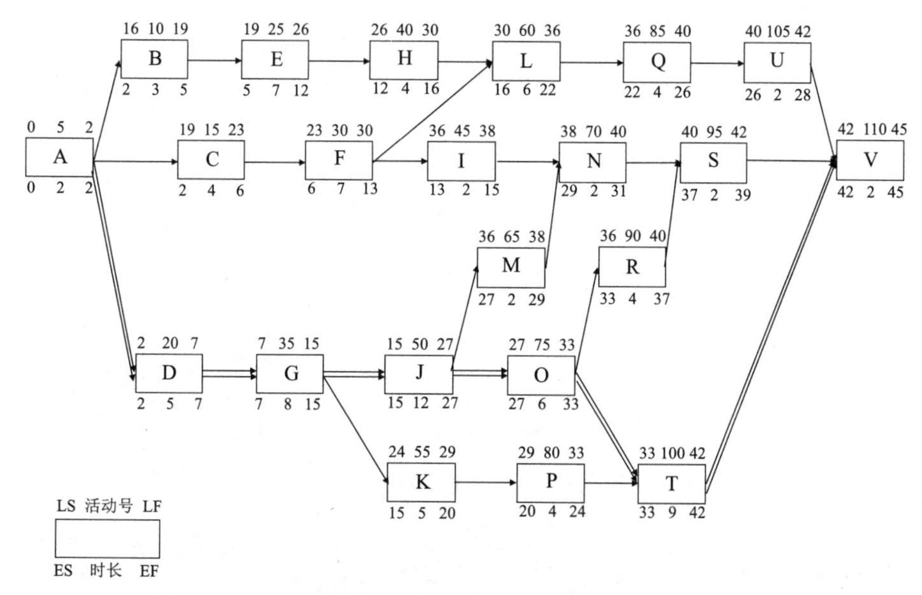

图 7-13　CPM 单代号网络图（所有计算基于 1 天的结束）

根据 CPM 网络图显示的计算可以准备如下的表格，显示每项活动的最早 / 最晚开始、最早 / 最晚完成时间，以及总时差和自由时差。所有的时间计算都是基于工作天的结束。例如，活动 A 在 0 天的结束开始，也就是第 1 天的早上开始。

最早开始是一个活动可以开始的最早时间，它由其紧前活动最早完成时间的最大值决定。最早完成是一个活动可以完成的最早时间，等于最早开始时间加上活动时长。最晚开始是一个活动在不延误项目完工日期情况下，可以开始的最晚时间。它是用最晚完成时间减去活动时长进行计算。最晚完成是一个活动在不延误项目完工日期情况下，可以完成的最晚时间。它由紧后活动最晚开始时间的最小值决定。

总时差是在不延误项目完工日期的情况下，一个活动可以推迟的时间量。它是通过一个活动的最晚完成减去最早完成时间，或最晚开始减去最早开始时间来计算。自由时差是在不延误紧后活动最早开始时间情况下，一个活动可以推迟的时间量。一个活动的自由时差是由其紧后活动最早开始时间减去这个活动的最早完成时间来计算。关键活动是那些总时差和自由时差都为零的活动。关键路径活动在下表的最右侧一栏用“CP”进行标注。

编号	活动	前置任务	后续任务	时长	总成本	（注：所有时间计算是基于工作天的结束）						
						ES	EF	LS	LF	TF	FF	
5	A	无	B，C，D	2	¥500	0	2	0	2	0	0	CP
10	B	A	E	3	¥900	2	5	16	19	14	0	
15	C	A	F	4	¥1600	2	6	19	23	17	0	CP
20	D	A	G	5	¥500	2	7	2	7	0	0	
25	E	B	H	7	¥1400	5	12	19	26	14	0	
30	F	C	I，L	7	¥1500	6	13	23	30	17	0	
35	G	D	J，K	8	¥2400	7	15	7	15	0	0	CP
40	H	E	L	4	¥800	12	16	26	30	14	0	
45	I	F	N	2	¥1000	13	15	36	38	23	14	CP
50	J	G	M，O	12	¥3600	15	27	15	27	0	0	
55	K	G	P	5	¥2000	15	20	24	29	9	0	
60	L	F,H	Q	6	¥1200	16	22	30	36	14	0	
65	M	J	N	2	¥900	27	29	36	38	9	0	
70	N	I,M	S	2	¥700	29	31	36	38	9	6	
75	O	J	R，T	6	¥1800	27	33	27	33	0	0	CP
80	P	K	T	4	¥1200	20	24	29	33	9	9	
85	Q	L	U	4	¥2000	22	26	36	40	14	0	
90	R	O	S	4	¥1600	33	37	36	40	3	0	
95	S	N，R	V	2	¥1400	37	39	40	42	3	3	CP
100	T	O，P	V	9	¥1800	33	42	33	42	0	0	
105	U	Q	V	2	¥1200	26	28	40	42	14	14	CP
110	V	S，T，U	无	3	¥300	42	45	42	45	0	0	

管理层总是对成本和时间都感兴趣。每项活动的成本被分布在这个活动的全部时长内。然而，某些活动可能在最早开始日期开始，而其他活动可能在其最晚开始日期开始。同样地，某些活动可能在最早完成日期完成，而其他活动可能在其最晚完成日期完成。因此，成本可能会按照最早或最晚开始时间来分析。下面就是一个按照最早开始和最晚开始日期的项目成本分析。项目的 S 曲线使用成本百分比和时间百分比来展示成本／时间的关系。

最早开始成本分析

d	最早开始 时间（%）	最早开始 进展中的活动	最早开始 成本（d）	最早开始 累计成本	最早开始 成本
1	2.22%	A@¥250	¥250	¥250	0.83%
2	4.44%	“	“	¥500	1.65%
3	6.67%	B@300 + C@¥400 + D@¥100	¥800	¥1300	4.29%
4	8.89%	“ “ “	“	¥2100	6.93%
5	11.11%	“ “ “	“	¥2900	9.57%
6	13.33%	C@¥400 + D@¥100 + E@¥200	¥700	¥3600	11.88%
7	15.56%	D@¥100 + E@¥200 + F@¥214	¥514	¥4114	13.58%
8	17.18%	E@¥200 + F@¥214 + G@¥300	¥714	¥4828	15.93%
9	20.00%	“ “ “	“	¥5542	18.29%
10	22.22%	“ “ “	“	¥6256	20.65%
11	24.44%	“ “ “	“	¥6970	23.00%
12	26.67%	“ “ “	“	¥7684	25.36%
13	28.89%	F@¥214 + G@¥300 + H@¥200	¥714	¥8400	27.72%
14	31.11%	G@¥300 + F@¥214 + G@¥300	¥1000	¥9400	31.02%
15	33.33%	“ “ “	“	¥10400	34.32%
16	35.56%	H@¥200 + J@¥300 + K@¥400	¥900	¥11300	37.29%
17	37.38%	J@¥300 + K@¥400 + L@¥200	¥900	¥12200	40.26%
18	40.00%	“ “ “	“	¥13100	43.23%
19	42.22%	“ “ “	“	¥14000	46.20%
20	44.44%	“ “ “	“	¥14900	49.18%
21	46.67%	J@¥300 + L@¥200 + P@¥300	¥800	¥15700	51.82%
22	48.89%	“ “ “	“	¥16500	54.46%
23	51.11%	J@¥300 + P@¥300 + Q@¥500	¥1100	¥17600	58.09%
24	53.33%	“ “ “	“	¥18700	61.72%
25	55.56%	J@¥300 + Q@¥500	¥800	¥19500	64.36%
26	57.78%	“ “	“	¥20300	67.00%
27	60.00%	J@¥300 + U@¥600	¥900	¥21200	69.97%
28	62.22%	M@¥300 + O@¥300 + U@¥600	¥1350	¥22550	74.42%
29	64.44%	M@¥450 + O@¥300	¥750	¥23300	76.90%
30	66.67%	N@¥350 + O@¥300	¥650	¥23900	79.04%
31	68.89%	“ “	“	¥24600	81.19%
32	71.11%	O@¥300	¥300	¥24900	82.18%
33	73.33%	“	“	¥25200	83.17%
34	75.56%	R@¥400 + T@¥200	¥600	¥25800	85.15%
35	77.78%	“ “	“	¥24600	87.13%

续表

d	最早开始时间（%）	最早开始进展中的活动	最早开始成本（d）	最早开始累计成本	最早开始成本
36	80.00%	“ “	“	¥27000	89.11%
37	82.22%	“ “	“	¥27600	91.09%
38	84.44%	S@¥700 + T@¥200	¥900	¥28500	94.06%
39	86.67%	“ “	“	¥29400	97.69%
40	88.89%	T@¥200	¥200	¥29600	98.35%
41	91.11%	“	“	¥29800	98.35%
42	93.33%	“	“	¥30000	99.01%
43	95.56%	V@¥100	¥100	¥30100	99.34%
44	97.78%	“	“	¥30200	99.67%
45	100.00%	“	“	¥30300	100.00%

最晚开始成本分析

d	最晚开始（%）一时间	最晚开始进展中的活动	最晚开始成本（d）	最晚开始累计成本	最晚开始一成本
1	2.22%	A@¥250	¥250	¥250	0.83%
2	4.44%	“	“	¥500	1.65%
3	6.67%	D@¥100	¥100	¥600	1.89%
4	8.89%	“	“	¥700	2.31%
5	11.11%	“	“	¥800	2.64%
6	13.33%	“	“	¥900	2.97%
7	15.56%	“	“	¥1000	3.30%
8	17.18%	G@¥300	¥300	¥1300	4.29%
9	20.00%	“	“	¥1600	5.28%
10	22.22%	“	“	¥1900	6.27%
11	24.44%	“	“	¥2200	7.26%
12	26.67%	“	“	¥2500	8.25%
13	28.89%	“	“	¥2800	9.24%
14	31.11%	“	“	¥3100	10.23%
15	33.33%	“	“	¥3400	11.22%

续表

d	最晚开始（%）一时间	最晚开始进展中的活动	最晚开始成本（d）	最晚开始累计成本	最晚开始一成本
16	35.56%	J@¥300	¥300	¥3700	12.21%
17	37.38%	B@¥300 + J@¥300	¥600	¥4300	14.19%
18	40.00%	“ “	“	¥4900	16.17%
19	42.22%	“ “	“	¥5500	18.15%
20	44.44%	C@¥400 + E@¥200 + J@¥300	¥900	¥6400	21.12%
21	46.67%	“ “ “	“	¥7300	24.09%
22	48.89%	“ “ “	“	¥8200	27.06%
23	51.11%	“ “ “	“	¥9100	30.03%
24	53.33%	E@¥200 + F@¥214 + J@¥300	¥714	¥9814	32.39%
25	55.56%	E@¥200 + F@¥214 + J@¥300 + K@¥400	¥1114	¥10928	36.07%
26	57.78%	“ “ “ “	“	¥12042	39.74%
27	60.00%	F@¥214 + H@¥200 + J@¥300 + K@¥400	¥1114	¥13156	43.42%
28	62.22%	F@¥214 + H@¥200 + K@¥400 + O@¥300	¥1114	¥14270	47.10%
29	64.44%	“ “ “ “	“	¥15380	50.77%
30	66.67%	F@¥214 + H@¥200 + O@¥300 + P@¥300	¥1014	¥16400	54.13%
31	68.89%	L@¥200 + O@¥300 + P@¥300	¥800	¥17200	56.77%
32	71.11%	“ “ “	“	¥18000	59.41%
33	73.33%	“ “ “	“	¥18800	62.05%
34	75.56%	L@¥200 + T@¥200	¥400	¥19200	63.37%
35	77.78%	“ “	“	¥19600	64.69%
36	80.00%	“ “	“	¥20000	66.01%
37	82.22%	I@¥500 + M@¥450 + Q@¥500 + R@¥400 + T@¥200	¥2050	¥22050	72.77%
38	84.44%	“ “ “ “ “	“	¥24100	79.54%
39	86.67%	N@¥350 + Q@¥500 + R@¥400 + T@¥200	¥1450	¥25550	84.32%
40	88.89%	“ “ “ “	“	¥27000	89.11%
41	91.11%	S@¥700 + T@¥200 + U@¥600	¥1500	¥28500	94.06%
42	93.33%	“ “ “	“	¥30000	99.01%
43	95.56%	V@¥100	¥100	¥30100	99.34%
44	97.78%	“	“	¥30200	99.67%
45	100.00%	“	“	¥30300	100.00%

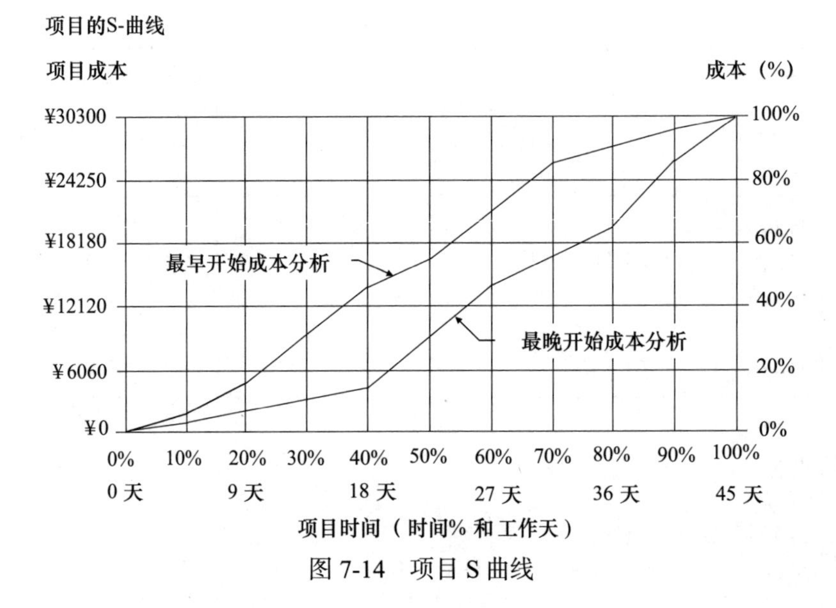

图 7-14 项目 S 曲线

7.15 紧后 / 紧前活动关系

CPM 网络图是展示项目活动顺序的图形表示。绘制 CPM 网络图的目的是模拟工作的逻辑性流动，展示每个活动以及紧随每个活动的一个或多个活动。在活动的关系中，前面的活动称为紧前活动，后面的活动称为紧后活动。在一个纯粹的 CPM 网络中，每个活动之间的关系被假设为完成－开始（F-S）关系。也就是，在开始后续活动之前，紧前活动必须完成。本书前面呈现的所有 CPM 网络图和计算都是基于活动的完成－开始关系，描述的是纯粹的 CPM 逻辑网络关系。

大多常用的 CPM 电脑软件程序提供的不只是完成－开始关系。这些其他关系包括开始－开始（S-S）、开始－完成（S-F）和完成－完成（F-F）。开始－开始关系意味着紧后活动可以同时或不晚于紧前活动开始。完成－完成关系意味着紧后活动可以同时或不晚于紧前活动完成。开始－完成关系意味着紧前活动必须在紧后活动能够完成之前开始。开始－完成关系在建筑工程行业没有实际意义，这里仅仅是体现所有可能的关系。

一个活动对另一个活动的延迟关系被定义为延时。延时是一个活动在其紧前活动开始或完成之后需要推迟的时间量。例如，一个带有 2 天延时的完成－开始关系意味着，紧后活动必须在紧前活动完成 2 天后才能开始。延时可以分配到任何活动关系中，包括完成－开始、完成－完成、开始－完成。另外，延时也可以是负数。提前与延时相反，它是一个活动相对于其紧后活动提前的时间量。因此，使用紧后 / 紧前关系为模拟网络关系提供了很多选择，以体现活动之间的约束以及工作的逻辑顺序。

图 7-15（a）展示了一个带有延时的完成－开始关系模型。这个模型的另一种形式如图 7-15（b）所示，它体现了不使用延时关系得到的同样的结果。因此，在紧前和紧后活动之间加入一个中间活动，很明显可以生成同样的结果。

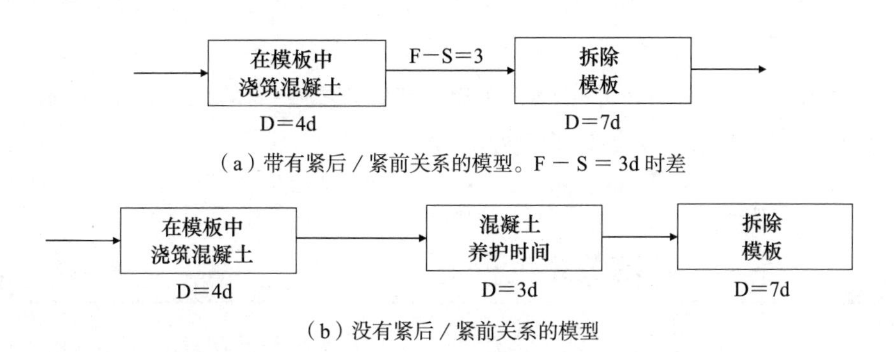

（a）带有紧后 / 紧前关系的模型。F － S ＝ 3d 时差

（b）没有紧后 / 紧前关系的模型

图 7-15　带有和没有完成－开始（F－S）紧后 / 紧前关系的 CPM 网络图比较

开始－开始关系用于搭接活动，允许紧后活动在紧前活动完成之前开始。通过紧前活动与紧后活动的完成日期相连接，完成－完成关系通常与开始－开始关系共同使用。图 7-16（a）展示了两个活动之间带有延时关系的开始－开始和完成－完成关系。图 7-16（b）是没有开始－开始和完成－完成关系的活动模型。因此，对于任何 CPM 网络图，开始－开始和完成－完成关系都可以通过增加活动来取消掉。尽管增加活动可能看起来不太有利，但这些活动能够对工作顺序提供更清楚的理解。

如前所述，开始－完成关系在建筑工程行业没有实际意义，某些电脑软件甚至不允许使用这种关系。

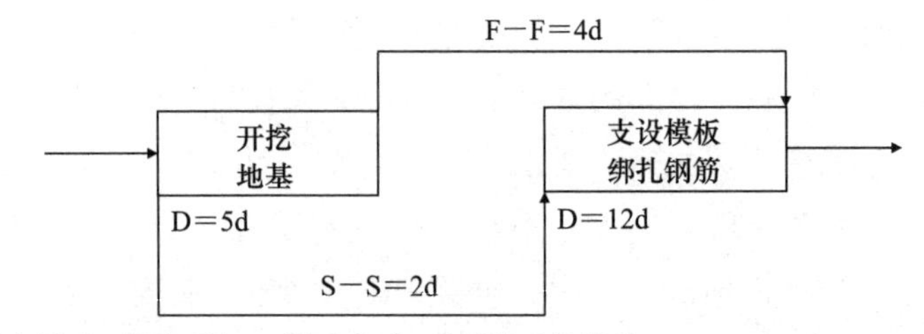

（a）带有紧后 / 紧前开始－开始和完成－完成关系的模型　S－S＝2d 和 F－F＝4d 时差

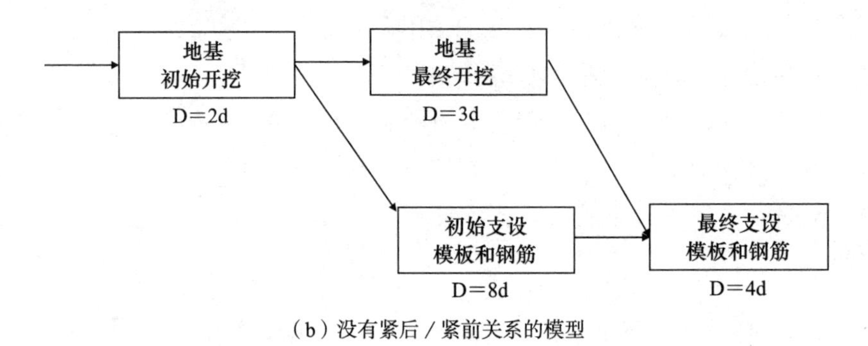

（b）没有紧后 / 紧前关系的模型

图 7-16　带有和没有开始－开始（S－S）紧后 / 紧前关系的 CPM 网络图比较

7.16　紧后 / 紧前关系的问题

活动之间的紧前 / 紧后关系允许同时进行的活动搭接，因而可以减少 CPM 网络计划的活动数量。然而，通过对项目进度计划的活动分配紧前 / 紧后关系，会产生很多误解、混淆和严重问题。经常在项目开始时很好的一个 CPM 进度计划，由于在活动间分配紧前 / 紧后关系，变得不合乎逻辑而且无法使用，尤其是在进度计划更新过程中。

在一个纯粹的 CPM 网络图中，不使用紧前 / 紧后活动约束关系。在进行正推法时，产生紧前活动最早完成日期最大值的路径，成为紧后活动的最早开始时间；在进行逆推法时，产生紧后活动最晚开始最小值的路径，是紧前活动的最晚完成时间。因此，在一个纯粹的 CPM 网络图中，不存在关于活动开始和完成时间的问题。

当在 CPM 网络图中引入了活动的紧后 / 紧前关系，开始、完成和时差可能会由这些关系来决定，这使得计算更加复杂。使用带有正或负延时的紧后 / 紧前活动关系，可以为模拟网络逻辑提供很多选择，但同时也会在进度计划中制造很多误解、混淆和错误。

图 7-17 演示了在模拟多个活动关系时，可能会产生的开始和完成日期的计算问题。必须对每个紧后 / 紧前路径进行评估，以确定开始和完成时间。对图 7-17 中的活动使用正推法，取决于选择的路径，显示活动 B 可以在活动 A 开始后 2d 或 7d 开始。而且，取决于紧后 / 紧前路径的选择，活动 B 的最早完成日期是 9d、12d、14d 或 19d。同样地，逆推法将对这些活动产生多个最晚开始和最晚完成日期。所有这些多个计算结果都会造成混淆和对进度计划的不信任感。

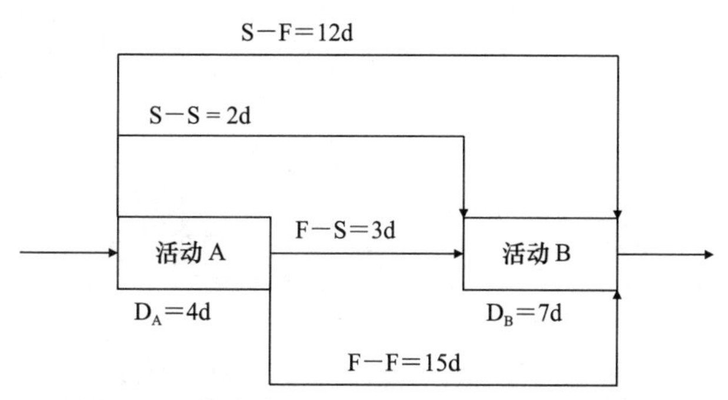

图 7-17　带有多种紧后 / 紧前活动关系的示例

图 7-18 是一个带有紧后 / 紧前关系的基础施工的 CPM 网络图。图 7-19 是同一个工作的纯粹的 CPM 网络图，没有紧前 / 紧后活动关系。这些图就是为说明紧后 / 紧前关系的复杂性。如图 7-18 所示，活动 30 的最早开始时间 10d 是通过最早完成时间最大值减去它的时长。活动 30 的最早完成时间最大值是 16d，这是由活动 20 和活动 30 的完成－完成关系决定的。

当多个开始－开始和完成－完成关系用于紧后和紧前活动的相关性时，总时差和自由时差的计算也非常复杂，需要对这些关系仔细地审查。使用多个关系时，很可能发现很多活动是关键活动，而实际上并不是这样。

对图 7-18 的审查表明所有活动都是关键活动，尽管情况并非如此。图 7-19 是图 7-18 所示同一个工作的纯粹 CPM 网络图。图 7-19 通过活动分劈，取消了开始—开始和完成—完成关系，以显示工作的实际顺序。如图 7-19 所示，与图 7-18 相比较，大部分工作实际上并非关键活动。例如，图 7-19 显示所有支模板是关键工作，但大部分开挖和浇筑混凝土是非关键性的。一个纯粹的 CPM 网络图如图 7-19 所示，能够对工作提供一个准确的描述，不会产生关于开始 / 完成时间、总时差 / 自由时差或关键路径活动的问题。因此，应尽可能使用纯粹的 CPM 网络图，而非使用紧后 / 紧前关系来模拟项目。

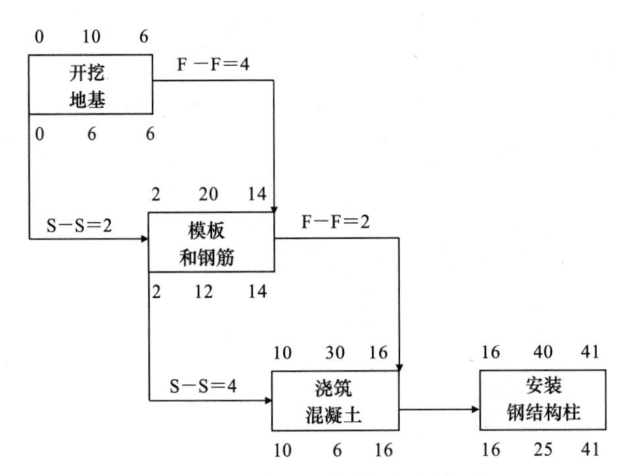

图 7-18 紧后 / 紧前活动关系

（注意所有活动看起来都是关键活动）

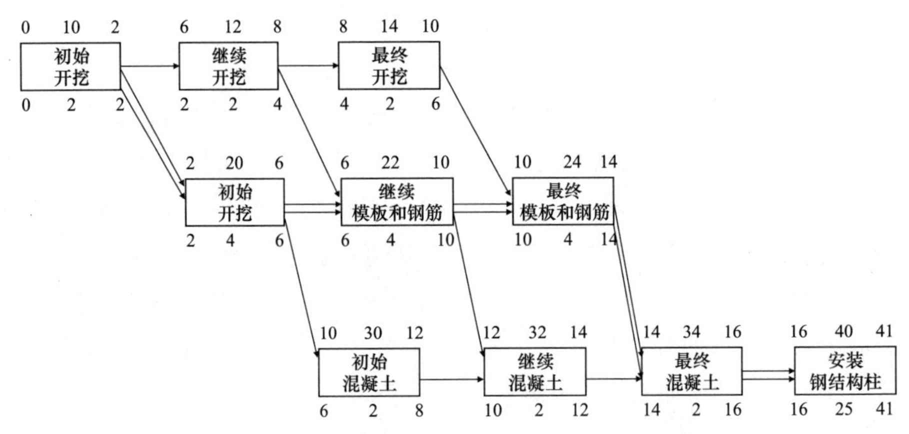

图 7-19 没有紧后 / 紧前关系的纯粹 CPM 网络图

（双箭线代表关键路径活动：10、20、22、24、34 和 40）

不巧的是，针对紧后 / 紧前关系的使用，没有行业标准统一规定如何执行最早 / 最晚开始和完成的计算。每个电脑软件开发商定义其软件使用的运算规则，来确定使用紧后 / 紧前关系的开始和完成日期。由于不同软件包运行不同的计算，很可能对进度计划产生不同的结果，这将制造理解和解释进度计划的问题。因此，在使用紧后 / 紧前活动关系时，要特别地谨慎，因为会产生严重的问题。为防止这些问题发生，应通过简单地增加一些活动而取消紧后 / 紧前关系，以编制纯粹的 CPM 网络图计划。

第 8 章

项目前期成本估算

8.1 前期估算的重要性

在传统管理模式下，设计单位受业主委托，进行项目前期的可行性研究和设计工作。由于项目成本与设计单位关系不大，所有前期估算未受到应有的重视。常因前期成本估算不实，导致项目实施乃至运营阶段成本超支严重，给业主投资决策的正确性画上了问号，也对可研和设计咨询企业的信誉造成不良影响。

对于设计和施工项目，准确的前期成本估算对业主和设计团队都极其重要。对业主来说，前期成本估算常是商业决策的依据，包括项目开发策略、潜在项目筛选，以及对项目开发进一步的投入。不准确的前期估算会导致机会丧失、开发努力偏废和低于预期回报。

前期估算对设计团队之所以重要，因为它是关键的项目参数之一。它帮助形成实施策略，并对设计和施工的计划提供基础。随着项目从设计进入到施工阶段，前期估算常作为一个基准，来识别项目的变更。另外，项目团队绩效和项目整体成功，通常根据完工成本与前期估算对比来进行衡量。

前期估算分类如下。

基于项目开发的阶段，一个项目会有很多次估算和重新估算。成本估算贯穿一个项目的整个生命周期，从第一次估算开始，经过各个设计阶段，一直进入施工阶段（如图 8-1 所示）。最初的成本估算成为所有后续估算对比的基础，人们常期望后续估算与初始估算保持一致（同等或少于）；然而，经常会事与愿违，项目最终成本会超出最初估算。这里所说的最初估算包括投标估算。

不同组织对成本估算使用不同的名称，但至今还没有统一的行业标准，来提供成本估算的定义。一般来说，前期估算被定义为：可行性研究之后，详细设计完成之前的估算。

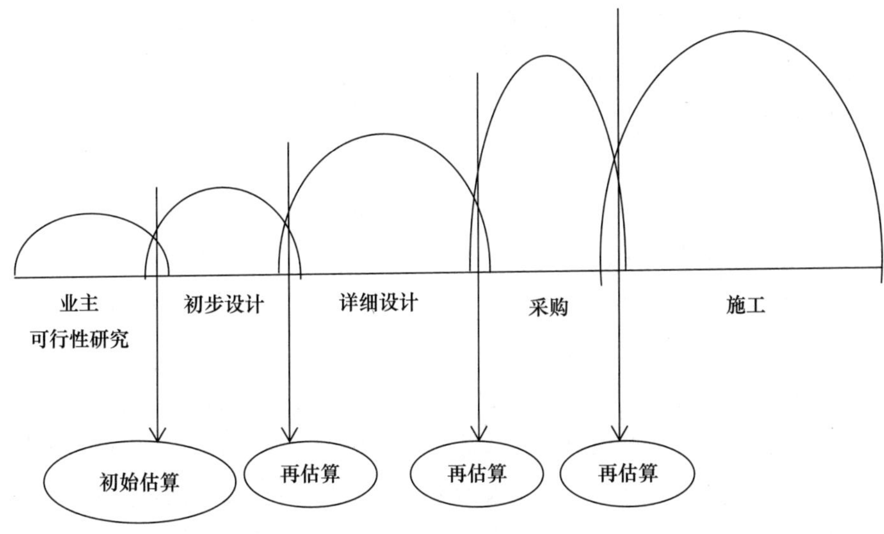

图 8-1　项目开发各阶段的初始估算和再估算

每个公司都会定义成本估算的名称，并确定使用的偏差百分比，有几个组织也定义了成本估算的分类。两个成本估算分类的例子是，成本工程国际发展协会（AACE）如表 8-1 所示和美国建筑行业协会（CII）如表 8-2 所示的分类。

AACE 国际成本估算等级　　**表 8-1**

估算等级	项目定义程度	最终用途（估算的主要目的）	期望的准确范围
第 5 级	0 ～ 2%	概念筛选	−50% ～＋100%
第 4 级	1% ～ 5%	可行性研究	−30% ～＋50%
第 3 级	10% ～ 40%	预算、授权或控制	−20% ～＋30%
第 2 级	30% ～ 70%	控制或招标投标	−15% ～＋20%
第 1 级	50% ～ 100%	估算检查或招标投标	−10% ～＋15%

建筑行业协会成本估算定义　　**表 8-2**

估算等级	百分比范围	描述 / 方法
数量级估算	±30% ～ 50%	可行性研究－成本 / 容量曲线
要素估算	±25% ～ 30%	主要设备－应用于成本的因素
控制估算	±10% ～ 15%	根据机电 / 土建图纸数量
详细估算	± < 10%	基于详细图纸

总体来说，前期估算是指详细设计完成之前编制的估算，这个定义适用于 AACE 国际的类别 5、类别 4 和类别 3 估算，也适用于 CII 描述的数量级和要素估算。

8.2 估算工作过程

估算是一个过程，就像任何工作一样，都需要一个最终成果。必须以一个有组织的方式，对信息进行收集、评估、记录和管理。为使这个过程更加有效，必须在关键时点定义和收集关键信息，准备估算的基本要素如表 8-3 所示。

准备估算的基本要素 **表 8-3**

1. 成本估算准备过程的标准化
2. 团队与客户关于目标的沟通
3. 选择与期望的准确度匹配的估算方法
4. 项目数据收集和历史成本数据的确认
5. 将估算组织成期望的格式
6. 估算依据、准确度等的记录和沟通
7. 估算审查和检查
8. 项目执行过程的反馈

这些概念在图 8-2 所示的估算工作过程得到体现。估算工作过程的第一步是沟通，在开始估算之前，估算团队和客户（估算的使用者，可能是业主或总承包商）之间必须建立沟通。如后文所述，早期的交流和沟通是为了确保对客户的期望有清楚的理解，并评估估算团队满足这些期望的能力。密切沟通有助于减少由于误解而引起的估算不准确性，也帮助建立估算工作计划和人员需求。估算启动会为建立沟通提供了一个极好的场合和机会。

一个成功的过程对要执行的工作和预期的成果提供清晰的理解。前期估算的范围定义水平相比后期估算要低，所以客户和估算人员之间，针对范围定义的水平，必须达成相互的理解。估算人员必须基于现有范围定义水平，与客户沟通预期的准确度范围。

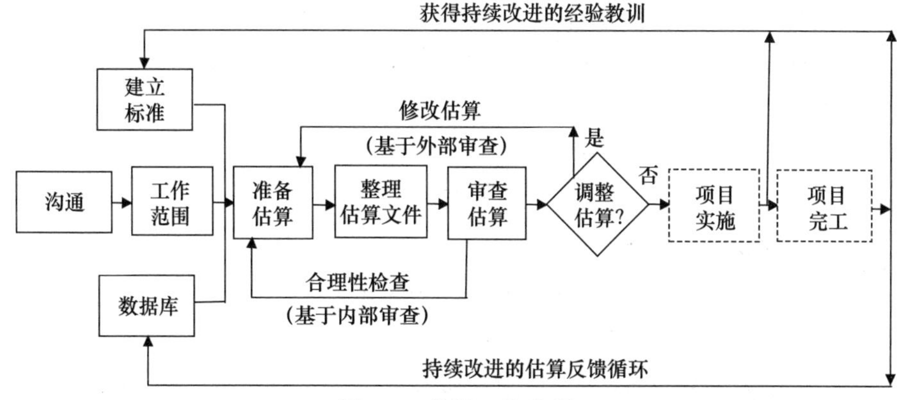

图 8-2　估算工作流程

开始估算前应准备一个估算工作计划，这个计划可以在范围定义沟通后进行。估算工作计划识别准备估算所需的工作，包括谁来做、何时做、预算多少，也包括针对这个范围定义水平所期望的估算准确度，需采用的工具和技术。估算团队的领导要负责编制估算工作计划。

在准备估算的过程中，估算团队和请求估算方之间必须有双向沟通。估算团队必须让请求方了解工作进展，而请求方必须回答估算团队过程中提出的问题。估算过程能帮助请求方识别出不确定的方面，以及需要的额外信息或关于项目的假设。

在估算完成后，应准备一个定义估算依据的文件。估算文件对于汇报、审查和未来估算使用都非常重要。估算文件能改善项目参与者的沟通，建立估算审查机制，并形成项目前期成本控制的依据。估算团队应制定一个成本估算报告的标准化格式，便于内部业务部门和设计管理层的理解。

风险储备金是必须加在基础估算之上的一定金额，来应对风险和不确定性。评估风险和分配风险储备金，是准备前期成本估算最重要的任务之一。通常，风险分析是分配风险储备金的前提条件。基于可接受的风险和预期的自信程度，为成本估算设立风险储备金。项目的主管造价师必须评估每个项目的独特性，并选择认为最适当的风险分析技术。

如果没有如图 8-2 所示的持续反馈循环，估算过程就不会完成。为了改善估算结果，就必须使其成为持续的循环。在反馈体系中，必须收集已完工项目的实际信息，将其整合到成本数据库中，以便未来成本估算使用。

项目实施期间的经验教训总结，也必须记录并纳入估算标准和程序中，施工过程的经验教训应反馈到估算团队，以使他们为将来项目估算建立更好的标准。

8.3 沟通对估算的重要性

团队和客户之间及早地沟通，对于任何估算，特别是前期估算的成功至关重要。尽早沟通，对于保证理解客户期望和团队满足这些期望的能力非常必要，表 8-4 提供了团队沟通的好处。

团队沟通的好处 **表 8-4**

1. 客户和团队就项目参数建立明确的理解
2. 帮助确定估算团队完成任务所需的努力程度
3. 使估算团队能够建立一个工作程序和人员计划，以便提供满足客户期望的可交付成果
4. 突出那些可能在估算过程中不会考虑到的问题
5. 改善并记录范围定义水平，以及那些已知的项目信息
6. 帮助客户理解估算中包括了什么，不包括什么
7. 明确所有团队成员和客户在估算过程中的责任
8. 有助于在项目团队和客户之间建立凝聚力

为了达到沟通的目的，必须进行特殊的努力，来解决可能影响团队工作及客户对估算内容理解的问题。这可以通过在开始估算前，进行双向和公开沟通来达到。

项目范围定义水平是早期必须解决的关键问题之一，因为估算的准确度直接取决于范围定义。客户必须提供对估算期望的准确度要求和细节。估算团队必须清楚地告诉客户需要其提供什么。客户也必须定义团队所需的可交付成果，以及基于这个估算要做的决策类型。需要及早解决的关键问题如表 8-5 所示。

估算启动会是回答表 8-6 中的问题，以达到沟通目的的有效方法。客户和团队之间的启动会，针对客户期望和团队满足期望的能力，提供信息的交流。启动会之后定期的进度会议，可以保证整个估算过程的持续沟通。

准备前期估算的关键问题　　表 8-5

1. 项目范围定义的详细程度如何
2. 客户期望的准确度和细节是什么
3. 估算工作需要什么可交付成果
4. 基于估算将做什么决策

估算启动会的问题清单　　表 8-6

1. 客户的动机和期望是什么
2. 项目范围定义水平是什么
3. 客户期望的准确度和细节是什么
4. 估算需要的可交付成果是什么
5. 基于估算将做什么决策
6. 本项目有独特的或不寻常的特征吗
7. 估算需要完成的日期，以及项目开竣工的预计日期是什么
8. 项目团队需要的机密性程度是什么
9. 客户的联系人是谁
10. 与团队有界面关系的其他单位是什么
11. 有协助估算团队的其他信息来源吗
12. 准备估算的预算是多少，由谁来支付
13. 以前编制过类似项目的估算吗
14. 客户提供的什么内容需要从估算中剔除
15. 客户提供的什么成本需要包括在估算中
16. 准备估算有具体需要使用的指导手册吗
17. 有影响成本和进度的特殊许可证要求吗
18. 有任何影响项目最终成本的特殊融资要求吗
19. 有其他可能影响项目成本和进度的问题吗
20. 为满足预期的准确度，需要做什么程度的努力

项目管理层应在客户和团队之间建立公开沟通，以协助识别和记录需要解决的问题。客户较早地参与将减少向团队发出自相矛盾指令的可能性。沟通需要团队和客户的共同努力，前期估算沟通常见的问题如表 8-7 所示。

准备前期估算团队沟通的常见问题　　表 8-7

1. 前期估算受到团队之外人员先入为主概念的严重影响
2. 在估算过程早期未包括决策人员
3. 未能及早解决问题
4. 对估算团队过多约束，例如准备估算时间不足或缺乏成本数据

续表

5. 没有召开估算启动会
6. 未能识别估算团队需要的信息
7. 基于信息水平、估算方法或其他影响估算的因素，对期望的准确度理解不够
8. 未能有效识别估算的成本和范围
9. 未能识别将不包括在估算中的范围
10. 未能针对使用的估算方法进行沟通

8.4 范围定义和前期估算

详细的范围定义对于准备估算极其重要，然而早期估算通常是基于非常有限的范围定义，以及有关项目的少量信息来编制。

众所周知，任何估算的准确度都取决于准备估算时项目已知信息的多少。任何成本估算通常会分配一个准确度区间（± 百分比）。随着项目生命周期信息数量和质量的增加，这个区间会变窄。这就说明估算准确度是已有信息（范围定义）的应变量，这在设计和施工行业已是不争的事实。

在过去几十年间，曾有大量强调范围定义重要性的刊物出版。范围定义不详被认为是成本超支、延期完工、过多返工、不必要争议、较差团队沟通，以及其他与设计和施工相关问题的根源。

不过，应认识到确定范围定义水平是一个渐进的活动。它从项目启动开始，这时项目仅是业主对要生产产品的一个想法。随着设计进展，范围定义水平不断提高。因此，前期成本估算常具有高度的可变性。

尽管详细范围定义对编制估算很重要，但项目团队的技能经验和估算程序也起着重要作用。图 8-3 说明让团队在项目早期阶段介入的重要性，这时范围定义水平还较低。客户必须依赖团队的经验技能来编制准确的前期估算，因为在项目早期范围定义程度低且常常很不全面。估算人员必须应付有限的范围定义，并明确向客户沟通用于估算的范围定义水平。

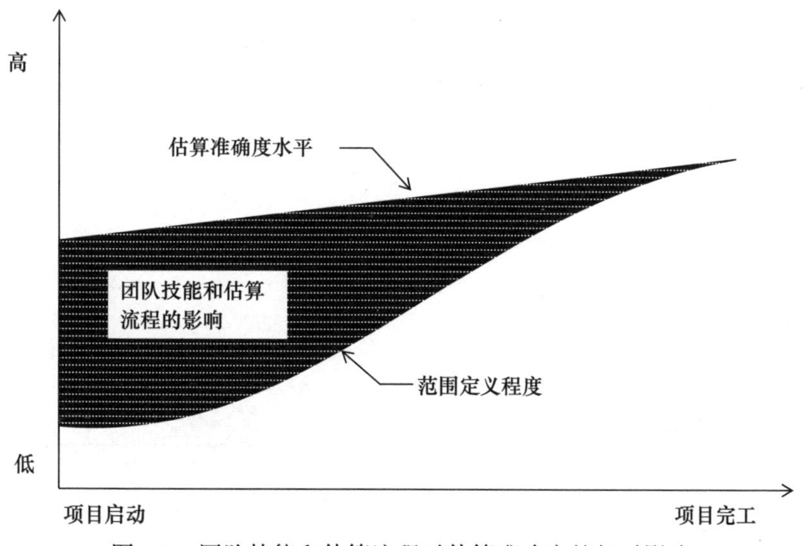

图 8-3　团队技能和估算流程对估算准确度的相对影响

8.5　准备前期估算

准备估算时应讨论、定义和记录的问题如表 8-8 所示。在估算准备过程中，执行定期的“合理性检查”相当重要，以确保计算的成本在合理范围内。基于估算人员经验和对项目的熟悉程度，可能包括：

- 对合理性进行“直观性”检查
- 与类似项目进行对比
- 与行业数据进行对比（成本 / 每平方米，成本 / 每兆瓦，间接 / 直接成本等）
- 检查比率，例如：照明成本 / 灯具、消防成本 / 消防喷头等

一旦估算完成，应对整个估算文件包进行详细审查，包括：支持性资料、假设、单价、生产效率指标等。估算也应针对项目进度计划进行检查，以确保相互一致。

准备前期估算的事项　　表 8-8

准备前期估算的事项
1. 准备估算的工作计划
2. 在这个估算中要包括和排除的成本 / 范围
3. 估算方法、工具和技术
4. 估算的预期准确度
5. 允许准备估算的时间限制
6. 团队准备估算所需的信息
7. 准备估算的角色和责任
8. 向客户呈报估算的格式
9. 准备估算的进度计划，包括： A. 启动会、估算审查、审批 B. 信息和可交付成果提交的里程碑节点

8.6 成本估算的组织

预算主管负责启动并领导准备估算的计划编制工作。在大部分情况下，高质量的成本估算需要具有设计或技术背景的专业成本估算师来编制。正如任何技术专业一样，成本估算也需要具体技能、培训和经验。估算团队及早地介入项目，对于业务开发过程相当重要。

建筑行业的项目成本估算，通常是由具有不同岗位名称、职责和职能的人员编制。取决于每个公司的规模和需求，准备估算的人员可能独立工作，或是本公司的一部分，他们可能集中在一地或多地办公。在某些情况下，他们也可能会由不同的组织进行整合，或者可能在同一个集团内工作。

估算人员的集中或分散有利也有弊。估算在哪里准备，远不像谁在准备或编制估算的流程那么重要。而重要的是，要对估算过程执行并维持有效的控制。如下程序必须到位：

- 在估算人员中传播知识并分享经验；
- 在估算人员中分配并分担工作责任，以提高效率；
- 为了控制质量，要对工作进行审查、检查和批准。

及时的信息交流非常关键，以确保有最新的价格数据、数据库和反馈信息。准备估算需要多个专业的技能和经验。一个有效的组织应包括：关键专业人员、估算人员以及具有估算知识的管理人员。有效的团队必须能够准备、审查、检查和批准估算工作。同一个团队也必须整理经验教训，以便改善估算过程并提高效率。

8.7　建立估算工作计划

有效的估算工作管理，需要计划、进度计划和控制。项目估算工作计划由估算团队领导负责制定，它是指导团队编制准确估算并改善估算流程的指导文件。它识别出编制估算需要完成的工作：谁来做、何时做及编制估算的预算。

估算工作计划对每个项目都是独特的，要基于具体的项目参数和要求。图 8-4 展示了估算工作计划应包括的信息类型。估算工作计划应包括足够的细节，以使所有团队成员理解对他们的期望是什么。当工作计划完成后，它将成为协调估算工作的文件，以及控制和维持估算过程的依据。

在准备前期估算时，预算员的技能水平及其对要估算的设施类型的经验是极其关键的。任何估算的质量会受制于如下的一些主要因素：

- 准备估算可用的信息质量和数量；
- 准备估算的时间安排；
- 估算人员和团队的熟练程度；
- 用于估算的工具和技术。

通常，对估算的技术定义和完成日期，是由估算团队以外的人决定的。因此，这两个因素可能超出了估算人员的控制。然而，估算人员可以决定估算所采用什么工具和方法。估算方式方法的选择，应与业主期望的准确度以及时间约束相匹配。

估算团队应制定一个标准化的成本估算呈报格式，包括：详细程度及工程设计、非标设备、大宗材料、施工直接费和间接费、业主成本、涨价、税收和不可预见费的汇总。计算机软件（包括电子表格、成本估算软件）

为编制和呈报成本估算提供了统一的格式。统一格式可以提供如下好处：

- 减少准备估算的错误；
- 加强类似项目估算对比的能力；
- 帮助更好地理解估算内容；
- 对将来收集成本数据提供结构化的体系。

估算工作计划

项目名称：____________

项目编号：____________

客户名称：____________

需要的估算类型
- 期望的准确程度
- 所需的努力程度
- 估算可交付成果

需提供的估算服务
- 内部资源估算可交付成果
- 外部资源估算可交付成果

编制估算的预算
- 估算人员的预计人工时
- 估算工作的非工资预算

准备估算的所需人员
- 估算负责人
- 内部和外部资源
- 评审日期要求
- 客户要求日期

估算方法
- 工具
- 技术
- 方法
- 程序

估算控制
- 范围定义水平
- 检查清单
- 评审流程

演示汇报
- 估算文件格式
- 听汇报的人

图8-4　估算工作计划包括的典型内容

估算的表述格式很重要，必须能容易地被业务和设计经理以及外部客户所理解。使用标准化格式来呈现，能促进所有项目参与者之间的沟通，以及对估算所包含内容的更好理解，这对基于估算做出正确决策相当必要。

8.8　估算方法和技术

选择准备前期估算的方法，取决于范围定义水平、准备估算的时间、预期准确度及估算的用途。各个行业都有很多不同方法可以选择，其中在工业领域，普遍采用如下几种方法：

- 成本容量曲线法；
- 指标容量比率法；
- 单位生产量成本法；
- 设备要素估算法；
- 计算机生成估算法。

因行业领域不同，所适用的方法差别较大。在建筑和基础设施领域，有很多针对前期阶段的成本估算方法，已在行业内广泛使用。此处不再对前四种方法做详细论述，感兴趣的读者可以参阅相关书籍进一步学习。下面仅就计算机生成估算做一简单介绍。

针对不同行业的资产成本估算，有很多商用计算机软件系统，包括：工业、房屋建筑、基础设施领域。这些系统可能很简单或非常复杂，大多数软件包可以在个人电脑操作，并配以在每年基础上更新的成本数据库，还有更灵活的系统允许购买者进行数据库的客户化。

高级的软件包可用于帮助估算人员生成详细的材料数量、设备和材料成本、施工人工时和成本、现场间接费及设计人工时和成本。详细数量和成本的输出结果可用于早期项目控制，这在详细设计开始前的项目前期非常必要。由于某些系统允许将供应商成本、工程数量、项目规范、现场条件等输入到软件中，所以估算的准确度会大大提高。为了使这些软件的作用最大化，应尽量减少系统默认值的使用，并用如下的定义来替代：

- 规范、标准、基本方法和采购理念；
- 设计理念；
- 初始的厂区图（如果有），以及与结构、建筑、自动化和控制相关的理念等；
- 详细的范围定义；
- 现场和土质情况；
- 当地劳工情况（成本、效率、间接成本等）；
- 分包理念。

要想熟练应用软件，就需要频繁地使用；并且，用户应将计算机生成的结果与其他估算技术得到的结果做对比，以确定软件的局限性和缺陷。一旦知道了这些缺陷，就可以采取纠正措施来消除或减少这些缺陷。为了使用软件准备前期估算的价值最大化，应考虑如下一些因素：

- 电脑软件数据库中的单位成本和安装人工时与公司数据库相匹配，并作为基准；
- 建立与公司设计标准相对应的系统默认值；
- 创建一个估算软件结果与公司科目编码和格式可转换的程序。

通过采取上述建议，估算软件结果的可信度会大大提高，这将使计算机生成的估算结果更加一致和可靠。

也有一些非商用的电脑软件系统，特别是电子表格程序，用以编制前期估算。尽管很多软件并非商用，但被很多业主或承包公司开发并广泛应用。

8.9 估算检查清单

检查清单是减少潜在成本漏项的一个有用工具。它通过以下方式来提醒估算人员：

- 列出准备前期估算所需的信息；
- 列出估算中可能需要的其他零星成本项；
- 列出可能需要，但在估算定义中未明确的项目范围。

准备工业领域项目估算所需的信息清单可能包括：单元类型、供料容量和项目地点。对于电脑生成的估算，所需信息包括土质和现场数据、建筑要求、厂区平面图尺寸和其他具体设计要求。对于建筑领域的项目，准备估算的信息清单可能包括：建筑类型、建筑的功能用途、使用人数、项目地点等。

工业项目典型的零星成本例子包括：备品备件、催化剂、化学制剂、许可证和培训。那些可能需要，但在定义中未识别的范围内容可能包括某些公用和辅助系统，例如，特殊蒸汽系统、冷却、润滑和密封油系统等。

检查清单对与客户的初次沟通会议特别有用，可以作为讨论的内容。检查清单还可以通过识别重点强调的内容，来协助估算人员准备估算工作计划。表 8-9 是一个工业项目前期估算检查清单的示例。

工业项目前期估算检查清单　　表 8-9

1. 工艺单元描述
2. 工艺许可证
3. 供料容量
4. 生产容量
5. 产品产量
6. 工艺单元地点的公用设施水平
7. 供料规范
8. 多个单元的整合
9. 流程压力和温度运行水平
10. 未来扩容的考虑
11. 为多种或不同供料的考虑
12. 单车相对于多车概念
13. 项目地点
14. 零星成本（配件、培训、化学制剂等）
15. 其他内容

8.10　估算文件

在估算过程中，有效沟通是必要的。应编制一个支持文件用于汇报、审查和未来估算使用。成本估算的完整文件将形成项目控制的基础，因而在项目实施期间可做出更具成本意识的决策，以便改善项目的整体效果。

不准确的成本估算常是由成本省略、信息误解或未沟通的假设等引起。估算文件将通过如下方面降低这些不准确性：

- 改善所有项目参与者之间的沟通；
- 建立估算审查机制；
- 形成项目控制的坚实基础。

在估算准备过程中，准备文件的行动本身即可促进各参与方的沟通：估算人员、范围定义人员、项目经理、客户等。估算文件将通过如下方面改善估算的效果：

- 共享信息；
- 识别需要澄清的内容；
- 帮助估算人员获得与准备估算所需的信息；
- 避免估算包括什么和不包括什么的混淆；
- 为将来估算提供有用信息；
- 指出估算不足的方面；
- 增加估算的可信度。

文件的某些部分可能需要估算师以外的人员编制，例如，书面范围由定义项目的人员负责；报价可能需采购人员获得；工费信息可能需现场人员提供，但估算人员对收集和整理这些信息负全面责任。与信息提供者共同审查并澄清这些信息，将提高估算的准确性。

应准备一个标准的默认格式，来组织和准备成本估算文件。对于不同类型的估算，应使用不同的标准。编制、使用、存储文件的过程，应纳入成本估算工作程序中。文件包括的内容如表8-10所示。

前期估算的建议文件 **表8-10**

1. 呈报成本分类（编码）的标准格式—汇总表和支持文件
2. 估算依据—明确说明组成估算的内容
3. 准确度—估算期望的水平
4. 风险储备金的依据—风险分析等
5. 估算的界限—估算的限制

续表

6. 工作范围—用于准备估算的范围定义水平
7. 人工费率—分解和工费依据
8. 假设的数量—概念阶段等
9. 适用的涨价—涨价的日期和依据
10. 工作进度计划—班次、加班等，与里程碑节点相匹配
11. 其他支持信息—报价、支持数据、假设
12. 使用的检查清单
13. 成本分类的描述—准备估算的编码
14. 排除的成本项—从成本估算中排除的内容

8.11 估算评审

严格的估算评审将增强估算的可靠性和准确度，也能帮助团队和项目管理层了解范围定义水平和估算依据。估算评审是估算过程的重要组成部分，因其能帮助客户理解估算内容和准确度，并使客户做出更优的商业决策。

取决于项目大小、估算类型、准备估算的时间及其他因素，估算评审次数会有所不同。但对于任何估算，至少应有两次审查：过程中的内部审查，与估算接近或结束时的最终审查。

在估算编制的一半左右时间，应安排一次“合理性审查”，其目的是避免对不符合实际或基于错误假设的估算，花费不必要的时间和费用。内部估算中期评审比较简单，通常由估算主管、工程师和项目经理参加，有时邀请业主参加可能会有好处。这个审查是作为对数据合理性的检查，以评估估算工作是否继续进行，这是一个“继续或不继续”关键点，其结论将指导估算团队采取如下两个步骤之一。

（1）重新返回工作范围，因为资产或范围已超出了项目目标设定的范围界限；

（2）允许团队“继续进行”，以完成剩余的估算过程。

最终估算评审是一个更加结构化的过程。评审的深度取决于估算类型或等级。这个评审的目的是验证在准备估算时所做的假设，例如施工顺序、关键供应商选择和业主成本。业主和设计人员必须确认估算所体现的工作范围。

最终估算评审可能是一个很长的会议。最终估算评审参加人员应包括估算主管、工艺工程师、专业工程师、运营 / 维护代表、设计经理和施工代表。为达到评审的有效性，这个会议应有一个书面议程，记录书面会议纪要并分发给所有参加人员。估算人员在参加会议前，应准备如下信息以做比较：

- 准备估算使用的历史数据；
- 类似项目的实际建安总成本；
- 关键成本科目占总成本的百分比。

与上述信息的估算比较，为估算评审提供了有用的指示。估算人员需要评估每个估算，以确定应在估算审查中包括的适当检查内容。

在某些情况下，利用外部协助进行估算审查可能会更理想。例如，通过一个同类型的组织对假设条件、关键估算科目、施工顺序、潜在省略等的验证，可能比较有帮助。在其他情况下，利用第三方进行独立审查可能更有好处。这将从不同团队的角度，提供一个与以往类似估算对比的检查。

估算审查应从整体角度出发并遵照帕累托法则，将重要的少数与微小的多数分开。一般来讲，准备估算是自下而上进行，而估算审查则是自上而下进行。表 8-11 是一个工业项目前期估算评审的内容示例。

工业项目前期估算评审内容　　表 8-11

1. 产品组合、容量和质量要求
2. 设施地点
3. 工作范围
4. 简易的流程图
5. 使用的关键假设
6. 主要的未决方案
7. 使用的历史数据
8. 估算排除的内容
9. 估算员的经验和工作业绩
10. 准备估算的检查清单

8.12　风险评估

评估风险并为基础估算分配风险储备金，是准备前期估算最重要的任务之一。风险评估不是估算人员单独的责任。在评估风险时，关键项目成员都必须对估算人员有针对的问题提供信息输入。风险评估需要所有项目干系人的参与，包括业主、设计、采购、施工和估算团队。

业主负责整个项目的融资，并定义估算的目的和用途。设计师负责对设计标准，以及可能影响项目成本较敏感的因素提供输入。估算人员负责将从业主和设计得到的信息，转化成一个适当的风险评估程序，以便分配风险储备金。估算人员必须针对最终估算预计的风险、风险储备金、估算准确度进行沟通。

8.13　风险分析

通常，风险分析是分配风险储备金的前提条件。基于可接受的风险和预期的可靠性，对一个估算分配风险储备金。风险分析和风险储备金帮助客户确定参与项目的经济风险水平。风险分析的目的是提高估算的准确度，以提高管理层对估算的信任度。

因为业主对项目整体融资负责，所以它必须考虑业主和承包商两个方面的风险。业主风险储备金应包括整个项目的风险，但对承包商已涵盖的任何风险要做调整。

在实践中，有很多风险分析的技术可以采用。一般来讲，正式的风险分析会涉及使用蒙特卡罗模拟或统计区间分析，还有很多软件包可用于风险分析。项目估算主管必须评估每个项目的独特性，并选择最恰当的风险分析技术。对于非常早期的估算，范围定义水平和估算细节可能不足以执行有意义的成本模拟。

8.14 风险储备金

风险储备金是成本估算中真实而必要的组成部分。设计和施工是具有大量不确定性的风险活动，特别是在项目开发的早期。风险储备金是基于不确定性进行分配，也许是针对许多不确定性，例如定价、涨价、进度、省略和错误。为范围可能的增加分配风险储备金，完全取决于业主组织对待变更的态度和文化。

简单来说，风险储备金是应计入基础估算的金额，以便预测项目整个的建筑安装成本。风险储备金也可以理解为，为了涵盖在准备基础估算时较难或不可能识别的工作，而必须加入基础估算的金额。在某些业主或承包商组织里，风险储备金是为了应对那些已知的未知因素。也就是说，估算人员知道将有额外成本，但其具体金额并不清楚。然而，有时会对已知的未知因素分配一定的金额，而对未知的未知因素分配风险储备金。

8.15 风险储备金分配方法

执行风险分析和分配风险储备金，最有效和最有意义的方法是项目管理团队的全面参与。估算人员具有洞察力并能评估估算中的不足，以得到一个适当的不可预见费。然而，项目管理团队的互动，能为评估项目整体风险提供强大的动力。项目管理团队知识的集合，以及估算人员分配风险储备金的能力，能够大大增加管理层对最终估算的信心。最终估算结果将代表项目管理团队的判断，而不仅仅是估算人员的视角。

图 8-5 展示的是风险评估流程。估算人员必须为每个项目选择认为最

合适的方法，这要基于项目管理团队提供的信息以及客户对估算的用途。估算员必须沟通选择的方法、风险、准确度和风险储备金。

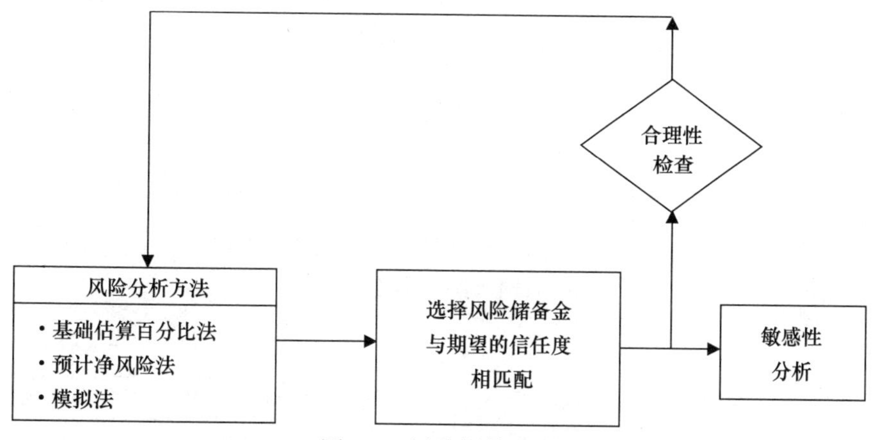

图 8-5　风险评估流程

1. 基础估算百分比法

针对某些情况，可能会根据个人经验来分配风险储备金。对基础估算应用一个百分比来获得整个风险储备金。尽管这个方法很简单，但其成功取决于估算员丰富的经验和类似项目的历史成本数据。相比于其他更结构化的方法，这种方法不够准确。

有些单位根据估算的级别，使用标准化的风险储备金百分比。这种方法是由公司政策而非数据分析决定的。通常，使用的百分比是基于范围定义水平或者项目开发阶段。

在某些情况下，风险储备金确定为主要成本项的一个百分比，而不是整个基础估算的百分比。这种方法一般依赖于个人经验和估算人员的判断，但这个百分比也可以来自基于历史数据的标准百分比。这种方法的优势在于，其考虑的风险和不确定性，相比基于整个基础估算的百分比要低。

在分配风险储备金过程中，估算人员和工程师的个人经验与判断不应被忽视。即使最高级的计算机也不能代替人类的知识和经验。对某类设施具有多年经验的估算员，根据他们对项目风险和不确定性程度的“感觉”、准备估算使用的成本数据，以及准备基础估算所付出的努力，经常会相当准确地分配风险储备金。

2. 预计净风险法

估算人员可能会基于预计最大风险值，和发生的可能性来确定风险储备金。在对每个估算要素进行了正常的风险储备金评估后，对一项内容的任何可能发生的具体未知因素，或潜在问题也可能单独评估。第一步涉及确定每个要素的最大可能风险，并认识到所有要素的所有风险不可能都会发生。

第二步涉及评估这个风险可能发生的概率。预计净风险将是最大风险乘以概率百分比得到的值。所有预计净风险的总和，提供了最大风险储备金的总额。表8-12展示了一个预计净风险分析的例子。

预计净风险分析　　表8-12

估算内容	基础估算	最大成本	最大风险	概率百分比	预计净风险
1	¥40000	¥50000	¥10000	20%	¥2000
2	8000	12000	4000	40%	1600
3	100000	150000	50000	30%	15000
4	250000	320000	70000	50%	35000
5	72000	95000	23000	70%	16100
6	237000	320000	83000	60%	49800
7	12000	28000	16000	10%	1600
8	94000	135000	41000	30%	12300
9	730000	870000	140000	40%	56000
10	43000	72000	29000	80%	23200
11	572000	640000	68000	50%	34000
12	85000	97000	12000	20%	2400
	¥2243000	¥2789000	¥546000		¥249000

表8-12中的风险分析数据显示基础估算值为¥2243000，最大的预期总成本值是¥2789000，差额为¥546000。然而，估算中每项内容的所有风险不可能都发生。因此，每个投标项的预计净风险，通过用最大风险乘以每项内容的概率百分比来计算。项目总的预计净风险值是¥249000，它是估算中每项内容净风险的总和。这个项目的最终估算是基础估算加上整个预计净风险，¥2243000＋¥249000＝¥2494000。

3. 模拟

确定风险储备金的正式分析方法通常是基于数据模拟。对关键风险要素执行概率分析模拟，以达到预期的可信度。蒙特卡罗模拟软件包是执行模拟很有用的工具。但是，为了正确地使用这些工具，需要掌握一些统计模型和概率理论的知识。

区间估算是使用蒙特卡罗模拟，来建立风险储备金的一个强大工具。对基础估算有重大影响的关键要素被识别出来，估算关键要素一般不超过 20 项。每个关键要素的区间被定义，概率分析被用来形成模拟的基础。使用这个方法，非关键要素可以被组合成一个或几个有意义的要素。

区间估算大概是最广泛应用和接受的正式风险分析方法。在区间估算时，第一步需要识别估算的关键内容。关键内容是指那些会影响整个估算成本一个设定百分比的成本项，例如 ±4%。因此，一个有极高风险的相对小的内容可能是关键项，而一个供应商报价已经敲定的主要设备就不会认为是关键内容。通常，分析使用的关键内容不超过 20 项。如果识别出的关键内容超过 20 项，就可以增加设定的百分比来减少关键内容数量。

一旦关键内容确定后，对每项内容应用一个区间和一个目标值。例如，区间可能包括一个最小值，以便只有 1% 的机会这项内容的成本将低于最小值。同样地，可以设定一个上限，只有 1% 的机会超过这个值。目标值代表这项内容的预计成本。目标值不一定是最小和最大值的平均数。通常目标值会略高于平均数。

在关键内容被识别并划定区间后，就可以执行蒙特卡罗模拟。蒙特卡罗分析是基于对关键要素给定的区间和非关键要素的估算值，模拟项目施工很多次，甚至 1000～10000 次。模拟的结果将被排序，然后以累积概率图表呈现，普遍称作 S 曲线。累积概率图表通常在水平轴显示欠载概率，在竖向轴显示项目总成本或风险储备金额。决策者就可以根据风险量来确定风险储备金额。

这也必须提高警惕，因为在使用区间估算时可能会严重低估项目成本。由于在分析过程中关键项之间存在相关性时，有淡化项目真正风险的可能性。当两个或多个成本项正向相关时，也就是它们会同时增加或减少，蒙特卡罗模拟可能形成一个值高另一个值低，因而相互抵消的情况。因此，真正的风险反而被淡化了。另外，低估关键内容的区间会对结果产生较大影响，也会导致项目设计和施工真正风险的低估。

如果正确地应用，使用蒙特卡罗模拟区间估算会是非常有价值的工具，因为它需要对估算要素进行详细的分析，这个过程可以识别出很多错误。然而，当对前期估算应用模拟方法时，必须特别小心。对于很多前期估算，没有足够详细的信息或足够数量的成本项来进行有效模拟。

8.16 估算循环持续改进

很多人认为当成本估算完成后，估算人员对项目的参与就该结束了。事实上，在实施期间保持估算人员与项目的联系，无论对项目管理层还是业主都非常有益。

在项目实施阶段，估算人员对于项目管理能提供很大帮助。项目实施过程中估算员的参与，能使其与项目保持联系，并对任何潜在的成本超支提出预警。估算人员参与准备项目月度报告，可以为项目管理层提供很多建议，以便做出与成本相关的更好决策。

在项目实施期间，估算员也可以帮助将成本估算按照工作包 / 投标包重新组织，并针对实际投标与重新组织的估算进行分析。估算员还可以通过评估变更对成本的影响，在实施期间来协助管理变更。

没有经过如图 8-4 所示的持续反馈循环，估算过程就不能算完成。项目实施过程的反馈为估算人员提供了经验教训，这将使估算团队能够修订估算标准和实践方法。项目完工反馈也将允许估算团队更新数据库，以改善未来估算的准确度。估算结束就终止估算人员的参与，将不可能达到估算过程的持续优化。

为了提供有效的反馈，估算人员必须探察项目实施期间成本将如何跟踪。成本分解使用的格式，应使未来的成本跟踪更容易。标准化的科目编码将简化估算过程，更新数据库并促进成本控制。这不仅对估算团队而且对项目管理团队都有好处。

项目最终成本报告对于改善估算是极其有价值的文件，因为它提供了与原始成本估算做对比的真实反馈，进而消除或降低未来估算的陷进。原始估算和最终成本报告都应妥善存档。通过项目地点、类型、规模等进行检索，报告的成本内容可用以更新未来估算的数据库。

估算人员建立并强化估算工具和技术的最好数据来源就是他们的企业本身。从过去完工项目和准确估算中能得到大量的项目数据。这成功的关键是建立一个机制，用一种标准化的格式来收集和提取这些信息，对于建立统计关系很有用处，例如每类成本所占建安费的百分比、建安费与设备费比率、施工间接成本与直接成本的比率等。当项目完成后，其实际建安成本可以输入到数据库中。估算反馈是估算过程的整体组成部分。提供反馈循环的过程，对于提高前期估算的准确度很有必要。

第 9 章

项目预算管理

9.1 项目预算概述

本章讨论的预算是第 8 章准备前期估算的继续。它和第 4 章设计管理的内容也密切相关，其中提供了确定项目设计服务成本的基本程序。施工成本是任何项目总成本的主要部分，而很多项目的大部分工作是由总承包商的分包商来完成的。本章将对施工成本提供一个概述，如果想了解更详细的施工成本估算，可以参考其他相关书籍。

与项目将花多长时间同样重要的是项目将花费多少成本。所有建筑项目都有与其相应的成本，对于承包商或业主来讲，提前知道项目成本是至关重要的。尽管在执行工作之前，不可能确切地知道项目成本是多少，但提前估算或准确地估计成本是非常可能和可行的。

一个项目的预算就是业主愿意对设计和施工支付的最高金额，以便验证项目的经济合理性。成本估算是项目预算的前提。第 8 章提供了准备项目前期估算的程序。如前所述，基础估算完成后必须进行风险评估，其目的是确定一定金额的风险储备金，并加入到基础估算中，以便合理地预测项目的最终成本。因此，预算可以被认为是基础估算加上风险储备金。

9.2 项目估算过程

预算过程中的成本估算、风险评估及分配风险储备金，是项目管理中最困难的任务之一，因为这必须在工作开始之前完成。它包括一系列连续估算的过程，从业主的可行性研究开始，一直贯穿设计阶段和施工过程。

为编制项目预算的成本估算过程对各方都很重要，因为在各个阶段项目是否继续的决策，都是基于前一阶段确定的成本估算。业主单位必须确定整个项目合理的最高成本和最低成本，这包括设计成本和施工成本。设计单位必须确定执行设计任务和编制合同文件的成本。作为设计过程的一部分，设计单位也必须估算预计的施工成本。施工承包单位必须确定建设项目的所有材料、人工和设备成本。

项目每个承包商都必须编制一个基础估算，考虑风险并为其要实施的工作分配风险储备金。由于业主对项目资金全面负责，所以其必须考虑承包商和业主的所有风险，以确定项目的整体预算。在 EPC 工程总承包模式下，业主将项目管理的大部分责任和风险转移给总承包商，因此，总承包商就基本承担起业主的责任。

项目估算和预算起始于业主的需求分析、重点识别和范围的定义。如前所述，项目预算来自于范围定义，因此，在项目开发早期，就应特别努力尽可能详细和准确地定义项目范围。如果业主及早获得设计和施工专家的建议，控制项目范围增加和成本超支的能力就会大大增强。所有人必须认识到，任何时候的成本估算都是基于当时项目已知的信息量，但这个概念经常未得到全面认识。项目经理在项目开发早期能起到中枢作用，通过试验、研究和识别偏差来保证估算的准确性。

业主必须准备估算以确定项目整体预算，这应包括设计和施工的所有建安成本。如果范围没有详细定义或业主不具备成本估算的能力，可以通过聘请咨询公司来提供这些服务。由于这个预算是在任何详细设计之前准备的，所以应包括一个合理的风险储备金，以便提高设计阶段决策的灵活性。

设计单位必须根据提供设计服务的成本准备预算。另外，作为设计过程的一部分，设计人员还需根据正在评估的不同方案准备施工成本估算，以满足项目的业主要求。设计人员有责任将估算的设计成本和施工成本控制在业主批准的整体预算（投标总价）之内。这就需要业主的广泛合作和参与，因为有时必须调整范围来满足业主的预算要求，或必须调整预算来满足业主要求。

大部分项目是基于固定总价交付模式，这是本书讨论的重点。固定总价交付方式是基于确定的工作范围，以一个固定的价格来提供服务。施工承包商必须根据合同文件估算建设项目的成本，并向业主或总承包商提供一份投标。对于竞争性投标，承包商的价格不一定会在业主批复的预算之内，因为这个时候承包商并不知道这些信息。对于议标的成本加酬金项目，承包商必须与业主（或总包）密切合作来确定施工方案，以确保成本在业主整体批复的预算之内。

投标估算是根据招标文件准备，招标文件通常包括图纸、规范和附录或对招标文件的修订。图纸是工程的图形表示，体现大小、空间使用和尺寸，并提供确定工程量的必要信息。规范或称技术规范，定义工作如何执行，明确可接受的工艺方法、容差、处理和相关工作，也规定要安装在项目上的产品。规范是定性的，并设定衡量项目质量的可接受标准。

与进度计划相似，成本估算也有不同的类型，但对于项目控制来说，只有一种是最有效的，那就是单位估算法。单位估算法是通过将招标文件分解成量化的单位，进行估价的一种方法。如果正确地应用，这种方法被誉为项目成本估算最准确的方法。它从工作每项内容（或称为任务）的所有人、材、机数量计算开始，这个过程被称为工程计量，或更普遍的称为工程算量。然后，数量乘以单价或单位成本，结果就是任务的总成本。

一旦整个招标文件经过算量、定价，工作分类组合后就可以汇总，这个估算成本汇总称为估算汇总，然后加入管理费、利润和风险储备金，估算就完成了。成本估算中的任务与进度计划中的任务相似，它们都耗费时间和资源，因而也都有成本，也都必须进行充分的描述，以便未参与估算的人员也能理解这个任务是如何定价的。

9.3 估算准确程度

任何估算都应根据估算人员对项目真实成本的最好评估，确定一个准确度范围，通常是一个正负百分比。对于估算适用的正负百分比，并没有统一的行业标准。讨论这个问题，需要将项目分成两大类：建筑项目和工业项目。

建筑项目通常有两种估算：大致估算（有时叫初步估算、概念估算或预算估算）和详细估算（有时叫最终估算、准确性估算或施工图估算）。对于大型的业主组织，大致估算由业主在可行性研究阶段自行完成；对于小型业主组织，通常会通过与负责设计的单位合作来编制。大致估算的准确程度区别很大，主要取决于项目已知信息的数量。如果没有任何设计，范围可能会在＋50%～−30%。初步设计完成后，范围可能会在＋30%～−20%。在详细设计完成后，范围可能会在＋15%～−10%。

对于建筑项目，详细估算是由施工承包商在提交投标之前，基于一套完整的合同文件进行准备。详细估算对业主和承包商都很重要，因为它代表投标价格，是业主为完成项目必须支付的金额，也是承包商建设这个项目将收到的金额。对于有详细定义的合同文件，且没有特殊要求的建筑项目，多个承包商的竞争性投标，常会造成最低两个标的差距在 1% 之内。

对于石化和工艺项目，成本估算相对困难些，这是因为管道、仪表、设备和其他构件的变化范围很大。由于项目的复杂性，随着设计进展及项目更多信息的获得，成本估算将分步进行。

尽管没有统一的行业标准，石化和工艺项目通常按照阶段编制成本估算。例如，可行性研究估算是第一个估算，通常在业主组织内准备，并作为可行性研究的一部分。这个阶段的估算普遍被称为数量级估算。成本按照以往完成的类似项目成本、承包商报价或业主成本记录等因素进行估计，例如：每马力成本、每桶产量成本或每公斤产品的成本。准确度水平大约在 ±50%。

在识别了主要设备和编制了工艺流程图之后，可以准备设备系数估算。这个估算是基于将系数应用于内部定价的主要设备，以便补充管道、仪表、电气和其他需要完成项目的施工成本。在这个阶段的准确度通常在 ±35%。

在完成管道和仪表图纸后，可以编制一个初步控制估算。用于估算的文件和数据通常包括：设备大小和布置图、工艺流程图、管道和仪表图、建筑规模、里程碑进度计划。准确程度通常在 ±15%。

最终估算是在工程设计接近完成时准备，这时大部分成本已经明确，被称为准确性估算。它基于工艺流程图、机械流程表、设备布置图、投影图和建筑图纸。最终估算的准确度通常在 ±10%。

9.4 估算的组织结构

相比于进度计划，成本估算不必遵照准确的一步步自下而上的顺序。虽然国内工程量清单格式与国际通用格式有所不同，但其最终生成的估算结果应是相同的。下面仅就国际通用的清单格式做一简单介绍，以便读者作为参考。单价估算常用的组织结构叫作 CSI 标准格式。CSI 是美国建筑规范协会的缩写，这个组织对 CSI 标准格式负责。CSI 标准格式是国际上组织规范和成本估算应用最广泛的体系，也被用于组织数据分类和建筑产品与服务的厂家手册。

CSI 对建筑规范的所有要素分配了一个八位数编码和主题描述，标准格式将信息分成了四个大类：

- 投标要求；
- 合同模式；
- 通用条件；
- 技术规范。

尽管四大类对于估算过程都很重要，但最后一类，技术规范部分是讨论项目控制的重点。

CSI 标准格式最新版本是 2010 版，技术规范部分由 50 个建筑分类组成。标准格式并被划成五个分组。每一类是相似或相关工作的汇总，按数字顺序组成的子部分叫作“层级”，每一层代表 CSI 分类划分的进一步细分。随着 CSI 标准格式 2004 版的发布，标准格式的编码和名称得到修订，使它们更充分地涵盖建筑行业各个领域，并为新增内容提供了充足的空间。组成标准格式的名称也得到修订，体现了新版本对工作结果的重视。

作为这个过程的一部分，编码体系也得到全面更新。所有部分（Section）的编码和许多部分（Section）的名称也从 1995 版发生了变化。1995 版使用的 5 位数编码被扩展，以便在分类的每一层级可以容纳更多主题。旧编码在第2～4层仅限9个细分项。由于每一层可用空间的编号限制，标准格式的很多分类常没有空间来容纳更多主题内容，这也常导致分类的不一致。这些限制通过制作新的标准格式6位数编码得到解决，安排了三组成对的编号，每一层一对，这些成对的编号允许在每一层更多的细分项。同时，与以前的版本一样，主要的6位数编码仍然代表三个下级层次。

例如，考虑CSI部分编码03 30 53.40，第一组两位数03是标准格式的第一层，表明工作分类，在这个例子中第3类是混凝土工程。第二组两位数30是标准格式的第二层，代表第3类中的子部分（subsection）现浇混凝土。第三组两位数53是标准格式第三层，代表现浇混凝土子部分的进一步细分，零星现浇混凝土。最后一组两位数40是标准格式第四层，对应前面第三层次中的一个元素。

CSI标准格式分类是基于实际施工过程的活动关系确定的，大体上遵照建筑施工的自然顺序。如下是规范分类和内容汇总的简要介绍：

- 分类00－采购和合同要求：招标公告、邀请投标、投标人须知、标前会议、投标格式、工资价率、保函格式、和相关证书
- 分类1－总体要求：工程概述、项目定义和标准、项目协调、会议、进度计划、报告、试验、样品、提交、装配图、收尾、清理、质量控制、临时设施、价格问题、替代方案、容差
- 分类2－现有情况：场地或建筑的现有条件、测量、地质报告、材料回收、铅、石棉和腐蚀防治，地下储藏罐清除
- 分类3－混凝土工程－模板、钢筋、预制、现浇混凝土、混凝土养护、水泥质平台
- 分类4－砌体工程：砖、砌块、石材、砂浆、锚固、钢筋，和砌体修复和清理
- 分类5－金属构件：钢结构、金属支架、金属平台、轻型框架、装饰和零星金属
- 分类6－木制品、塑料制品和复合材料制品：粗木工和细木工、磨坊制品、复合木制品、塑料加工品
- 分类7－防热和防潮：防水、防潮、保温隔热、屋面、覆面材料、密封剂、防水填料
- 分类8－洞口：金属和木门及门框、窗子、玻璃、天窗、镜子和五金器具
- 分类9－装饰装修：石膏板体系、板材和灰浆系统、涂料和墙覆面、地板面、地毯、吸声吊顶系统、陶瓷和石材地砖
- 分类10－特制品：例如可拆卸隔断、厕所隔断和配件、灭火器、邮政设备、旗杆、储物柜、标示牌、可回收隔断
- 分类11－设备：家庭、银行、体育馆、学校、教堂、试验室、监狱、图书馆、医院等的特制设备
- 分类12－家具：地毯、小地毯、桌子、座椅、艺术品、窗户装饰
- 分类13－特殊建筑：温室、游泳池、组合吊顶、焚烧炉、声振控制、洁净室

续表

- 分类 14 – 传输系统：电梯、升降机、自动扶梯、起重机、升吊器械
- 分类 15 到 20 – 为将来扩展保留空间
- 分类 21 – 消防系统：灭火和防火系统
- 分类 22 – 水暖卫生设施：水暖管道；废水、通风和煤气管道，特殊管道，制冷和控制系统
- 分类 23 – 供热、通风和空调：供热、空调、通风、管道、控制、保温、HVAC 设备、太阳能加热设备和潮湿控制
- 分类 24 – 为将来扩展保留空间
- 分类 25 – 集成自动化：网络服务器，HVAC、消防、电气系统、通信等的集成自动化
- 分类 26 – 电气系统：电力服务和供应、穿线装置、固定装置、通信和电力
- 分类 27 – 通信系统：通信服务、通信电缆和电缆桥架、适配器和软件
- 分类 28 – 电子安全与安保：防火报警系统、闭路电视、安全报警系统、门禁系统、防渗检测、录像监视系统
- 分类 29 和 30 – 为将来扩展保留空间
- 分类 31 – 土方工程：场地清理、开挖、回填与夯实、放坡、土壤处理和加固；基坑支护、打桩和沉箱等现场工程
- 分类 32 – 室外修整：铺路、路边石、路基层、铺路块、停车场装置、围墙和大门、绿化、灌溉
- 分类 33 – 公用设施：供水、污水和排水管道及附属结构，燃料分布设施和电力设施
- 分类 34 – 运输系统：铁路和轨道、缆车、单轨铁路、交通信号和控制等
- 分类 35 – 航道和港口建设：海岸和航道建筑、水坝、港口信号和疏浚
- 分类 36 到 39 – 为将来扩展保留空间
- 分类 40 – 工业集成：特殊气体和液体流程管道、化学流程管道、测量和控制装置
- 分类 41 – 材料处理设备：大宗材料处理和传送设备、布料机、提升装置、模具和储藏设备
- 分类 42 – 工业加热、制冷和烘干设备：工业熔炉、工艺制冷和烘干设备
- 分类 43 – 工业气体和液体处理、净化和储藏设备：液体和气体处理和储藏设备、气体和液体净化设备
- 分类 44 – 污染控制设备：空气、噪声、臭味和水污染控制、固体废物收集和抑制
- 分类 45 – 工业特定生产设备：油气开采设备、矿业机械、食物和饮料生产设备，纺织、塑料以及其他类型的生产设备
- 分类 46 – 供水和废水设备：包装水和废水处理设备
- 分类 47 – 为将来扩展保留空间
- 分离 48 – 电力发电：化石燃料、核电、水电、太阳能、风能、地热能等电力发电设备
- 分类 49 – 为将来扩展保留空间

技术规范

四个大类的最后一类被称为技术规范或技术部分（分类 00-49），其定义了工作的范围、产品和工艺方法。这些内容（以高度结构化和行业接受

的格式）为估算师提供了必要信息，以便准确地估算价格和建设项目。技术部分为每项活动提供如下信息：

- 管理要求；
- 质量或行业规范标准；
- 产品及附件；
- 安装或应用程序；
- 做工要求和可接受容差。

这些信息由三部分组成：通用、产品和执行。

第一部分——通用

这部分提供包括在本部分内工作的概述。它将技术规范与合同的通用条件和补充通用条件联系了起来，有助于保持从总承包商到分包商信息的连续性。这有时被叫作“向下流动”规定，粗略解释，它使总承包商能更好地向分包商分配责任。第一部分明确了质量保证措施评估的适用机构或组织，定义了本技术规范控制的工作范围，包括但不限于本部分提供的内容，也识别出对本部分有潜在协调要求的其他技术规范，定义了本部分描述的工作范围所需的提交或装配图。第一部分也对本部分工作的关照、处理和保护建立了关键程序，包括气温和湿度等环境条件。有时，也会包括本工作范围的检验和试验服务。

第二部分——产品

这部分专门用于本技术规范工作范围的产品和材料，针对由承包商直接从厂家或供应商购买的产品，这些物品适用于如下四种方法的一种：

- 专用规范；
- 功能性规范；
- 描述性规范；
- 规范符合性编号。

专用规范：专用规范通过名称和型号详细说明一个产品，这对于建筑师或业主选择他们期望或在以前项目成功使用过的产品比较有利。指定具体产品的好处是他们能提供产品的可靠性，不利之处是会减少公平竞争。为减少专用规范的排他性，招标文件常增加“或同等”条款，这就允许有限度的竞争。尽管“或同等”条款为竞争开了门，有时也有风险，因为这将产品的同等性责任放在了推荐方（承包商、分包商或供应商）身上。有些看起来很类似的产品，但在建筑师审查提交或装配图时可能通不过，导致替代产品不能接受。在这种情况下，承包商就要负责提供规范规定的原始产品。

功能性规范：规定一个产品和材料的另一种方法，不再是基于产品的名称和型号，而更强调满足设计要求或达到一定功能的能力。这种类型的规范被称为功能性规范。代替通过名称规定一个具体产品，建筑师允许能够满足一个具体功能的所有材料和产品公平竞争，以达到设计要求。这种方式使各个有相似产品的厂家能够良性地竞争，可以保证价格的竞争性和更短的交付期。

功能性规范可以通过特征，例如大小、形状、颜色、耐久性、延展性、电阻系数以及一整套其他要求来识别产品。有些没有规定名称的产品可以通过参考一个具体行业标准来进行通用定义。设计师或业主针对产品是否满足功能标准做最终决定。建议材料或产品的单位，应能够使用综合性的事实和证据，例如相关试验和结果复印件、厂家数据等，来证明功能的符合性。对于涉及客户定制工作的规范，可能需要使用专用和功能性规范的结合。

描述性规范：第三种规定产品或工艺的方法是使用描述性规范，这是对组装不同构件以形成一个系统或装配线的书面说明或细节描述。通常，描述性规范应用于通用产品，例如灰浆或混凝土。

规范符合性编号：另一种产品规范方法是使用国家或地区标准，这种方法在国内最为普遍，是指参考国家或地区的标准规范或图集的编号。这要求产品必须符合一套通过试验和功能测试确定的严格指导手册或容差。

第三部分——执行

这部分专门针对工艺的方法、技术和质量，明确规定做工的允许容差。“容差”是针对垂直度、笔直度、水平度或真实度的形容词。执行部分将描述任何现有表面所需要的处理，以便接纳新的工作，以及实施一项工作的具体技术和方法。这个部分也包括例如初步安装后的微调或调整、最终清理和成品保护等内容。这部分也可能会明确一些执行工作的辅助设备或特殊工具，例如工作平台或脚手架。

CSI 标准格式技术部分与项目的 WBS 和成本科目有直接的关系。

9.5　成本预算

对于技术规范部分的每一个分类和所有组成分类的工作，都有一个对应的成本。这些成本的概括被称为估算汇总。如果承包商成功中标，并被授予项目合同，成本估算和估算汇总则成为成本控制的基准。任务及对应于任务的成本将代表预算的一项。

成本控制可以大体定义为测量和预测项目相关成本的分析性方法。它的目标是在项目生命周期内，将成本和影响成本的变更降到最低。对于项目成本控制有四个基本方面：

（1）建立一个成本绩效测量的基准；

（2）针对基准成本测量实际成本；

（3）依据基准成本准确地预测成本变更；

（4）采取纠正措施来降低或消除偏差。

上面提到的四个步骤与进度计划控制惊人地相似。为了建立一个实际与估算成本做比较的基准，团队必须从有关成本的所有已知信息开始，通常就是从成本估算开始，这是成本控制的第一步，因为它提供工作的预算金额。成本控制系统被用来识别和预算的偏差，并将其带入到预算中。这就可以使成本估算和成本控制系统在项目生命期内共享信息。

9.6　分解估算并建立预算

成本估算的方式有时会跟成本跟踪的方式有区别。这部分归因于估算选择的方法，当然也和如何收集成本有关系。另一个影响因素就是工作的执行计划。有时，使用一种方法进行了成本估算，然后在计划阶段这个方法被新方式所取代。无论怎样选择工作的执行方法，在固定总价模式下，工作的估算金额不会改变。

使用单价估算的任务都有一个单价乘以数量的合计，必须对其进行分析、分类，并归入适当的成本栏或成本元素，以便进行成本控制。

拆分估算的过程被叫作估算分解。跟踪成本需要的详细程度，是根据管理项目需要的控制层次进行预测。尽管分解过程根据项目不同而有差别，但在确定所需的详细程度时，需要考虑如下一些问题：

- 自行实施的工作比分包工作通常需要更高的详细程度。分包工作的成本控制有内置的警戒线，那就是合同总价。除非发生变更，成本不能超过合同价。
- 工期较长的任务比工期短的任务需要更高的详细程度。工期长的任务生产效率会由于工人的疲倦和怠惰而波动。
- 劳动密集型的任务需要更高的详细程度，由于成本会快速增加。
- 执行过程复杂或需很多步骤才能完成的任务失败的风险会更高，因此需要更高的详细程度，以便更好地控制。

在开始分解过程之前，项目经理和团队必须对成本估算有个彻底的理解。这包括在估算过程中所做的假设，以及可能作为合同一部分被接受的任何资质、备选方案或产品。

1. 成本分解结构

估算分解过程开始于代表合同金额的估算成本。根据定义，承包商的成本不包括利润，它是估算中的唯一不需要支付出去的金额。这与编制CPM进度计划的任务清单时在同一个起点。投标估算作为原始预算的最大金额，合同原始预算不会改变。通过批准的变更单对原始预算的增加或减少，将体现在更新的预算中，更新的预算又叫最新预算。预算的更新应与进度计划更新使用同样的周期，以保证成本和进度的同步。这就对项目状态提供了最准确的描述，并从成本和时间角度为决策提供了最新信息。

原始预算被分解成一个成本分解结构（CBS），它与进度计划使用的WBS很类似，只是CBS更关注于项目的成本模型。这些部分也常遵循前面提到的CSI标准格式分类。在项目每个报告期的成本和进度分析过程中，成本分解结构（CBS）的逻辑和实用性就会非常明显。CBS由多个层级组成，从整体角度出发，然后一直到详细成本层次。在概括层面审查成本要相对容易得多，然后聚焦于必要的细节，来分析可能发生的任何偏差。WBS 和 CSB 非常相似，如果两者能够统一起来就最理想了。如后文将谈到的，两者越是趋于统一，就越容易针对进度计划中的任务分配成本。

CBS 普遍有多个分解层次，详细的成本科目置于最底部。下面是一个编制基准成本的 CBS 例子：

- 层级 1：分类 06 00 00－木制品、塑料制品、复合材料制品
- 层级 2：部分 06 10 00－粗木工
- 层级 3：分项 06 10 53－零星粗木工

2. 成本科目

成本科目是 WBS 的最低层次。与任务相关的成本应按照成本科目进行跟踪。成本科目也被叫作“详细科目”“成本编码”和“科目表”。一个 CBS 中成本科目的例子就是层级 3：零星粗木工。

3. 成本元素

成本科目再细分就是成本元素。它用于将成本进行分类，成本分类包括材料、人工、设备和分包合同。人工和设备除了使用金额以外，还可以使用花费的人工时来跟踪，因此这些额外元素也可能会需要。如果零星粗木工是自行施工，需要跟踪的成本元素将是：

（1）零星粗木工 − 材料（金额）；

（2）零星粗木工 − 直接人工（金额）；

（3）零星粗木工 − 设备（金额）；

（4）零星粗木工 − 人工时（小时）；

（5）零星粗木工 − 设备工时（小时）。

工作分解结构（CBS）、成本科目、成本元素都有一个编码体系，以便使用电脑进行跟踪、分类和报告。尽管实际的编码体系可能根据公司或使用的软件不同而有区别，但其基本思想是一样的。比较理想的情况是，将 WBS 和 CBS 的编码匹配起来，并都使用 CSI 标准格式作为组织形式。

4. 成本科目汇总

高层经理经常需要汇总的项目状态报告，对他们来讲整体情况比实际细节更重要。项目整体情况是通过成本科目汇总进行报告。成本科目汇

总被定义为在 CBS 一个具体层次的所有成本科目的汇总。对于负责监督 15～20 项目的高层经理，分析几个项目的成本科目汇总，远比翻阅一大摞成本细目要容易得多。

成本控制和成本会计无论概念和实践中都有很大差别。成本会计是对一个项目发生的成本的跟踪和记录，它需遵照可接受的记账 / 会计准则。如果没有这些信息，可能将很难了解项目真实和准确的状态。会计准则的结构是为了达到关于投资、税收、法令或合同要求等方面的任何要求。成本会计将合同总额作为基础，其中包括利润。然而，成本控制则不体现预期利润，只是严格针对成本。尽管两者区分起来似乎比较微妙，但在实践中有着相当不同的作用。

在建立成本控制体系时，其目标是识别并控制那些对最终成本有较大潜在影响的成本科目和元素，而对其余的成本元素则在概括层面控制即可。成本会计没有这种区分，它需要跟踪所有成本项。

最后应注意，施工项目中最大的成本变量是直接人工成本。由于各种环境和条件的影响，人工成本最难以管理。因此，致力于严肃成本控制的承包商应高度关注人工：工时、效率、士气或其他存在的因素，因为人工成本常会成为项目能否成功的决定性因素。

如果项目成本估算准确，则其他成本元素例如材料和设备可以相对准确地进行预测。当然，设备和人工也有一定的关系，因为设备都需要工人来操作。

9.7 项目成本报告

项目成本报告，也称作工作成本报告，是成本控制循环中的血液。一般来讲，成本报告从两个参照点跟踪成本：现阶段成本和总成本。成本报告按照成本元素详细描述每个成本科目在一个具体报告周期实际发生的成本。这被称为本阶段成本小结。除了对本阶段的报告，工作成本报告也要报告同一个成本元素发生的成本累计总额，这个累计总额被称为累计总成本。对比现阶段成本与累计总成本，可以使项目经理看到每个阶段的发展趋势。很多成本报告软件可以基于现阶段趋势预测项目完工总成本。虽然趋势会因报告阶段的不同而变化，但其仍能对一个任务的成本走向提供很好的指示。成本趋势和进度计划的更新报告结合使用，可以为项目经理提供宝贵的决策信息。工作成本报告应清楚地展示实际成本与估算成本的对比。

实际发生的成本通常根据收到的发票记入。工资成本按照月度记入，以便与进度计划更新周期相吻合。这也不是绝对的，因为某些公司可能会倾向于进行更频繁的成本报告和分析。图 9-1 是一个项目成本报告的例子。

公司标示						项目成本报告						项目：××××	
						日期							Page 1
描述		项目预算			成本报告								
A	B	C	D	E	F	G	H	I	J	K	L	M	N
成本编码	描述	原始预算	批复的预算变更	最新预算	合同价格	批复的合同变更	截至目前投入成本	投入成本百分比	截至目前已支付成本	支出百分比	潜在合同变更	完工成本预测	成本偏差
				C+D			F+G	H/E		J/H		E or F+G+L	M-E
TOTAL													

图 9-1　项目成本报告示例

9.8　预算作为管理的工具

CPM 进度计划向项目经理提供信息，并通过增加班组人数、延长工作时间或两班倒等措施，用来控制项目的实际进度。在项目控制的财务方面，预算可以用类似的方式作为最高限额来控制成本。一旦预算基准确定，项目经理应将其作为成本支出的控制线。根据每个成本科目体现的趋势，项目经理可以决定采取任何恰当的措施。负面趋势可能会立即引发对问题的调查。大多数情况下，及时调查加上一个正确的纠偏措施，常能减少或逆转负面趋势。趋势也可能是正面的，其显示工作实际发生成本比预算成本要低。尽管正面趋势一般不需要任何纠偏行动，但项目经理也可能调查绩效强劲的原因，看其是否也能改善其他成本科目的绩效。

将估算转换成预算有时不是那么简单直接。估算中的多个成本经常会组合到一个成本项中，但对其成本跟踪和控制却要单独进行。组合工作的各个部分也可能由现场不同班组来执行，这就使得将成本分解开更加必要。例如，估算的模板成本可能包括浇筑混凝土的成本。由于模板的安装和拆卸是由木工完成，而混凝土浇筑则是由小工完成，项目经理可能会选择单独跟踪这些成本。在编制预算时，如果对混凝土浇筑成本没有明确依据，项目经理可能需要对模板装拆和混凝土浇筑分配一个不太准确的值，这是比较普遍的做法。它的不利之处在于，每个分项（模板安装、拆卸和混凝土浇筑）的成本可能不会反映其工作范围的真实成本，但组合成本却能够代表整个工作范围。

这个例子说明，缺乏详细的单位成本估算，可能就无法在详细的层面进行准确的成本控制。

第 10 章

项目跟踪与控制

10.1 项目控制体系

有效的项目管理需要计划、测量、评估、预测和控制项目的各个方面：工作质量和数量、成本和进度。在开始项目前，必须编制一个全面定义的项目计划；否则，就没有控制的基础。如前面章节谈到，没有详细定义的工作计划、预算和进度计划，项目跟踪也就不可能完成。

项目计划的编制必须有执行工作的人员参与，并且必须将计划传递到所有项目参与者。项目计划包括的任务、预算和进度计划建立了必要的基准和检查点，用于实际工作和计划工作的对比，以便对项目进展进行测量、评估和控制。

在任何一个报告期的结束，都会期望项目以规定的质量（Q），按照预测的成本（C），完成一定数量的工作（X）。项目控制的目的是测量这些变量的实际值，确定项目是否满足工作计划的目标，并做必要的调整以便达成项目目标。项目控制是比较困难的，因为它涉及对一个处于持续变化状态的项目，进行定性和定量的评估。

为取得较好的效果，项目控制体系必须简单易行并容易被项目参与者所理解。控制体系有两类倾向：或者非常复杂，没人能够理解从中得出的结果；或者有很大的局限性，因为它们只应用于成本或进度，而不能整合成本、进度和完成的工作。必须建立一个控制体系，能够正常地收集、验证、评估和沟通项目信息，因此，它应充当改善项目管理的工具，而不只是报告让人烦恼的问题。

自 20 世纪 80 年代早期个人电脑的推广开始，整合项目控制体系的自动化概念得到广泛讨论。很多书描述了不同但相似的整合项目控制体系的方法。各个方法的共同点是编制一个详细定义的工作分解结构（WBS），作为控制体系的起点。WBS 中最小的单元是一个工作包，它对工作进行了详细的定义，以便能对工作进行测量、分配预算、安排时间和控制。

通过整合和排序WBS中的工作包，关键路径法（CPM）被用来编制整个项目的进度计划。创建一个编码体系来识别WBS的每个元素，以便WBS中的信息可以与项目控制体系联系起来。为了控制成本，WBS通过成本科目编码与成本分解结构（CBS）相联系。同样地，WBS与组织分解结构（OBS）相联系，以协调执行项目的人员。编码体系还可以允许信息分类，以生成项目所需的各种报告。

项目控制的整体概念是由美国能源部为联邦和能源项目提出的。自从概念提出以来，已做了很多修订，来简化从WBS向CPM传递信息的过程，并使得WBS和OBS与编码体系和工作测量相关联。

10.2 连接WBS和CPM

工作分解结构（WBS）中的工作包，提供了编制CPM网络计划的必要信息。如果有详细定义的WBS，其中的工作包常作为进度计划的一个活动。然而，有时有必要将几个工作包组合成一个活动，或将一个工作包分成几个活动。编制CPM进度计划的过程，需要项目关键人员的广泛参与和良好的判断。尽管进度计划不应过细，但所有可能影响完工日期的活动必须被包含在进度计划中。

项目CPM进度计划可以被分为三个类型：设计、施工或设计/采购/施工（EPC）。对于每一种类型，WBS都要定义工作的计划、进度计划和控制框架。CPM进度计划的详细程度取决于WBS的完整性。

设计的产品是图纸和规范。在编制单个设计活动的进度计划时，横道图更受到青睐。然而，为了整个项目的有效计划和控制，必须将单个进度计划整合到CPM网络图整体计划中，才能显示相关工作的逻辑关系和顺序。因此，设计工作的CPM进度计划常是概括层面的进度计划。

许多年来，CPM网络图被成功地应用于施工的进度计划和控制中。编制详细的WBS需要估算人员、项目控制和现场管理人员的共同努力。首先，必须准备成本估算，才能对WBS中的工作包分配成本、时长和资源；

其次，工作包将成为 CPM 网络计划中的一个活动。长周期材料设备的采购和交付也必须包括在进度计划中。另外，分包商执行的工作也必须与其他工作整合，以形成一个完整的 CPM 进度计划。对于大型项目，可以针对项目的不同区域，编制单独的 CPM 进度计划，然后将每个区域的单个计划连接起来，就可以形成一个总体 CPM 进度计划。

对于 EPC 项目的 CPM 进度计划，必须将设计工作包与采购和施工活动进行整合。最好是先编制设计、采购和施工的单独进度计划，然后将各个进度计划相连接，形成一个整合各个系统的总体 EPC 进度计划。对所有可能影响完工日期的相关活动进行排序是非常必要的。

为展示 WBS 和 CPM 之间的联系，图 10-1 中的 WBS 被用来编制图 10-2 所示的 CPM 网络进度计划，这个 EPC 项目是第 4 章所呈现的设计项目的

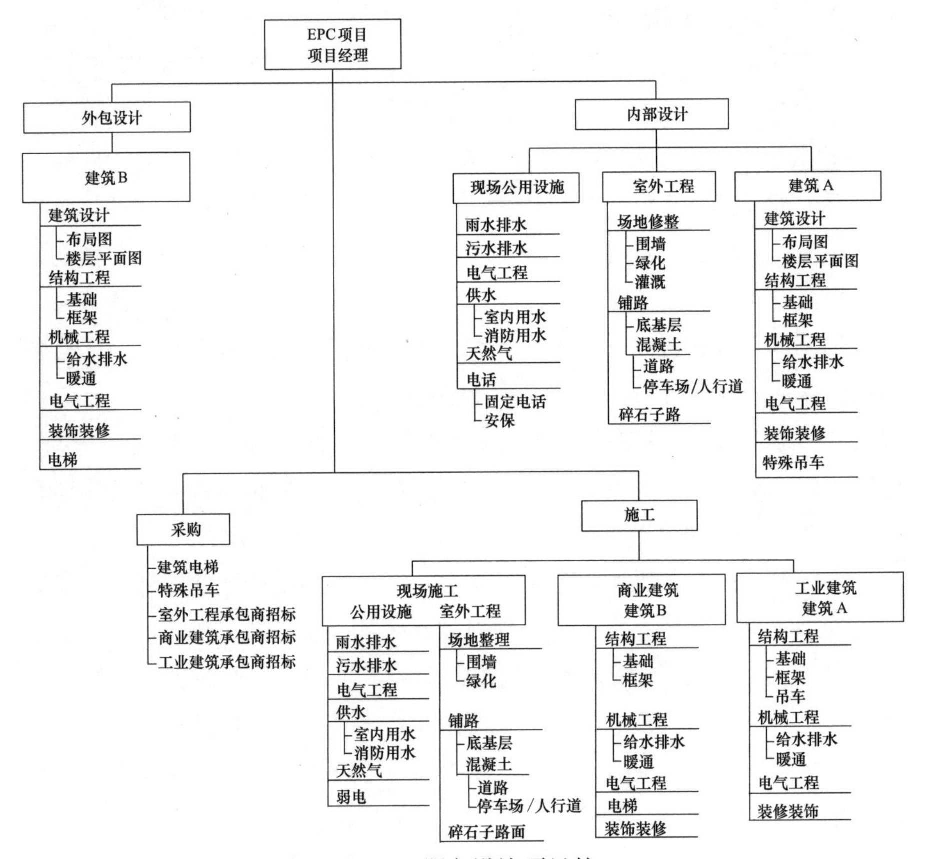

图 10-1　EPC 服务设施项目的 WBS

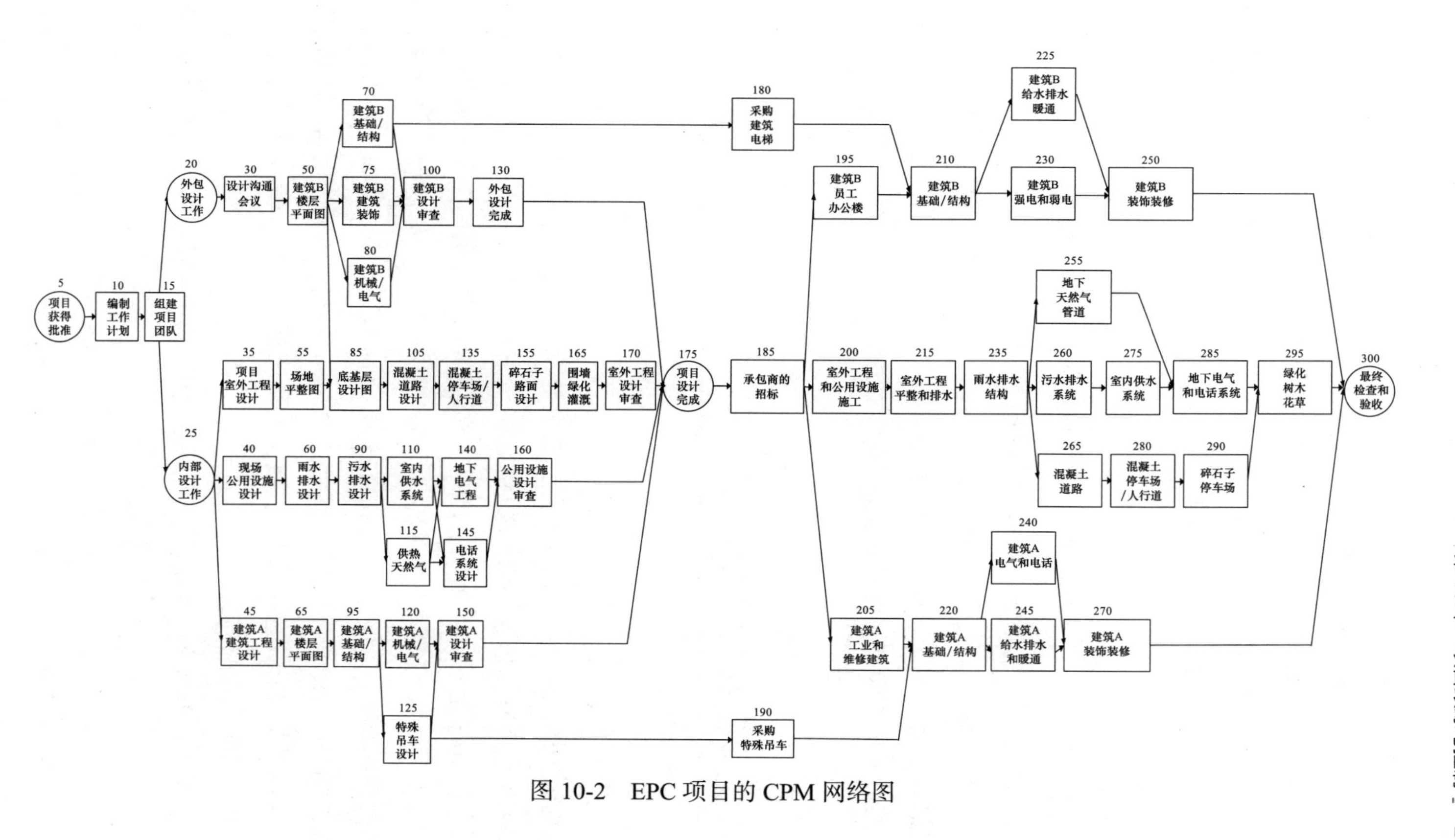

图 10-2 EPC 项目的 CPM 网络图

扩展，现在包含了采购和施工活动。这是一个维修运营的服务设施，包括室外工程、公用设施、一个员工办公楼、一个维修建筑。为管理这个项目，制定的合同策略是利用内部人员设计现场公用设施、室外工程和维修建筑，员工办公楼采用外部分包设计。在 WBS 和 CPM 中，维修建筑被标志为建筑 A，办公楼建筑被标志为建筑 B。

施工的合同策略是将现场公用设施和室外工程分包给一个土建承包商。使用两个建筑承包商，一个施工办公楼，另一个施工维修建筑。施工活动只包括 EPC 进度计划列出的部分，但每个施工承包商将根据这些内容进行更详细的扩展，这是施工承包合同要求的一部分。

如图 10-2 所示，相应的设计活动与材料设备的采购活动直接相联系。例如，建筑 A 的桥式吊车设计的紧后活动是采购，然后是施工。同样地，建筑 B 的电梯设计与各自的采购和施工活动相连接。

10.3 项目报告编码体系

为了生成项目监督和控制的各种报告，需建立一个能识别项目每个元素的编码体系，以便对信息进行分类报告。对每项工作可以分配一个编码，用来识别各种信息，例如：项目阶段、工作分类、负责人或工作所属的设施。表 10-1 是图 10-2 所示项目的一个简单的 4 位数编码体系示例。

表 10-1 可以用来分配编码，这对于图 10-2 中 CPM 进度计划的每个活动都是独特的，以便将 WBS 和 OBS 和 CPM 联系起来。例如，活动 95（建筑 A 的基础和结构设计）被分配编号是 1735，这个编码表明这个活动是建筑 A 的结构设计（公司内部），负责人是成员张 ××。表 10-2 是为项目每个活动分配的编码列表。

利用表 10-1 的编码体系，可以通过选择编码的第 3 位是 3 的活动，来获得所有的结构工程。同样地，通过选择编码第 2 位是 8 的活动，可以得到所有与建筑 B 相关的活动。

编码的多种分类可以使项目经理得到各种不同的项目控制报告，即便使用刚提到的 4 位数编码就能达到目的。例如，一个关于建筑 A 和建筑 B 结构工程的报告，可以通过筛选编码第 3 位等于 3，编码第 2 位大于 6 且小于 9 的活动而得到。因此，很多类型的报告可以通过编码位数的不同组合来获得。

项目的编码体系　　表 10-1

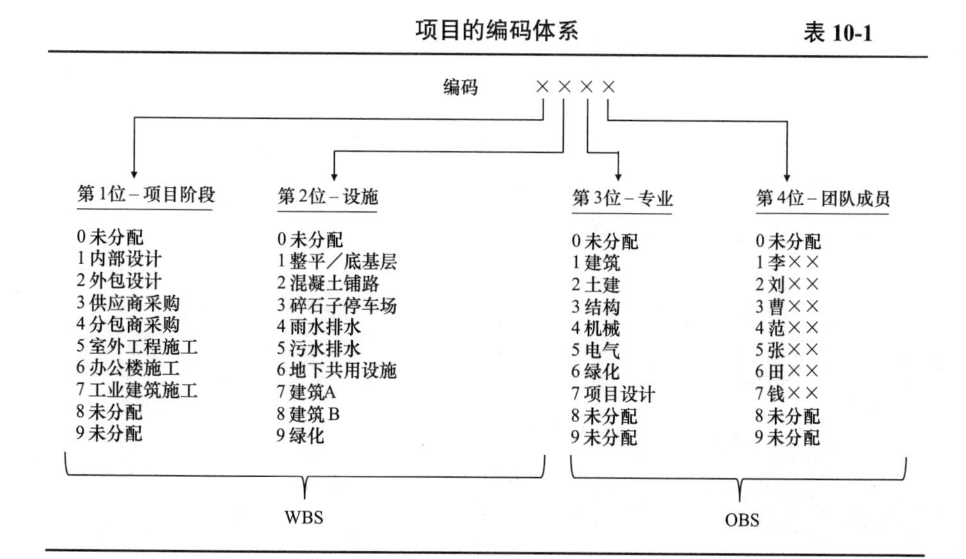

EPC 项目活动列表－EPC 维修设施项目示例　　表 10-2

活动号	编码	活动描述	时长	成本	负责人
5	0071	项目批复	3	500	李××
10	0071	编制工作计划	7	12000	李××
15	0071	组建项目团队	5	850	李××
20	2872	分包设计工作	2	3000	刘××
25	1073	内部设计工作	3	1500	曹××
30	2872	设计情况介绍会	1	1200	刘××
35	1073	室外工程设计	1	1400	曹××
40	1624	现场公用设施设计	1	1200	范××
45	1715	建筑 A 工程设计	1	1500	张××
50	2812	建筑 B 楼层图	10	9900	刘××
55	1123	现场平整图	12	14000	曹××
60	1424	雨水排水设计	10	2000	范××
65	1715	建筑 A 楼层图	15	26000	张××

续表

活动号	编码	活动描述	时长	成本	负责人
70	2832	建筑 B 基础 / 结构设计	45	31200	刘 ××
75	2812	建筑 B 建筑装饰设计	30	49500	刘 ××
80	2842	建筑 B 机电设计	45	37300	刘 ××
85	1123	底基层设计图	5	4000	曹 ××
90	1524	污水排水设计	10	12000	范 ××
95	1735	建筑 A 基础 / 结构设计	30	92700	张 ××
100	2871	建筑 B 设计审查	10	8000	李 ××
105	1223	混凝土铺路	20	12000	曹 ××
110	1624	室内供水系统	7	9000	范 ××
115	1624	天然气系统	8	6000	范 ××
120	1745	建筑 A 机电设计	30	22200	张 ××
125	1735	特殊桥式吊车	11	10800	张 ××
130	2872	分包设计完成	1	1000	刘 ××
135	1223	停车场混凝土铺路	10	7000	曹 ××
140	1654	地下电力设施	14	12000	范 ××
145	1654	地下电话系统	4	3000	范 ××
150	1771	建筑 A 设计审查	3	5000	李 ××
155	1323	石子路面设计	8	6000	曹 ××
160	1677	公用设施设计审查	1	1100	李 ××
165	1963	围墙 / 绿化 / 灌溉	14	28000	曹 ××
170	1071	室外工程设计审查	5	7000	李 ××
175	0071	项目设计完成	1	1000	李 ××
180	3876	采购建筑电梯	25	95000	田 ××
185	4076	施工承包商招标	20	7000	田 ××
190	3776	采购桥式吊车	40	55000	田 ××
195	6887	员工办公楼 B	3	1000	钱 ××
200	5087	室外工程 / 公用设施施工	4	1500	钱 ××
205	7787	工业 / 维修建筑 A	2	1400	钱 ××
210	6882	建筑 B 基础和结构施工	45	195000	刘 ××
215	5083	室外工程 / 平整 / 排水	18	85000	曹 ××
220	7785	建筑 A 基础和结构施工	110	390000	张 ××
225	6882	建筑 B 给水排水通风空调	75	285000	刘 ××

续表

活动号	编码	活动描述	时长	成本	负责人
230	6882	建筑B电气/电话系统	60	21500	刘××
235	5484	雨水/排水结构施工	15	22000	范××
240	7785	建筑A电气/电话系统	65	167000	张××
245	7785	建筑A给水排水通风空调	85	192000	张××
250	6882	建筑B装饰装修	50	260000	刘××
255	5684	地下天然气设施	5	10500	范××
260	5584	污水排水系统	21	33200	范××
265	5283	混凝土路面	60	185000	曹××
270	7785	建筑A装饰装修	30	175000	张××
275	5684	室内供水系统	7	13200	范××
280	5283	混凝土停车场/人行道	15	35000	曹××
285	5684	地下电气和电话系统	14	47000	范××
290	5383	碎石子停车场	40	76000	曹××
295	5983	园林绿化	20	62000	曹××
300	9977	最终验收	3	3500	李××

10.4 时间和成本控制表

CPM网络计划体现WBS中所含工作包的活动顺序。执行每项活动的预计时间和成本能从WBS的工作包信息中获得，以便建立控制成本和时间的参数。对于图10-2所示EPC项目的每个活动，表10-2提供了每项活动的成本、时长以及负责人。这些成本和时长直接与WBS相关，它们的费用直接与完成的工作相关。为了测量项目进度，将实际成本和时长与这些控制成本和时长进行对比。

项目总成本包括直接成本加上间接成本、风险储备金和利润。一个项目的成本分解结构（CBS）包含所有这些成本。但是，只有与WBS相关联的直接成本用于项目控制目的，来管理工作的进展情况。间接成本包括那些不能直接摊入项目的支持人员、设备和供给费用。保险、保函和办公室管理费等成本，也被排除在成本和进度的项目控制体系之外，因为这些成本在项目之始就已固定，与工作完成情况无关。对这些成本的管理通常是会计部门的职能，因为项目经理及其团队无法控制这些成本。这些成本通常被分布到一个具体时间段内，并将随着工期长短而增加或减少。

图 10-3 是一个总体设计预算矩阵的示例。成本分解结构（CBS）包括预算矩阵中所有分配了金额的元素。所有元素的总金额就是设计总预算。项目的 WBS 只包括那些 CBS 中产生可交付成果的预算任务：设计计算、图纸和规范。

在图 10-3 的例子中，选择用于工作控制的职能在矩阵中涂了阴影，也就是：设计和图纸、规范、采购支持、施工支持。详细的 WBS 将根据这些预算项扩展到定义整个项目的区域、系统、分系统。例如，电气设计的可交付成果将是图纸清单，包括所有电气工程图纸。每张图纸的人工时数量和计算所需的人工时数量将代表预算。

设计预算矩阵

职能 \ 活动或成本元素		设计和图纸	规范	采购支持	现场配合	监督和控制	旅行	供给和服务
管理						人工时和金额		
采购				人工时和金额	人工时和金额		金额	金额
专业	土建	人工时和金额	人工时和金额	人工时和金额	人工时和金额	人工时和金额		
	电气	人工时和金额	人工时和金额	人工时和金额	人工时和金额	人工时和金额		
	其他	人工时和金额	人工时和金额	人工时和金额	人工时和金额	人工时和金额		

图 10-3　设计成本分解结构和工作分解结构

工作进度计划是生成最终图纸的总时间，包括设计计算和设计绘图的搭接。尽管大部分工程师对单独设计任务喜欢使用横道图，但为了项目控制，横道图仍需纳入整个项目 CPM 进度计划中。CPM 设计进度计划中每个活动的开始和结束，是工作包所有任务的组合。下面展示了对工作包搭接任务的评估，以确定 CPM 进度计划中一个活动的时长。

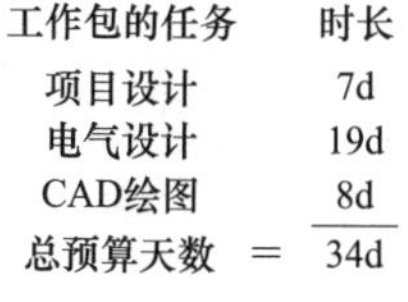

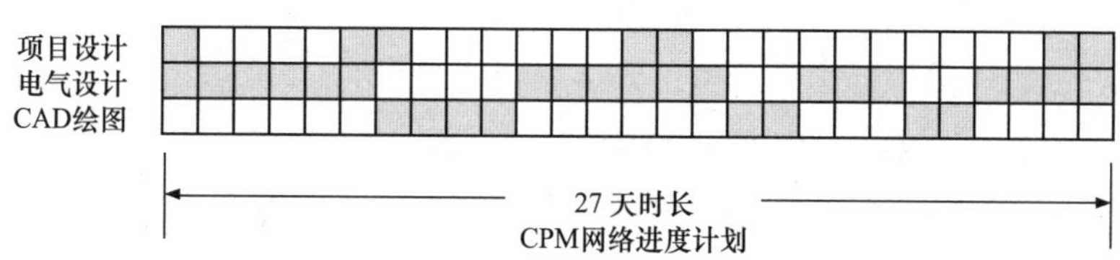

在固定价格模式下，图 10-4 显示了 WBS 和 CBS 在施工阶段的关系，WBS 是 CBS 的直接成本部分。WBS 仅包括分配了预算、安排了时间和需要控制的工作。成本估算应按照与 WBS 同样的组织格式进行准备。根据图纸和规范计算的数量将成为直接人工、材料和设备成本的依据。成本估算也需考虑施工方法和进度计划的工序。

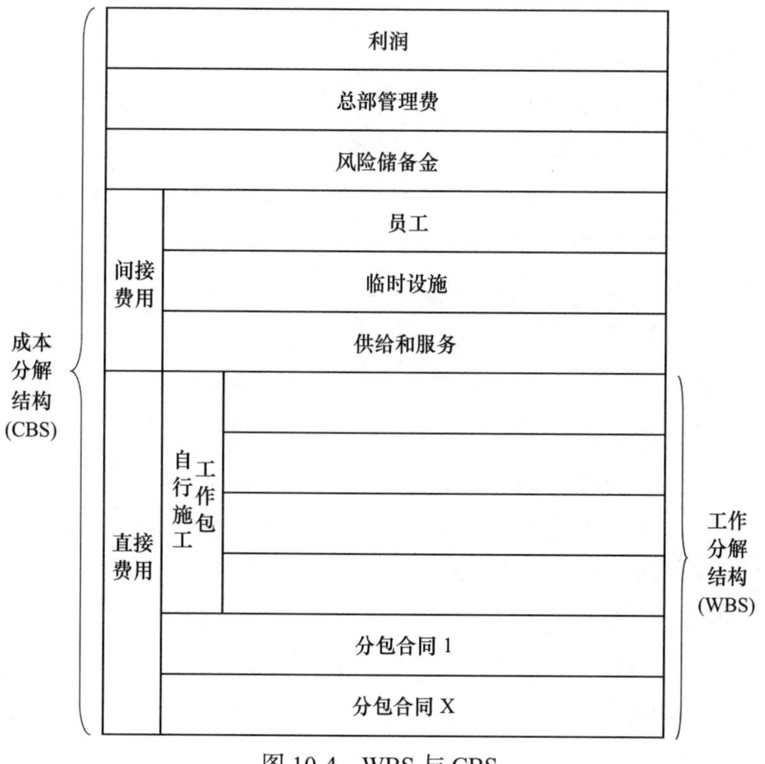

图 10-4　WBS 与 CBS

负责施工的现场经理必须参与详细施工进度计划的编制。然而，在项目开发前期阶段，在施工承包商确定之前，常需要准备一个施工进度计划。在这种情况下，初始的 CPM 施工进度计划活动顺序不必有过多约束条件，主要体现出项目主要区域的顺序和总体的工作流程。然后，在施工开始之前，由实际执行工作的施工人员编制更详细的 CPM 进度计划。

由施工转型的工程总承包商，通常会自行施工一部分工作，再分包一部分工作给一个或多个分包商。由于很多分包商没有完善的项目控制体系，对分包商的工作分配应是一个有工作范围、预算和进度计划的工作包。它必须有足够详细的定义，以便使分包商明确理解其责任和义务。分包工作包必须与 WBS 相一致，否则就失去了控制的基础。

对每个分包商工作的开始和完成日期等里程碑节点必须明确定义，包括任何必要的停顿，以便安排其他分包商的工作。每个分包商都是一个独立的公司，不是总承包商的直接雇员，但分包工作必须包括在整个项目进度计划中，因为任何一个承包商的工作通常都会影响其他承包商的工作，这会对项目完工日期造成影响。

物资采购不到位是施工延误的一个普遍原因。采购计划必须包括在项目进度计划中，以指导承包商供应材料的采购。尽管作为施工合同的一部分，承包商通常采购大部分材料；然而，很多项目需要采购独特的材料和设备，而且业主或总包可能会采购设备或大宗材料，然后由施工承包商来安装。因此，项目进度计划应识别并计划所有影响特殊材料设备交货的活动。

前面部分呈现了图 10-2 所示的 EPC 项目的活动清单、成本、时长和编码，这些数据的准备，为项目监督和控制提供了基础。例如，为了评估项目的设计阶段，可以生成一个 S 曲线（图 10-5），以展示所有设计工作的成本分布。这个曲线是使用表 10-1 的编码体系，通过选择编码第 1 位数大于 0 和小于 3 的所有活动而得到的。

其他报告也可以通过电脑来生成。例如，图 10-6 展示的是公司内部设计每日成本的图表。它可以通过选择编码第 1 位数为 1 的所有活动来得到。针对人工时也可以得到一个类似的图表，这可以显示出工作对人员的需求。

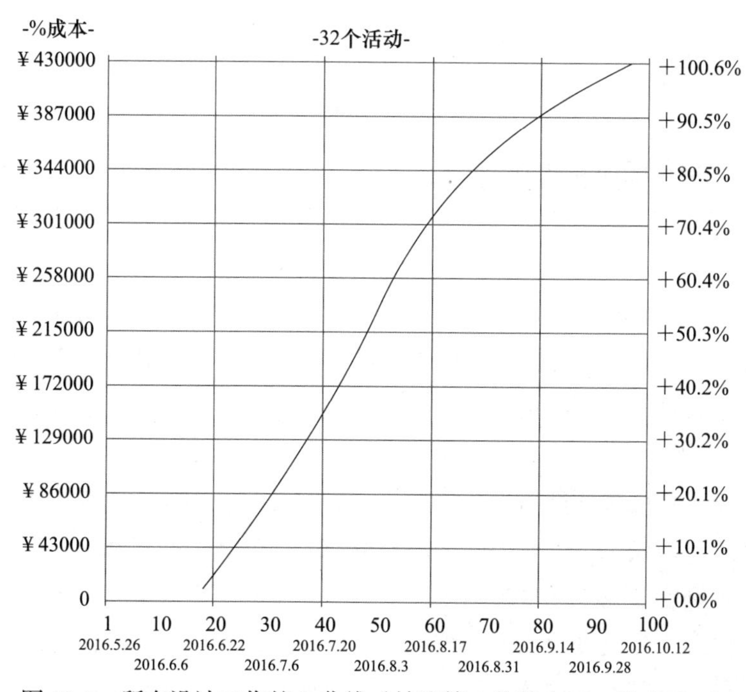

图 10-5　所有设计工作的 S 曲线（抽取第 1 位数大于 0 并小于 3）

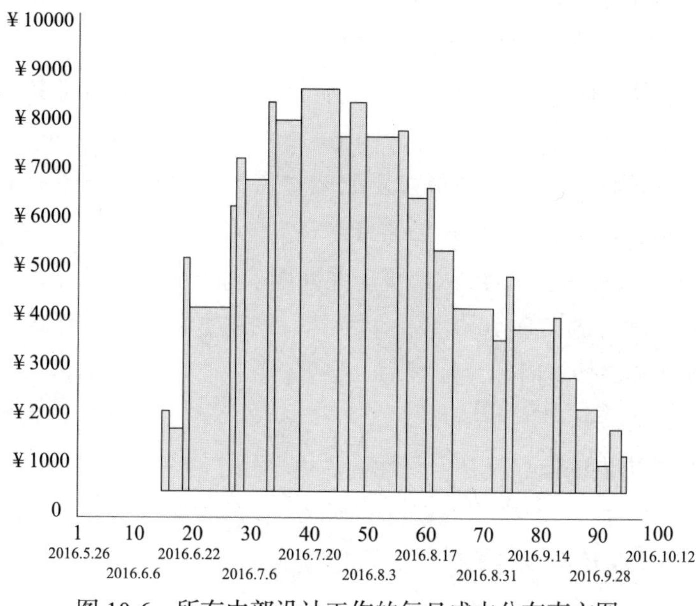

图 10-6　所有内部设计工作的每日成本分布直方图

10.5 时间和成本的关系

对设计工作的测量比较困难，因为设计是一个创造性的过程，涉及想法、计算、方案评估，以及其他无法量化的任务。在见到最终成果例如图纸、规范和报告等可量化的工作前，可能已花费了大量时间和成本在这些工作上。

由于工作的多样性，设计测量变得更加复杂。例如，所有设计计算可能已完成，却仅生成了一半图纸，只编写了四分之一的规范。在这种情况下，很难确定已完成了多少工作，因为所完成的工作没有一个统一的测量单位。因此，完成百分比通常被用作设计工作的测量单位。鉴于此，在开始设计前必须与设计团队成员达成工作完成百分比的测量标准。这为月度的进度评估提供了统一的依据。

对设计任务可以分配一个权重，以定义完成每项任务所需要的努力程度。所有权重值之和是 1.0，它代表 100% 的设计工作。确定每个权重应是项目经理和执行工作的设计师共同讨论的结果，这应在开始工作之前完成。

在设计过程中，会有大量必要的工作搭接。例如，绘图通常会在设计计算完成之前开始；同样地，在最终施工图纸开始之前，最终计算常常还未完成。项目经理及其团队成员应共同明确相关工作的搭接，以显示项目的任务时间计划。表 10-3 是一个示例，列出了设计的工作内容、权重值和每项任务的估算时间。针对每一类工作，可能还需要对其权重进一步细分。

表 10-3 提供的信息仅是示意性的。由于每个项目都是独特的，所以有必要针对每个项目定义适当的权重。设计工作的时间取决于人员的可用性。这些信息可以从所有设计工作包汇总得到。

设计工作的权重示例　　表 10-3

设计工作	权重乘数	项目时间计划
审查背景资料	0.05	0 ～ 10%
设计计算	0.10	10% ～ 25%
初步绘图	0.25	15% ～ 45%
最终计算	0.20	35% ～ 60%
生成图纸	0.30	50% ～ 90%
图纸审批	0.10	90% ～ 100%
	1.00	

为了管理整个设计工作，可以根据表 10-3 中的信息绘制一个工作 / 时间曲线，见图 10-7。图的左半部分是代表每个设计任务的斜线图，按照工作顺序排列。每个图的斜度是其权重值相对于工作所需时间的比率。图 10-7 的右半部分是整个设计工作的工作 / 时间曲线，是通过上面各个图的组合叠加而成。这个曲线代表工作的计划完成情况，并作为与实际完成情况对比的控制依据。它还可以叠加到前面谈到的时间 / 成本 S 曲线上，形成一个整合的成本 / 进度 / 工作曲线。

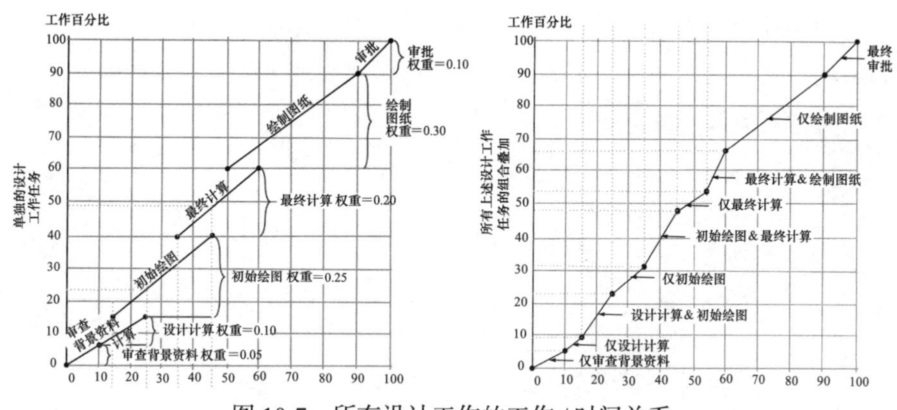

图 10-7　所有设计工作的工作 / 时间关系

施工涉及很多不同类型的工作，也使用不同的测量单位，例如：m^3、m^2、kg 或个。因此，对于整个施工的管理和控制来说，使用百分比作为测量单位也比较方便。

用于测量设计工作的程序同样适用于施工。例如，一个项目可能包括三个主要设施：室外工程、混凝土建筑、预制钢结构建筑（参考表 10-4）。对每个主要设施都分配了权重值及其计划的工作顺序。

施工的权重值示例　　　　表 10-4

设施	权重乘数值	项目时间计划
室外工程	0.25	0 ～ 35%
混凝土建筑	0.40	15% ～ 75%
预制钢结构建筑	0.35	65% ～ 100%
	1.00	

表 10-4 仅列出项目的三个主要组成部分。通过将每个主要设施细分成更小的单元，可以得到所计划工作的更准确定义。例如，室外工程可以划分成整平、排水、铺路、绿化等；同样，每个建筑也可以划分成更小的单元。无论项目的详细程度如何，所有权重值的总和必须是 1.0，代表项目的 100%。每个主要设施的权重和时间安排在开始施工之前由项目关键成员确定，作为施工过程控制的基础。

图 10-8 显示的是工作计划完成情况的组合。图的左半部分是三个主要设施的搭接和顺序的图形；右半部分是项目整合的工作 / 时间曲线，由三个设施的三条斜线组合叠加而成。

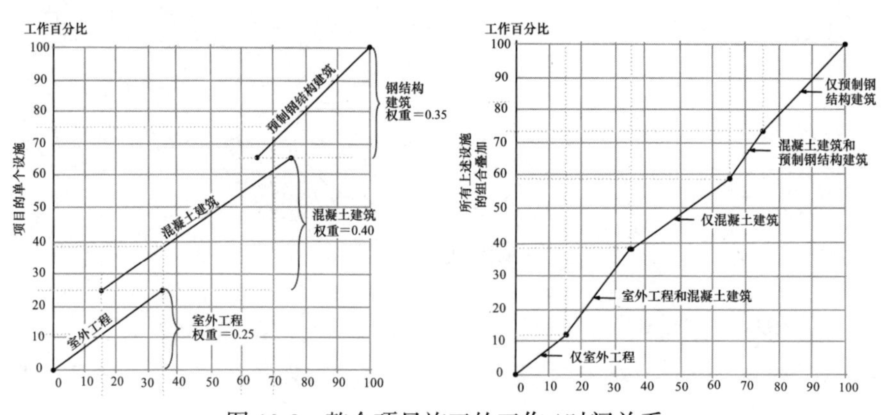

图 10-8　整个项目施工的工作 / 时间关系

这是针对项目所有设施在最高层次的概括，对于每个设施或设施的一部分，都可以应用同样的程序，这取决于项目的复杂性和项目经理期望的控制程度。

在最低层次，可能需要使用工作测量单位来计量现场工作，而不是使用百分比。例如，“铺电缆”可以很容易用延米来计算，或“混凝土桩”可以使用立方米。但是，当使用具体数量而非百分比时，需要引起一些注意。例如，混凝土桩施工包括钻孔、放置钢筋、浇筑混凝土。对于一个有 18 根桩的项目，进度报告可能显示所有桩孔已钻完、9 个桩放置了钢筋、3 个浇筑了混凝土。如果仅用立方米作为控制的测量单位，就只能报告 3 个桩已完成，而不包括已完成的钻孔和钢筋。对于这种情况，必须建立一个权重体系来说明打桩的每一个任务。如前所述，所有权重值之和必须等于 1.0，代表 100% 的工作。

10.6　成本 / 进度 / 工作的整合

有经验的项目经理都知道，使用部分信息（如时间或成本）来跟踪项目状态会产生的问题。例如，项目预算在计划工期过半时已花费了一半，但却仅完成 20% 的工作。如果仅观察时间和成本，会觉得项目进展顺利，然而，在项目结束时将很可能有成本超支和时间延误，因为没有将工作测量包括在项目控制体系中。因此，项目经理必须建立一个整合成本 / 进度 / 工作的体系，它应在项目过程中而非项目结束后，提供有意义的信息反馈。这就可以确定项目的真实状态并采取纠正措施，况且这时可以用最低成本来纠正发生的问题。

前面部分谈到了项目控制的成本 / 时间关系和工作 / 时间关系。然而，单独评估这些关系并不能呈现一个项目的真实状态。这就需要准备一个成本 / 时间 / 工作图表，来体现项目的三个基本要素：范围（工作）、预算（成本）和进度（时间）的整合关系。图 10-9 是一个关联了成本（左侧纵坐标）、时间（横坐标）、工作（右侧纵坐标）的图。上部的曲线只是前面谈到的简

单的成本 / 时间曲线。下部的工作 / 时间曲线反映了项目期间工作与时间的关系。因此，这个图只是前面所示信息的简单叠加。

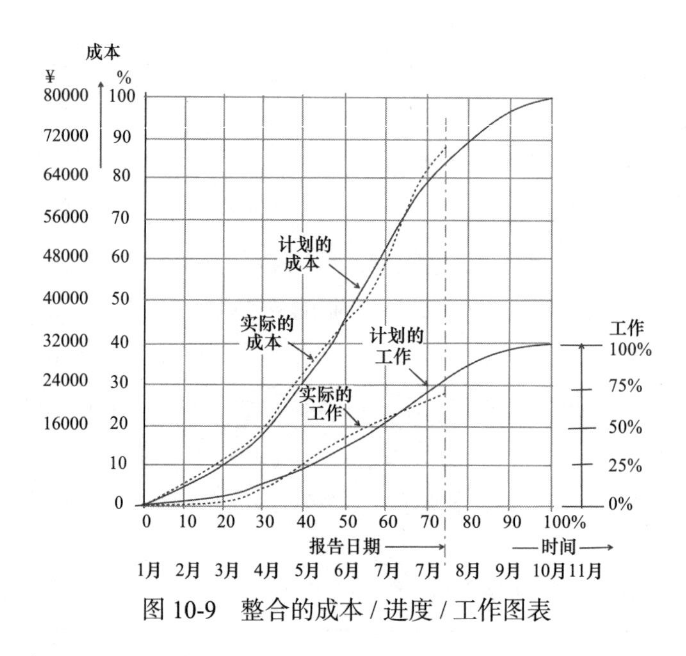

图 10-9　整合的成本 / 进度 / 工作图表

成本的单位是人民币或美元，进度的单位是天（d），这对于任何类型的项目都是容易确定的测量单位。工作的测量单位是由百分比来代表，这对项目所有组成部分提供了通用的基础。如前所述，一个项目可能包括三种类型的建筑：混凝土、钢结构和木结构。对混凝土建筑适当的测量单位是立方米，钢结构建筑是吨，木结构可能是板材延米。然而，由于不可能将立方米、吨和延米相加，所以百分比作为一个无尺寸的测量单位，可以用来方便地代表工作的完成情况。

尽管百分比提供了一个通用的工作测量单位，仍有必要用一个系数来定义项目每个部分的工作分布。例如，前面提到项目的三个建筑可能对混凝土建筑使用权重 45%、钢结构建筑使用 35%、木结构建筑使用 20%，三者相加代表 100% 的整个项目。确定权重值可能包括的因素有：人工时、成本或完成工作的时间。权重值的选择涉及对项目定性和定量的评估，基于良好的判断，应当由项目团队成员共同来确定。

实际的成本和完成的工作可以叠加到曲线上面，用来与计划的成本和工作做对比，以便确定项目的状态，如图 10-10（a）所示。对于这个例子，实际完成的工作曲线在计划工作曲线的下面，这说明有进度延误。对于同一个报告期，又显示有成本超支（如图上部曲线所示）。因此，在这个报告期有进度下滑和成本超支。其他可能的情况如图 10-10（b）～（d）所示。

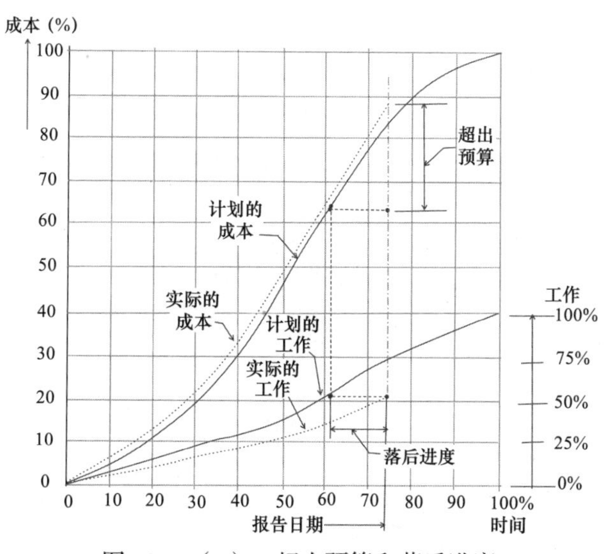

图 10-10（a） 超出预算和落后进度

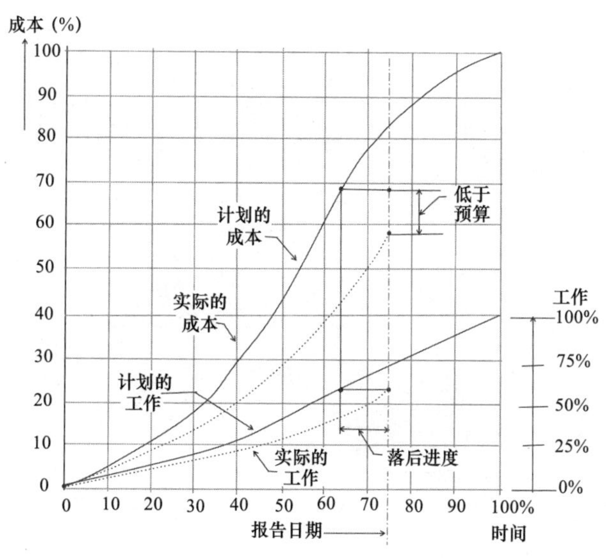

图 10-10（b） 低于预算和落后进度

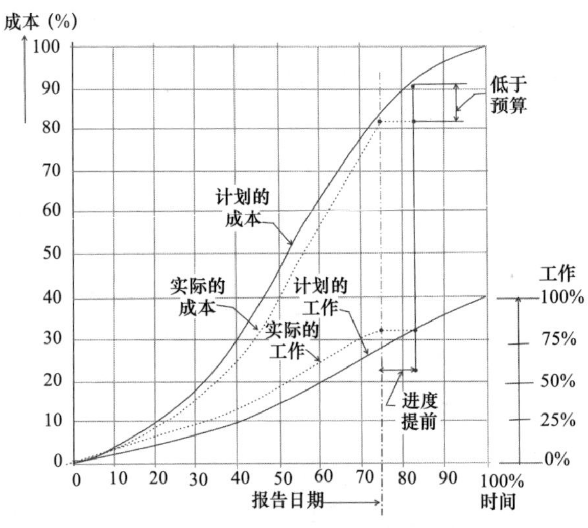

图 10-10（c） 低于预算和进度提前

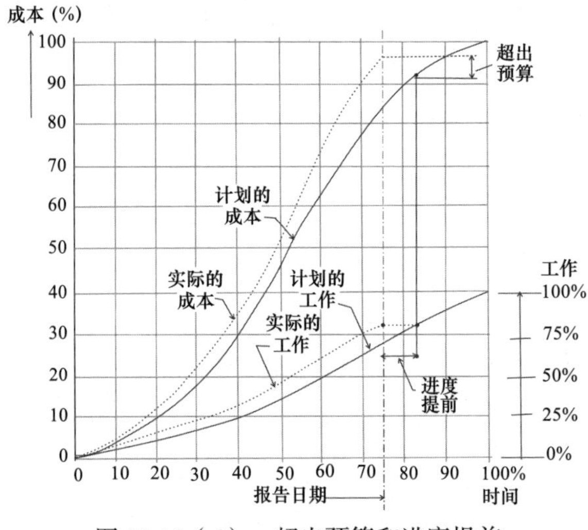

图 10-10（d） 超出预算和进度提前

10.7 完工百分比矩阵法

确定整个项目状态一个非常简单的技术是完工百分比矩阵法。它可以用于任何规模的项目，并且仅需要工作包中现有的少量信息。根据项目每个工作包的预算，可以用一个完成百分比矩阵来测量整体状态。预算可以用三种变量的任何一种进行计量：成本、人工时、工作实体数量。为了描述这个方法，下面仅使用了成本，但这个方法也可以很容易应用人工时或工作实体数量。有时，项目经理可能希望使用所有三个变量来确定项目的状态。

完工百分比矩阵法仅需要为每个工作包输入两个变量：估算的成本和完成百分比。可以在电脑上创建一个电子表格，应包括某个方面工作包的六条信息（见图 10-11）。利用电子表格中的公式，基于输入每个工作包的"估算成本"，来计算"单元百分比"和"项目百分比"。同样，基于输入的第二个变量"完成百分比"，可用表格中的公式计算"截至目前成本"和"项目完成百分比"。

工作包	
估算成本 * 完成百分比 * 截至目前成本	占单元百分比 占项目百分比 项目完成（百分比）
电子表格公式	
根据估算输入 * 用户输入变量 * 完成百分比 × 估算成本	估算成本 / 总单元成本 估算成本 / 总项目成本 截至目前成本 / 总项目成本

图 10-11　完工百分比矩阵法的工作包信息和电子表格公式

图 10-12 是一个包括五个建筑物的项目完工百分比矩阵法示例。每个建筑通过四个概括层面的要素进行定义：基础 / 结构、机电工程、装饰装修、特殊设备。每个建筑的"总成本"和"项目百分比"在电子表格右侧两栏显示。项目所有建筑的总成本代表项目的总预算 -¥240000。表格中的公式计算项目每个元素的"总成本"。例如：所有结构工程的预算成本是 ¥81000。

每个建筑概括层面的要素包括工作包中的六条信息（见图 10-11）。例如，建筑 A 结构工程工作包是 ¥15000，这占建筑 A 成本的 30% 和项目总预算 ¥240000 的 6%。在表格中输入建筑 A 的完成百分比 70%，公式自动计算出"截至目前成本"为 ¥10500，并代表整个项目完成 4% 的百分比。获得项目状态唯一的输入就是"完成百分比"单元格。

设施	基础结构		机电安装		装饰装修		特殊设备		总成本	占总成本百分比
	估算成本 完工% 截至今日成本	占单元% 占项目% 总完工%	估算成本 完工% 截至今日成本	占单元% 占项目% 总完工%	估算成本 完工% 截至今日成本	占单元% 占项目% 总完工%	估算成本 完工% 截至今日成本	占单元% 占项目% 总完工%		
建筑 A	¥15000. 70.% ¥10500.	30.% 6.% 4.%	¥8000. 35.% ¥2800.	16.% 3.% 1.%	¥10000. 0.% 0.	20.% 4.% 0.%	¥17000. 0.% 0.	34.% 7.% 0.%	¥50000	21.%
建筑 B	¥25000. 10.% ¥2500.	28.% 10.% 1.%	¥9000. 0.% 0.	10.% 1.% 0.%	¥23000. 0.% 0.	26.% 10.% 0.%	¥33000. 0.% 0.	37.% 14.% 0.%	¥90000	38.%
建筑 C	¥8000. 100.% ¥8000.	40.% 3.% 3.%	¥3000. 80.% ¥2400.	15.% 1.% 1.%	¥4000. 0.% 0.	20.% 2.% 0.%	¥5000. 0.% 0.	25.% 2.% 0.%	¥20000	8.%
建筑 D	¥2000. 100.% ¥2000.	20.% 1.% 1.%	¥1000. 100.% ¥1000.	1.% 0.% 0.%	¥0. 0.% 0.	0.% 0.% 0.%	¥7000. 0.% 0.	70.% 3.% 0.%	¥10000	4.%
建筑 E	¥31000. 5.% ¥1550.	44.% 13.% 1.%	¥18000. 0.% 0.	26.% 8.% 0.%	¥21000. 0.% 0.	30.% 9.% 0.%	¥ 0. 0.% 0.	0.% 0.% 0.%	¥70000	21.%
估算汇总&占项目%	¥81000.	34.%	¥39000.	16.%	¥58000.	24.%	¥62000.	26.%	¥240000	100.%
截至今日总成本&占项目%	¥24550.	10.%	¥6200.	3.%	0.	0.%	0.	0.%	¥30750	13.%

图 10-12　项目完工百分比矩阵

随着在矩阵中对每个工作包输入信息，项目每个要素的总值就在表格的底部计算出来。例如，结构工程项下竖向栏内的所有“截至目前成本”值汇总为 ¥24550，这占整个项目的 10%。同样地，表格中的公式对每个要素总成本值汇总，计算出截至目前项目总成本是 ¥30750，这代表整个项目完成百分比为 13%。这个百分比可用于评估整合的成本 / 时间 / 工作图表，这将在后面进行讨论。

10.8　设计进度测量

设计阶段进度测量方法的基本目标是：

（1）建立符合实际的项目执行计划来支持项目管理；

（2）为项目经理和业主提供连贯性的项目绩效分析；

（3）提供一个识别项目偏差和范围增加的预警系统。

设计过程的典型可交付成果是图纸清单和规范清单。然而，某些项目可能会有其他的可交付成果。例如，工业项目的可交付成果通常包括设备清单和仪表清单。有时，长周期设备或特殊材料的采购也会包括在设计合同中。在这种情况下，一个采购活动清单就成为设计工作可交付成果的一部分。

一个单独设计活动的完成百分比通常可使用四种方法之一来确定：单位完成法、里程碑法、开始 / 完成百分比法或比率法。单位完成法可能适用于编写规范，前提是假设每部分规范被认为需要同等的努力。它是通过用完成的规范数量除以需要完成的规范总数，得到工作完成的百分比。

里程碑法对于生成图纸和采购活动的测量比较适合，因其包含容易识别的里程碑节点。如下的百分比是测量绘制图纸和采购活动的典型例子。

绘制图纸	
开始绘图	0%
完成但未检查	20%
完成内部检查	30%
发送业主审批	70%
第一次发出图纸	95%
最终发出图纸	100%
采购活动	
编制投标人清单	5%
询价文件完成	10%
评标完成	20%
授标完成	25%
供应商图纸提交	45%
供应商图纸审批	50%
设备发运	90%
设备验收	100%

开始 / 完成百分比法适用于那些没有明显里程碑节点，或所需的努力和时间较难估算的活动。对于这些任务，在活动开始时分配 20%～50%，结束时 100%。在开始时就分配一个百分比，是考虑到在开始和结束之间的很长时间内，不再给予进度评估。这种方法对工作（例如计划、设计、模

型制作、研究等）比较适合，也可以用于编写规范。

比率法适用于项目管理或项目控制等类型的任务，其涉及项目的整个过程。这类任务没有特别的最终产品，以总量分摊为基础进行估算和预算，而非根据生产测量。它也可用于适合开始 / 完成法的任务。在任何时点的完工百分比，是用迄今花费的人工时（成本）除以最新的估算完工人工时（或成本）总额。

完工百分比可能会通过上述的任何一种方法确定。挣得值技术可以用来汇总整体工作状态。任何受控内容的挣得值是：

挣得工时＝预算工时 × 完工百分比

预算工时等于初始预算加上批准的变更。

一个项目或工作包的整体完工百分比可以计算如下：

$$\text{完工百分比}=\frac{\text{所包含任务的挣得工时总和}}{\text{所包含任务的预算工时总和}}$$

可以通过各种指数来跟踪趋势，例如成本绩效指数（CPI）和进度绩效指数（SPI）。CPI 提供了工作挣得人工时与工作实际花费人工时的比较，用来反映工作效率。

CPI 的公式是：

$$\text{CPI}=\frac{\text{任务挣得的人工时总和}}{\text{任务实际花费人工时总和}}$$

为了使上述指数真正体现生产效率，仅应将分配了预算的任务包括在总额中。如果由于某种原因，某项工作没有分配预算但有人在执行这项工作，项目经理应准备一个变更单将其纳入工作范围。所有实际发生的人工时需要准确地记录和报告，以便为后续类似项目提供准确的历史数据。

SPI 是将某个时点已完成工作量与计划工作量做比较。SPI 的公式是：

$$\text{SPI}=\frac{\text{迄今挣得的人工时总和}}{\text{迄今计划的人工时总和}}$$

上述公式中计划的人工时是根据任务进度计划的汇总。

在 CPI 和 SPI 的两个公式中，指数为 1 或大于 1 表示是有利的。通过在一个图上绘制 CPI 及 SPI 的“本期”和“累计”值，可以发现趋势。尽管整个项目或一个工作包的 SPI 能够在某种程度上反映进度情况，但其仅仅比较的是完成工作量和计划工作量。如果项目经理以牺牲关键活动为代价，付出过多努力在非关键活动上，即使 SPI 大于 1，仍会有不能满足里程碑节点或完工日期的危险。SPI 并不显示工作是否按照正确的顺序完成。因此，作为进度控制的一部分，必须定期检查每个工作包中所有任务的进度计划，以便识别出任何落后于进度的内容并采取纠偏行动，将其拉回正常的计划轨道。

10.9　施工进度测量

一个施工项目需要完成很多项任务，从平整场地和现场工作开始，直到最终缺陷修补和竣工清理。在整个项目期间，必须对项目的每一部分进行系统性的报告。下面描述六种测量施工进度的体系：单位完成法、里程碑法、开始 / 完成法、主观判断法、成本比率法和加权单位法。体系的选择取决于项目的性质和项目经理期望的控制程度。六种方法的每一种都可能会用在一个项目上。

测量施工进度的单位完成法，适用于重复性和需要均匀努力的工作。一般来讲，这种任务处于最低控制层次，因此，仅需要一个工作单位来定义工作。举例说明，铺设电缆的完成比例，是通过已铺设的电缆长度除以需要铺设的电缆总长度，来确定完成百分比。

里程碑法适用于那些包含子任务，且子任务需按顺序执行的任务。例如，在一个工业设施中安装一个大型器皿，就可能包括如下的连续性任务。任何子任务的完成都被看作一个里程碑节点，代表设备安装完成了一定的比例。百分比可能根据完成任务所估算的人工时来确定。

验收并检验完成	15%
定位完成	35%
校准完成	50%
内部安装完成	75%
试验完成	90%
业主验收	100%

开始 / 完成法适用于没有明确定义的里程碑节点，或其所需时间难以估计的任务。例如，一件设备的矫正可能根据具体情况，需要几个小时或几天，工人可能知道何时开始及何时结束，但过程中不会知道完成百分比是多少。对于这种方法，在任务开始时会主观地分配一个百分比，任务结束时是 100%。对于需要较长时间的任务，开始可能分配的百分比是 20%～30%，对于时间短的任务可能就是零。

主观判断法是一种主观性方法，可能用于小型任务，例如施工临时设施，这就没有必要使用复杂的方法了。

成本比率法适用于管理性任务，例如项目管理、质量保证、合同管理或项目控制。这类任务涉及很长时间，或在整个项目期间持续进行。一般这些任务使用固定金额和工时进行估算和预算，而没有可测量的工作数量。对于这种方法，完成百分比可以用如下公式计算：

$$完工百分比=\frac{迄今的实际成本或工时}{预测的完工成本或工时}$$

加权单位法适用于那些涉及主要工作且时间很长的任务。一般这些工作需要几个相互搭接的子任务，且每个子任务都有不同的测量单位。这种方法通过图 10-13 所示钢结构的例子来展示。钢结构的共同测量单位是 t。

权重	子任务	测量单位	数量总计	同等的钢吨	截至今日数量	挣得吨数
0.02	基础螺栓	个	200	10.4	200	10.4
0.02	垫片	%	100	10.4	100	10.4
0.05	落砂	%	100	26.0	100	26.0
0.06	钢柱	个	84	31.2	74	27.5
0.10	钢梁	个	859	52.0	0	0.0
0.11	水平支撑	个	837	57.2	0	0.0
0.20	环撑和拉杆	跨	38	104.0	0	0.0
0.09	调直和矫正	%	100	46.8	5	2.3
0.30	连接件	个	2977	156.0	74	3.9
0.05	修补	%	100	26.0	0	0.0
1.00	钢	吨		520.0		80.5

$$挣得的吨数=\frac{（迄今完成数量）（相对重量）}{（总数量）}$$

完工百分比 $= 80.5/520 = 15.5\%$

图 10-13 施工测量的加权单位法示例

对每个子任务分配一个权重，代表估计的努力程度。人工时通常是对所需努力程度比较好的测量标准。当每个子任务的工作数量计算完成后，将这些数量转化成同等的吨数，并计算出完工百分比，如图 10-13 所示。

如前所述，有很多方法可以用来测量项目每个任务的工作进度。在不同工作任务进度确定之后，下一步便是建立一个方法来整合所有任务，以确定整个项目的完工百分比。挣得值体系可以用来定义项目的整体完工百分比。挣得值可以与项目预算相联系，以人工时或金额来表示。对一个单独的成本科目，挣得值可以用如下公式来计算：

挣得值＝完工百分比×本科目的预算

当一个任务完成后，它的预算金额就被"挣得"，达到了这个科目的最大金额。例如，一个成本科目可能预算是 10000 元和 60 工时。如果根据上面描述的一种方法进行测量，报告显示这个科目完成 25%，那么其挣得值就是 2500 元和 15 工时。因此，所有科目的进度都可以简化成挣得的人工时和金额，这就提供了一个汇总多个科目并计算整个项目进度的方法。确定整个项目完工百分比的公式如下所示：

$$完工百分比=\frac{（所有科目挣得的人工时/金额）}{（所有科目预算的人工时/金额）}$$

上面讨论的概念提供了一个确定单个任务或任务组合完工百分比的体系。这为分析结果，以确定与计划进度相比实际进度如何提供了基础。挣得值体系为项目的绩效评估提供了一个方法。

前面仅仅讨论了预算的和挣得的人工时和金额。为了评估项目绩效，实际花费的人工时和金额也必须包括进来。如下的定义用来描述评估成本和进度绩效的程序：

- 迄今预算的人工时或金额－代表计划要做什么。C/SCSC 将其定义为计划工作的预算成本（BCWS）；
- 迄今挣得的人工时或金额－代表做了什么。C/SCSC 将其定义为完成工作的预算成本（BCWP）；
- 迄今实际花费的人工时或金额－代表实际花费成本。C/SCSC 将其定义为完成工作的实际成本（AC）。

进度绩效是所计划工作与所完成工作的对比，也就是，预算人工时与挣得人工时的对比。如果预算人工时少于挣得人工时，那就意味着实际比计划完成的工作要多，项目进度提前了；反之，则意味着进度落后了。

成本绩效是实际完成与实际花费的对比；也就是，用挣得的人工时或成本与实际花费的人工时或成本对比。如果实际花费比完成的要多，那项目就会有成本超支。如下的偏差和指数公式可以用来计算这些值。

进度偏差（SV）=（挣得的人工时或金额）-（预算的人工时或金额）

SV = BCWP - BCWS

$$\text{进度绩效指数（SPI）} = \frac{\text{（迄今挣得的人工时或金额）}}{\text{（迄今预算的人工时或金额）}}$$

SPI = BCWP/BCWS

成本偏差（CV）=（迄今挣得的人工时或金额）-（迄今实际花费的人工时或金额）

$$\text{成本绩效指数（CPI）} = \frac{\text{（迄今挣得的人工时或金额）}}{\text{（迄今花费的人工时或金额）}}$$

CPI = BCWP/ACWP

其中，偏差为正或者指数等于或大于 1.0，表示绩效较好。

10.10 项目测量与控制

项目计划的目的是成功地控制项目，以确保在预算和进度计划约束内完工。S 曲线是将成本相对于时间绘制在图上，提供了进度绩效的测量。项目的人工、设备、材料等要素通常使用统一的金额单位来评估。进度绩效体现的是这些项目要素的预算费用所发生的比率。绩效测量是基于挣得值概念和 S 曲线分析。挣得值概念提供了计划工作的预算值相比实际完成工作预算值一个定量的测量。

测量项目进度将帮助管理层建立一个符合实际的项目计划，并为项目经理和业主提供一个连贯性的项目绩效分析。进度测量还能提供一个预警系统，以识别实际进展与项目计划的偏差和范围增加。为了控制设计进度，将使用图纸清单、规范清单、设备清单、仪表清单、进度 S 曲线、人工时直方图等，来确定项目状态和后续的计划。项目经理可以针对不同层次的 WBS 使用进度曲线和人工时直方图。

10.11　挣得值体系

挣得值体系用于监督项目的进度，并比较完成的工作和计划的工作。BCWS 是项目每个时间段计划的或预算的金额。它是通过将成本加载到 CPM 进度计划，以确定按照项目计划的成本分布来得到。项目的 S 曲线就代表 BCWS。ACWP 是在项目任何时间点实际花费的成本金额，它根据会计记录或负责保管实际花费记录的一方来提供。BCWP 是基于完成的工作而挣得的金额，它是通过工作完成百分比乘以工作的预算金额而得到。下面是用于挣得值分析的词汇概述。

挣得值分析：

BCWS ＝计划工作的预算成本（计划的）

ACWP ＝完成工作的实际成本（实际的）

BCWP ＝完成工作的预算成本（挣得的）

偏差：

CV ＝ BCWP－ACWP（成本偏差＝挣得的－实际的）

SV ＝ BCWP－BCWS（进度偏差＝挣得的－计划的）

指数：

CPI ＝ BCWP/ACWP（成本绩效指数＝挣得的 / 实际的）

SPI ＝ BCWP/BCWS（进度绩效指数＝挣得的 / 计划的）

预测：

BAC ＝ 原始项目估算（完工预算）

ETC ＝（BAC－BCWP）/CPI（剩余完工估算）

EAC ＝（ACWP ＋ ETC）（完工成本估算）

在挣得值体系中，用比率指数来预测项目的完工成本。CPI 被用来预测成本可能超支或节约的金额，它根据过去的绩效来调整预算。SPI 用于预测可能的进度提前或延误程度，它基于过去的绩效来调整进度计划。下面的例子展示了在一个挣得值体系中的计算，提供了基于挣得值体系对结果的渐进式分析。

［示例 10-1］某个 EPC 项目的原始进度计划是 17 个月，初始预算是 3053150 元。在挣得值分析中，将项目的目标进度计划用于计划的 BCWS 成本。如下是项目前 8 个月的更新报告。

状态报告（月）	计划的（BCWS）	挣得的（BCWP）	实际的（ACWP）
1	¥3929	¥3870	¥3968
2	¥45672	¥42932	¥44721
3	¥184904	¥162715	¥191429
4	¥315615	¥309303	¥351481
5	¥479343	¥508103	¥523818
6	¥545863	¥556780	¥535365
7	¥667210	¥713915	¥661032
8	¥846740	¥812870	¥719354

根据以上数据执行项目的挣得值分析。针对 8 个月的每个月，计算偏差（CV 和 SV）、绩效指数（CPI 和 SPI）、剩余完工估算（ETC）、完工成本估算（EAC）。对 8 个月的每个月进行了挣得值分析之后，准备一个显示项目绩效趋势的图表，以 SPI 作为横向轴，CPI 作为竖向轴。

第 1 月分析：

第 1 月后的状态报告包括如下信息：

计划的（BCWS）＝¥3929

挣得的（BCWP）＝¥3870

实际的（ACWP）＝¥3968

原始预算（BAC）＝¥3053150

成本和进度偏差：

成本偏差＝BCWP－ACWP

＝¥3870－¥3968

＝－¥98

CV为负数，代表成本超支。根据状态报告，实际成本比挣得成本高出¥98。

进度偏差＝BCWP－BCWS

＝¥3870－¥3929

＝－¥59

SV为负数，代表进度延误，项目落后于计划进度。

成本和进度绩效：

成本绩效指数（CPI）＝BCWP/ACWP

＝¥3870/¥3968

＝0.97

CPI小于1，表明成本绩效较差，挣得值小于实际成本。

进度绩效指数（SPI）＝BCWP/BCWS

＝¥3870/¥3929

＝0.98

SPI小于1，表明进度绩效比计划的要差，项目进度落后。

完工成本预测：

完工剩余估算（ETC）＝（BAC－BCWP）/CPI

＝（¥3053150－¥3870）/0.97

＝¥3143588

基于状态报告的分析，项目的剩余完工估算是¥3143588。

完工成本估算（EAC）＝ACWP＋ETC

＝¥3968＋¥3143588

＝¥3147556

基于状态报告的分析，项目完工成本估算是¥3147556，比初始预算多了¥94406。

第2月分析：

第2月后的状态报告包括如下信息：

计划的（BCWS）＝¥45672

挣得的（BCWP）＝¥42932

实际的（ACWP）＝¥44721

原始预算（BAC）= ¥3053150

成本和进度偏差：

成本偏差 = BCWP－ACWP

= ¥42932－¥44721

= -¥1789

CV 为负数，代表成本超支。根据状态报告，实际成本比挣得成本高出¥1789。

进度偏差 = BCWP－BCWS

= ¥42932－¥45672

= -¥2740

SV 为负数，代表进度延误，项目落后于计划进度。

成本和进度绩效：

成本绩效指数（CPI）= BCWP/ACWP

= ¥42932/¥44721

= 0.96

CPI 小于 1，表明成本绩效较差，挣得值小于实际成本。

进度绩效指数（SPI）= BCWP/BCWS

= ¥42932/¥45672

= 0.94

SPI 小于 1，表明进度绩效比计划的要差，项目进度落后。

完工成本预测：

剩余完工估算（ETC）=（BAC－BCWP）/CPI

=（¥3053150－¥42932）/0.96

= ¥3135644

基于状态报告的分析，项目剩余完工成本估算是 ¥3135644。

完工成本估算（EAC）= ACWP + ETC

= ¥44721 + ¥3135644

= ¥3180365

基于状态报告的分析，项目完工成本估算是 ¥3180365，比初始预算高出 ¥127215。

第3月分析：

第3月后的状态报告包括如下信息：

计划的（BCWS）=¥184904

挣得的（BCWP）=¥162715

实际的（ACWP）=¥191429

原始预算（BAC）=¥3053150

成本和进度偏差：

成本偏差=BCWP−ACWP

=¥162715−¥191429

=−¥28714

CV为负数，代表成本超支。根据状态报告，实际成本比挣得成本大¥28714。

进度偏差=BCWP−BCWS

=¥162715−¥184904

=−¥22189

SV为负数，代表进度延误，项目落后于计划进度。

成本和进度绩效：

成本绩效指数（CPI）=BCWP/ACWP

=¥162715/¥191429

=0.85

CPI小于1，表明成本绩效较差，挣得值小于实际成本。

进度绩效指数（SPI）=BCWP/BCWS

=¥162715/¥184904

=0.88

SPI小于1，表明进度绩效比计划的要差，项目进度落后。

完工成本预测：

剩余完工估算（ETC）=（BAC−BCWP）/CPI

=（¥3053150−¥162715）/0.85

=¥3400512

基于状态报告的分析，项目剩余完工估算是¥3400512。

完工成本估算（EAC）＝ACWP＋ETC

＝¥191429＋¥3400512

＝¥3591941

基于状态报告的分析，项目完工成本估算是¥3591941，比初始预算高出¥538791。

第4月分析：

第4月后的状态报告包括如下信息：

计划的（BCWS）＝¥315615

挣得的（BCWP）＝¥309303

实际的（ACWP）＝¥351481

原始预算（BAC）＝¥3053150

成本和进度偏差：

成本偏差＝BCWP－ACWP

＝¥315615－¥351481

＝－¥35866

CV为负数，代表成本超支。根据状态报告，实际成本比挣得成本高出¥35866。

进度偏差＝BCWP－BCWS

＝¥309303－¥315615

＝－¥6312

SV为负数，代表进度延误，项目落后于计划进度。

成本和进度绩效：

成本绩效指数（CPI）＝BCWP/ACWP

＝¥309303/¥351481

＝0.88

CPI小于1，表明成本绩效较差，挣得值小于实际成本。

进度绩效指数（SPI）＝BCWP/BCWS

＝¥309303/¥315615

＝0.98

SPI小于1，表明进度绩效比计划的要差，项目进度落后。

完工成本预测：

剩余完工估算（ETC）＝（BAC－BCWP）/CPI

＝（¥3053150－¥309303）/0.88

＝¥3118008

基于状态报告的分析，项目剩余完工估算是¥3118008。

完工成本估算（EAC）＝ACWP＋ETC

＝¥351181＋¥3118008

＝¥3469489

基于状态报告的分析，项目总完工成本估算是¥3469489，比初始预算高出¥416339。

第5月分析：

第5月后的状态报告包括如下信息：

计划的（BCWS）＝¥479343

挣得的（BCWP）＝¥508103

实际的（ACWP）＝¥523818

原始预算（BAC）＝¥3053150

成本和进度偏差：

成本偏差＝BCWP－ACWP

＝¥508103－¥523818

＝－¥15715

CV为负数，代表成本超支。根据状态报告，实际成本比挣得成本大¥15715。

进度偏差＝BCWP－BCWS

＝¥508103－¥479343

＝＋¥28760

SV为正数代表进度绩效较好，项目提前于计划进度。

成本和进度绩效：

成本绩效指数（CPI）＝BCWP/ACWP

＝¥508103/¥523818

＝0.97

CPI 小于 1，表明成本绩效较差，挣得值小于实际成本。

进度绩效指数（SPI）＝ BCWP/BCWS

＝ ¥508103/¥479343

＝ 1.06

SPI 大于 1，表明进度绩效比计划的要好，项目进度提前。

完工成本预测：

剩余完工估算（ETC）＝（BAC－BCWP）/CPI

＝（¥3053150－¥508103）/0.97

＝ ¥2623760

基于状态报告的分析，项目剩余完工成本估算是 ¥2623760。

完工成本估算（EAC）＝ ACWP ＋ ETC

＝ ¥523818 ＋ ¥2623760

＝ ¥3147578

基于状态报告的分析，项目总完工成本估算是 ¥3147578，比初始预算高出 ¥94428。

第 6 月分析：

第 6 月后的状态报告包括如下信息：

计划的（BCWS）＝ ¥545863

挣得的（BCWP）＝ ¥556780

实际的（ACWP）＝ ¥535365

原始预算（BAC）＝ ¥3053150

成本和进度偏差：

成本偏差＝ BCWP－ACWP

＝ ¥556780－¥535365

＝＋¥21415

CV 为正数，代表成本节约。根据状态报告，实际成本比挣得成本小 ¥21415。

进度偏差＝ BCWP－BCWS

＝ ¥556780－¥545863

＝＋¥10917

SV 为正数，代表进度绩效较好，项目提前于计划进度。

成本和进度绩效：

成本绩效指数（CPI）＝ BCWP/ACWP

＝ ¥556780/¥535365

＝ 1.04

CPI 大于 1，表明成本绩效较好，挣得值大于实际成本。

进度绩效指数（SPI）＝ BCWP/BCWS

＝ ¥556780/¥545863

＝ 1.02

SPI 大于 1，表明进度绩效比计划的要好，项目进度提前。

完工成本预测：

剩余完工估算（ETC）＝（BAC－BCWP）/CPI

＝（¥3053150－¥556780）/1.04

＝ ¥2400356

基于状态报告的分析，项目剩余完工成本估算是 ¥2400356。

完工成本估算（EAC）＝ ACWP ＋ ETC

＝ ¥535365 ＋ ¥2400356

＝ ¥2935721

基于状态报告的分析，项目完工成本估算是 ¥2935721，比初始预算少了 ¥117429。

第 7 月分析：

第 7 月后的状态报告包括如下信息：

计划的（BCWS）＝ ¥667210

挣得的（BCWP）＝ ¥713915

实际的（ACWP）＝ ¥661032

原始预算（BAC）＝ ¥3053150

成本和进度偏差：

成本偏差＝ BCWP－ACWP

＝ ¥713915－¥661032

＝＋ ¥52883

CV 为正数，代表成本节约。根据状态报告，实际成本比挣得成本小¥52883。

进度偏差＝BCWP－BCWS

＝¥713915－¥667210

＝＋¥46705

SV 为正数，代表进度绩效较好，项目提前于计划进度。

成本和进度绩效：

成本绩效指数（CPI）＝BCWP/ACWP

＝¥713915/¥661032

＝1.08

CPI 大于 1，表明成本绩效较好，挣得值大于实际成本。

进度绩效指数（SPI）＝BCWP/BCWS

＝¥713915/¥667210

＝1.07

SPI 大于 1，表明进度绩效比计划的要好，项目进度提前。

完工成本预测：

剩余完工估算（ETC）＝（BAC－BCWP）/CPI

＝（¥3053150－¥713915）/1.08

＝¥2165958

基于状态报告的分析，项目剩余完工成本估算是¥2165958。

完工成本估算（EAC）＝ACWP＋ETC

＝¥661032＋¥2165958

＝¥2826990

基于状态报告的分析，项目完工成本估算是¥2826990，比初始预算少了¥226160。

第 8 月分析：

第 8 月后的状态报告包括如下信息：

计划的（BCWS）＝¥846740

挣得的（BCWP）＝¥812870

实际的（ACWP）＝¥719354

原始预算（BAC）＝¥3053150

成本和进度偏差：

成本偏差＝BCWP－ACWP

＝¥812870－¥719354

＝＋¥93516

CV为正数，代表成本节约。根据状态报告，实际成本比挣得成本小¥93516。

进度偏差＝BCWP－BCWS

＝¥812870－¥846740

＝－¥33870

SV为负数，代表进度绩效较差，项目落后于计划进度。

成本和进度绩效：

成本绩效指数（CPI）＝BCWP/ACWP

＝¥812870/¥719354

＝1.13

CPI大于1，表明成本绩效较好，挣得值大于实际成本。

进度绩效指数（SPI）＝BCWP/BCWS

＝¥812870/¥846740

＝0.96

SPI小于1，表明进度绩效比计划的要差，项目进度落后。

完工成本预测：

剩余完工估算（ETC）＝（BAC－BCWP）/CPI

＝（¥3053150－¥812870）/1.13

＝¥1982549

基于状态报告的分析，项目剩余完工成本估算是¥1982549。

完工成本估算（EAC）＝ACWP＋ETC

＝¥719354＋¥1982549

＝¥2701903

基于状态报告的分析，项目完工成本估算是¥2701903，比初始预算少了¥351247。

下面是这个项目 8 个月的挣得值分析绩效图表。

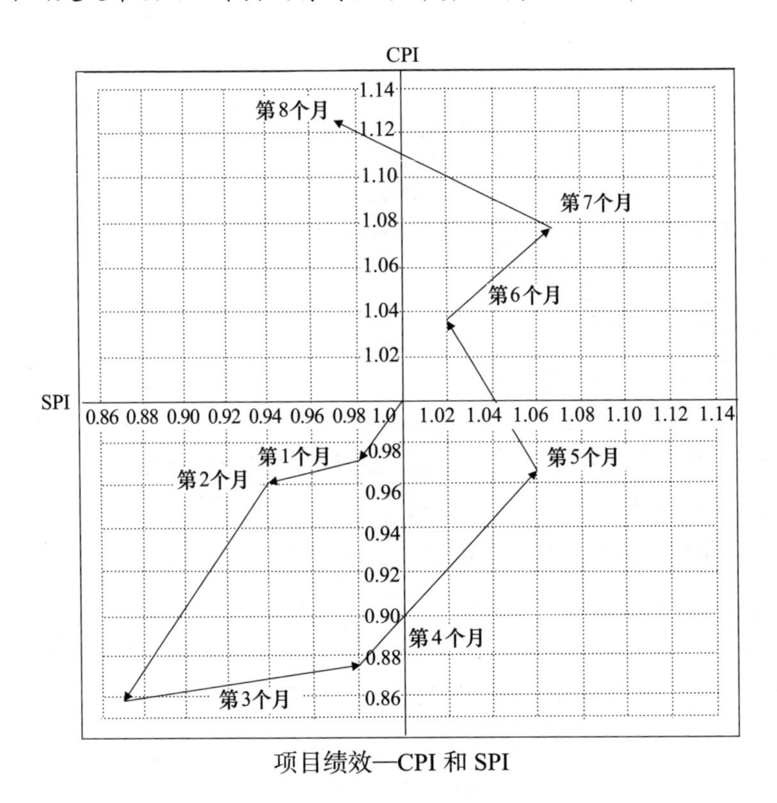

项目绩效—CPI 和 SPI

10.12 监督项目绩效

CPI 和 SPI 对项目进展提供了定量的测量。CPI 或 SPI 值大于 1.0 表明项目绩效较好，小于 1.0 则表明项目绩效较差。这些指数值可以绘制在一个图上（图 10-14），以评估正常报告期的项目绩效。

如图 10-14 所示，项目开始时 CPI 和 SPI 等于 1.0。由于有影响成本和进度的各种因素，项目始终处于动态和变化之中。因此，随着项目的进展，这些绩效指数将偏离原始起点 1.0。项目经理对 CPI 和 SPI 的细微变化不需过度紧张。例如，项目开始的前两周显示绩效指数有微小的变化，这可能在项目前期是常见现象。

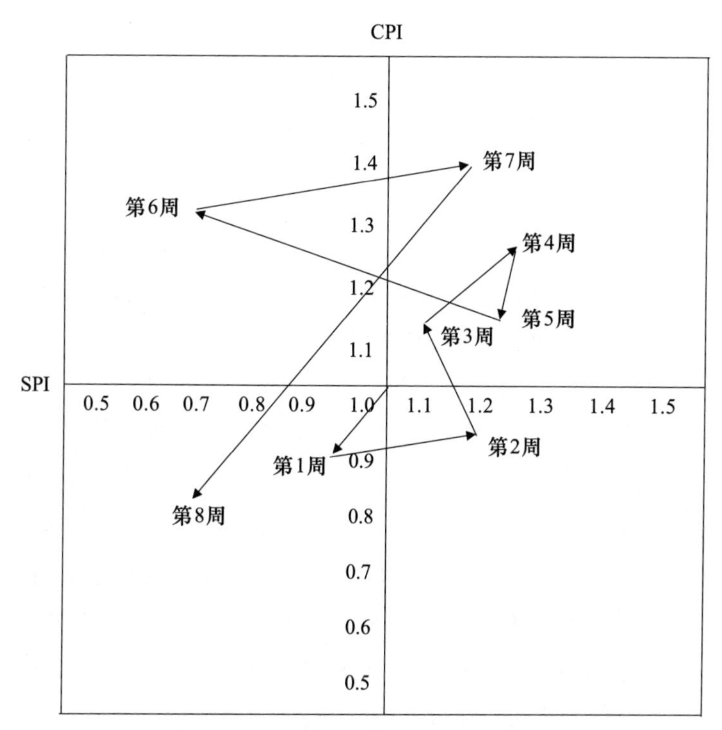

图 10-14　监督项目绩效—CPI 和 SPI

尽管微小的偏差有时是正常的，但从一个报告期到下一个报告期的重大偏差就要引起项目经理的警惕，需调查造成项目绩效重大变化的原因。例如，第 7 周和第 8 周的报告显示项目绩效快速变差，这就值得项目经理注意，以请求团队成员查找发生了什么，以及导致项目绩效剧烈变化的原因。

如果 CPI 和 SPI 的趋势向着较差方向发展，也应引起项目经理的关注。例如，从第 2～4 周，项目绩效趋势是向好的；然而，在第 6～8 周，项目开始出现巨大的变化。

因此，项目经理应时刻对项目的变化保持警惕。CPI 和 SPI 提供了项目经理所需的信息，来监督项目进展以确保项目沿着正确方向发展，直到项目成功完成。

10.13 绩效指数的解释

图10-14展示的图表是项目经理根据进度报告监督项目绩效的一个有效工具。它提供了计划成本对比实际成本以及完成工作情况的测量。根据这些值发生的偏差，可以进行多种解释。

SPI值大于1.0，表明项目进度提前。如果原来预估的生产效率太低或工作条件比预期的要好，项目进度可能会较快。项目也可能安排了比预计更多的人员，这也会导致工作进度提前。SPI值小于1.0表明项目进度落后，这可能是由于天气延误、人员不足或工作组织不力等，导致了进度下滑。

CPI值大于1.0，表明项目成本绩效良好。这种情况可能是由于实际生产效率比预计的生产效率高，或者可能是测量的完工百分比过高造成的。CPI值小于1.0，表明成本绩效较差，这可能是由于生产效率比计划的效率差，或由于测量的完工百分比过低造成的。

项目经理应从团队成员获得更多信息，以便对项目绩效指数的含义提供更好的解释。图10-15、图10-16对CPI和SPI数据提供了更多的解释。

进度落后和低于预算	进度提前和低于预算
■ 低于预估的生产效率 ■ 活动开始推迟 ■ 实际数量少于计划数量 ■ 不利的工作条件	■ 高于预估的生产效率 ■ 节省了人工时 ■ 过于乐观的进度计划 ■ 实际比估算数量要少 ■ 非常有利的工作条件
进度落后和超出预算	**进度提前和超出预算**
■ 很多可能性，包括不准确的估算 ■ 可能天气延误 ■ 低于计划的生产效率 ■ 工作组织混乱	■ 过于乐观的进度计划 ■ 工作安排人员过多 ■ 活动比计划开始时间要早 ■ 工人的技能和成本比预计的要高

图10-15 CPI和SPI的解释

如果 CPI 大于 1.0
　　高估了需要的努力程度
　　测量的完成百分比太乐观
　　比预计的生产效率要高
如果 CPI 小于 1.0
　　低估了需要的努力程度
　　测量的完成百分比太保守
　　比预计的生产效率要低
如果 SPI 大于 1.0
　　提前开始或未按逻辑顺序工作
　　比预计生产效率高，导致提前完成活动
　　执行了关键路径活动
如果 SPI 小于 1.0
　　人员不足或设备不够
　　延迟活动的开始
　　工作比计划的更难
　　活动顺序不正确
　　工作组织混乱

图 10-16　CPI 和 SPI 的各种解释

10.14　成本 / 进度偏差的原因

挣得值体系能够识别成本和进度与原始项目计划的偏差量。然而，它不能识别产生问题的原因。项目经理及其团队必须评估每个状态报告，以便发现项目未按计划进展的原因。问题可能是很多不同情况造成的。

原始成本估算就是挣得值分析中的完工预算（BAC）。因此，如果项目的原始成本估算不准确，那么所有执行过程中的进度测量，就是根据一个错误的预算进行测量。记录工作成本的体系必须是一致的，以便能从一个报告期到另一个报告期提供符合实际的对比。

另外，测量完成工作的方法，对于每个报告期也必须是一致的；否则，预测的工作状态将会有很大变化。每个项目必须根据其独特的项目环境和条件进行评估，以便使用挣得值体系来管理项目。如下是可能引起成本或进度偏差的部分问题：

（1）估算不准确；

（2）技术问题；

（3）设计错误；

（4）试验数据问题；

（5）可施工性问题；

（6）设备问题；

（7）管理问题；

（8）范围控制（变更单）；

（9）人员技能水平；

（10）可利用的资源；

（11）组织机构问题；

（12）经济 / 通货膨胀；

（13）材料延期交付；

（14）设备延期交付；

（15）生产效率低下；

（16）分包商干扰和延误；

（17）不可抗力（天气、火灾、洪水等）；

（18）安全事故。

10.15 趋势分析和预测

前面部分呈现了计划和实际的成本与进度，以及完成工作的测量方法。为达到管理效果，项目控制体系必须从项目开始定期收集和记录信息。在每个报告期，可以将实际状态和计划状态做对比，以便采取必要的纠偏行动。随着信息的积累，就可以进行趋势分析，以评估生产效率及成本和进度的偏差。图 10-17 是一个具体报告期的进度和成本偏差的图形展示。

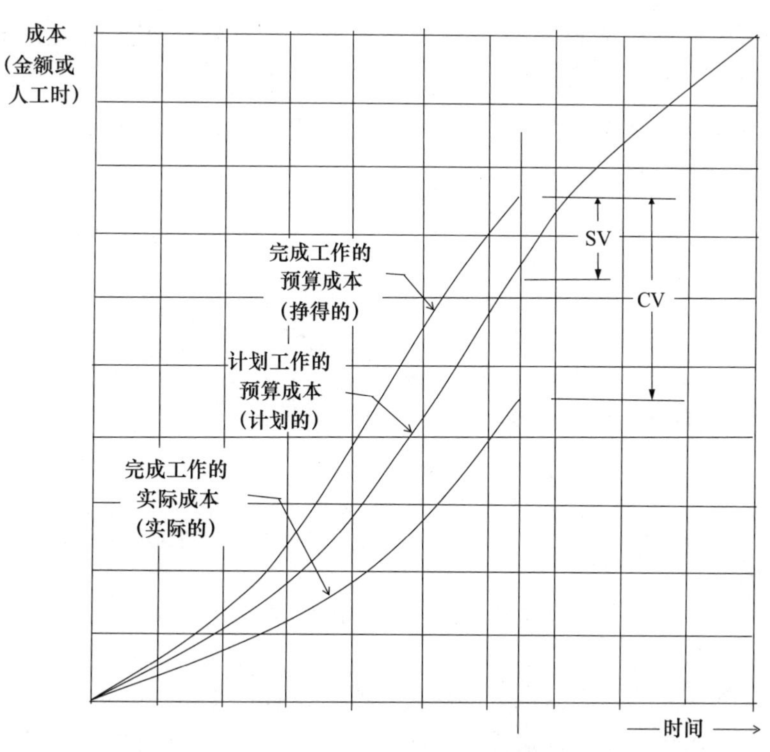

图 10-17　成本和进度偏差图

项目经理总是希望知道，实际生产效率相对于项目计划和成本估算使用的生产效率情况如何。尽管计算生产效率没有行业标准，但如下公式是生产效率的普遍表达方式：

$$生产效率指数 = \frac{估算的单价}{实际的单价}$$

这个公式对计算那些有可测量单位任务的生产效率比较有效。生产效率值等于或大于 1.0 是有利的，小于 1.0 则是不利的。这个公式可以用来计算每个报告期任务的生产效率。然后，对关键工种用时间为坐标绘制生产效率，生成一个生产效率曲线图（图 10-18）。图的横坐标可以用完成百分比取代时间。

如图 10-18 所示，生产效率在一个项目期间会发生变动。微小的变化是正常的，这是由于项目本身的性质决定的。重大变化就需要引起项目经理注意，找到问题的原因，并协助采取任何必要的纠偏行动。问题可能是由于工人技能不够或士气低落、人员不足、材料晚到、缺乏工具设备、指令不明确、恶劣天气条件、技术难度大或现场监管不力等。由于生产效率指数包括一个估算的单价，问题的原因也可能是由于初始估算不准确。生产效率指数的趋势为项目管理提供了一个有效工具。

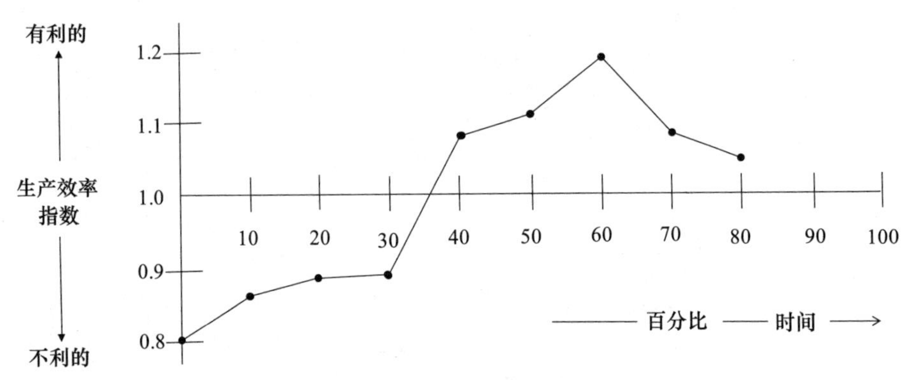

图 10-18　班组生产效率图

几乎项目所有参与人员都很关心成本。如前面章节所述，工作计划包括项目工期内一个预计的成本分布。在每个报告期，截至本期的实际成本可以和那个报告时点的计划成本做对比。成本比率是估算成本与实际成本的比率，定义如下：

$$成本比率 = \frac{估算成本}{实际成本}$$

这个公式可以用来计算每个报告期的成本比率，并以时间为坐标绘制图表，以展示项目的成本趋势（图 10-19）。成本比率等于或大于 1.0 是有利的，小于 1.0 则是不利的。成本比率可以针对一个任务、一组任务或整个项目。对进度也可以做类似的分析。

随着项目进展，成本比率趋势可用作预测完工总成本的一个指标。同样，进度偏差趋势也可以作为预测完工日期的指标。成本和进度的预测可以通过使用一种曲线拟合技术来得到。然后，通过外推数据生成最好的拟合曲线，趋势即可延伸到未来的日期。

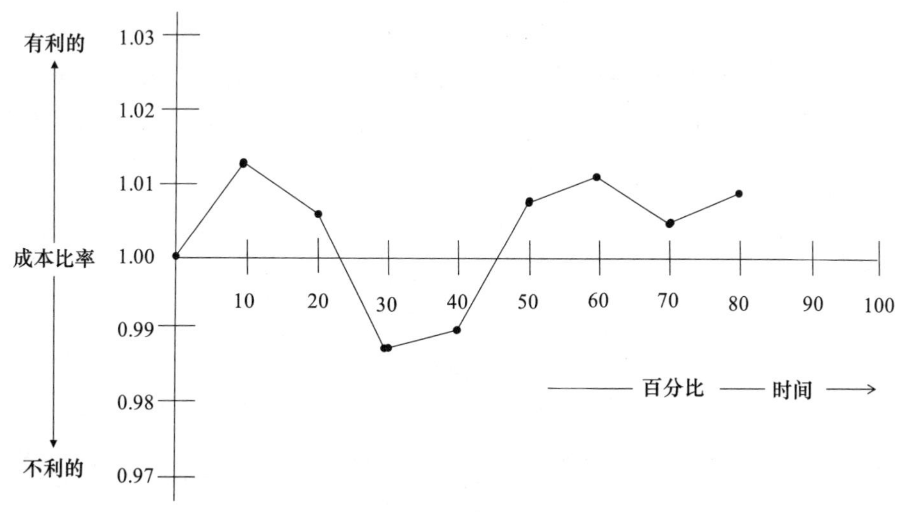

图 10-19　成本比率

10.16　工作状态报告

前面讨论的挣得值体系是管理项目成本和进度的一个有效方法，它需要定义完善的 WBS 和详细的项目进度计划，并且只有成本和进度数据得到及时收集，才会比较有效。对于某些设计工作，项目总时间很短，因此，可能成本数据还没有报告，项目就基本结束了。这对于项目经理来说，挣得值法就显得比较复杂和难以使用了。

有些项目经理比较喜欢的另一种跟踪设计工作的方法是工作状态报告，用它跟踪成本和进度。图 10-20 是一个成本状态报告，图 10-21 是一个人工时状态报告，展示了跟踪项目的工作状态体系方法。对于这个例子，项目被划分为三大类：直接设计、间接设计、花费。直接设计类被细分成完成工作所需的专业：建筑、土建、电气、机械、结构。同样，间接设计和花费所需的主要工作被细分成如图 10-20 和图 10-21 所示。

成本和人工时数据被输入到一个电子表格程序，来计算项目的状态。每一栏顶部的名称说明表格输入的内容。第 1 栏（A）数据代表原始批复的项目预算，第 2 栏（B）是批准的变更单，第 3 栏（C）代表完成工作需要增加的预算。第 4 栏（D）是项目完工总预算，通过前三栏数据相加而得到。

按照每一栏顶部的名称定义，（E）、（F）和（G）栏代表累计、本期和迄今总成本支出。项目完工百分比通过迄今总成本除以完工总预算来计算。

有必要对成本和人工时进行单独报告，因为对于每类项目，人员会有不同的工资价率。另外，在某个专业内人员的工资也会不同。因此，仅仅报告人工时或成本，均不能准确地确定一个项目的状态。

示例：更换锅炉项目

成本状态报告

2016 年 7 月 20 日

描述	A	B	C	D＝A+B+C	E	F	G＝E+F	H	I＝G/D
	原始预算	批准的变更单	增加预算	完工预算	截至上期累计	本期	迄今总计	完工成本估算	完工百分比
	成本	成本	成本	成本	成本	成本	成本	成本	
直接设计									
建筑	9799		2900	12699	0	0	0	12699	0.0%
土建	4055		3674	7729	217	1366	1583	7729	20.5%
电气	17203		2929	20132	1327	529	1856	20132	9.2%
机械	44330		1324	45654	7207	2999	10206	45654	22.4%
结构	11278		14086	25364	159	0	159	25364	0.6%
小计	86665	0	24913	111578	8910	4894	13804	111578	12.4%
间接设计									
项目经理	23412	12606		36018	5794	1921	7715	36018	21.4%
计划员	0	18552		18552	3667	1245	4912	18552	26.5%
文书	0	3530		3530	529	462	991	3530	28.1%
小计	23412	34688	0	58100	9990	3628	13618	58100	23.4%
花费									
CAD 费用	9100			9100		80	80	9100	0.9%
旅行费	1200			1200		33	33	1200	2.8%
邮政费	300			300		0	0	300	0.0%
复印费	400			400		0	0	400	0.0%
小计	11000	0	0	11000	0	113	113	11000	1.0%
总计	121077	34688	24913	180678	18900	8635	27535	180678	15.2%

图 10-20　成本状态报告

示例：更换锅炉项目

人工时状态报告

2016 年 7 月 20 日

描述	A	B	C	D＝A＋B＋C	E	F	G＝E＋F	H	I＝G/D
	原始预算	批准的变更单	增加预算	完工预算	截至上期累计	本期	迄今总计	完工估算	完工百分比
	人工时	人工时	人工时	人工时	人工时	人工时	人工时	人工时	
直接设计									
建筑	240		104	344	0	0	0	344	0.0%
土建	100		94	194	4	35	39	194	20.1%
电气	324		70	394	25	13	38	394	9.6%
机械	828		42	870	135	53	188	870	21.6%
结构	200		352	552	3	0	3	552	0.5%
小计	1692	0	662	2354	167	101	268	2354	11.4%
间接设计									
项目经理	390	210		600	120	32	152	600	25.3%
计划员	0	400		400	79	27	106	400	26.4%
文书	0	150		150	24	22	46	150	30.7%
小计	390	760	0	1150	223	81	304	1150	26.4%
花费									
CAD 小时	961			961			0	961	0.0%
小计	961	0	0	961	0	0	0	961	0.0%
总计	3043	760	662	4465	390	190	572	4465	12.8%

图 10-21　人工时状态报告

第 11 章

项目经理个人技能

11.1 机遇和挑战

由于项目的动态性质，管理项目的设计采购和施工会面临很多挑战。当看到一个项目完成并投入试用时，会产生巨大的自豪感和满足感。项目管理的过程就是解决问题的过程，解决问题本身就会给项目经理和团队成员带来满足感。大多数项目经理承认，很多一生的友谊都是在项目一起奋斗时建立的。项目完工几年以后，过去在项目共同工作过的人之间的话题，常常是对曾发生的问题和解决问题过程的快乐回忆。通常，问题在项目完工后比在执行过程中，看起来远没有那么严重。

成功的人会将挑战转换成机遇，不管问题看起来多么困难，总会有解决它的办法。在完成一个项目后，大多数项目经理会激情饱满地准备好开始一个新的项目。他们期盼着下一个项目，渴望将以前项目的经验教训再次付诸实践的机会，因为项目管理工作本身充满了无限的乐趣。

11.2 新技术的应用

前面章节呈现了成功管理项目的概念、逻辑、方法、工具和技巧，这些方法是由活跃在项目管理实践中的工程师们建立并正在运用的。然而，为取得更好效果，项目经理必须意识到，新管理技术能够促进本书所呈现概念的应用。

有时，新技术会受到人们的抵制，直到它们在实践中得到证明。常常是新技术出现后并未得到有效应用，因为人们对改变会有抵触心理。成功的项目经理应及时了解和评估新技术，并用它创新工作方法，以加强项目管理的过程。

计算机的应用就是适应新技术一个很好的例子。在初期应用时，有些人仅将其看成是用于技术或科学实践的一个工具，但有进步思想的项目经理认识到，其对项目管理的潜在价值。今天，计算机几乎被运用到了项目管理的各个方面，它大概比任何其他技术对人们工作方式的改变都要多。

互联网是现代项目经理在工作中应用最广泛的一个技术。使用互联网管理项目的优势很多，最基本的便是节约时间和提高效率。信息可以更快捷地发送到地理上分散的业主、设计师、承包商和供应商。信函、图纸和照片都可以放在具体项目的网站上，以便分类查询。关键团队成员可以监控数据交换，这会大大减少项目决策的周期。例如，利用传统方法仅处理一个技术联系单可能就需要一个小时，然后要几天或几周才能得到答复。如今，电子技术联系单几乎可以即时传输和登记，然后会在一天内或几天内得到回复。

目前，很多公司通过应用互联网电子媒体倡导无纸化办公环境，这种效率的增加对于项目经理非常宝贵，因为项目工期总在被压缩，要求他们在更短时间内完成更多任务。项目变得越来越复杂，并期望项目人员更快的交付成果。另外，与过去的项目相比，团队成员分布在更广泛的地理区域。如今在任何地方的设计工作，都可以通过互联网即时传输到世界任何其他地方。通过在世界范围内从一个设计办公室，传输到其他国家的另一个办公室，设计工作可以在 24h 的基础上持续进行。

网站既改善了内部也改善了外部沟通，它可以是非常重要的公共信息工具。一个公司可以为项目建立公共网站和内部网站，普通公众可以访问公共网站，了解最新的交通情况和施工进展；而团队成员可以使用另一个网站，来交换详细的设计和施工信息。内部网站通过在各个办公室和项目咨询单位之间提供快速的数据交换，能够节省大量时间。

电子邮件是最普遍和经常使用的互联网一个方面，它能使用户发送带有附件的书面信息到世界上任何一个有电脑的人。附件可以包括图纸文件、Word 文档、电子表格、照片、多媒体文件夹和网页等。

支持互联网的管理系统为处理项目信息提高了速度和效率，也为试图尽可能快捷地完成工作的业主、设计师及承包商减少了混淆和重复。这些系统可以通过设置结构化的检索标示，来模拟传统文件夹体系。例如，互联网可以用来记录交货记录、进度更新和其他现场数据，并将它们传输到公司网站的数据库。

另一个例子是项目进度计划的应用。利用一个支持互联网的工具，可以允许团队成员使用 Web 浏览器看到他们在多个项目的任务分配。项目进度计划的编制、维护和沟通，对于项目管理过程非常重要。不管使用 CPM 进度计划或者简单的日历进度计划，网站都可以用来张贴最新和近期的活动安排。

网站服务器可以取代局域网，用来作为项目文件的中央存储器。这些文件可能包括 Word 文件、电子表格、图片和图纸。用户可以增加或者收到和发出现有文件，这些文件和文档系统可以在设计和施工过程中使用。

项目管理可以通过互联网得到大大加强，支持互联网的系统也可以管理工作流。除了文件管理，软件还可以制作、登记、跟踪和索引项目文件。其他功能包括：待办事项清单、项目成员的事项通知或需要跟进的活动。数字技术使得附带照片和视频变得极其容易，并可以将他们包括在网站的文件中。完整的照片记录可以存入一个数据库，并可以在线查询，这能为项目实施过程及解决争议提供文献。

工作成本报告也可以被公布以供审查。为安全起见，对成本信息可以提供有限的访问授权，不允许进入会计系统。项目状态报告可以在线公布，并附有其他信息的链接，例如：进度计划、成本报告、技术联系单或事故报告等。这为用户提供了一个以文件为基础的，易于维护和控制的数据库方式。

语音和多媒体是互联网在项目管理中的另一个应用。互联网可用于促进语音沟通，邮件可以带有音视频附件。很多电脑软件和硬件允许两个或多个用户在线会议，或使用户从一个在线摄像头获得现场视频直播。这对于在总部办公室工作的专家解决现场问题是非常有效的工具，不需要他们亲临工作现场。

信息的安全可以通过使用内联网和外联网来解决。内联网是一个公司供内部使用的网站，其中可能包括某些公司财务数据、进度计划、公告、人力资源信息或其他机密信息。内联网通过减少打印和分发大量的纸版通知和表格，可以节约大量成本。外联网是由一个公司建立并可以与其他公司共享的网站，它可能包括公司员工、合作伙伴、分包商和供应商，或一般公众有部分或全部访问权限的各种信息。针对项目的网站属于这个范畴。

通过互联网进行项目管理可以节约时间和提高效率，但也必须有所警惕，这是因为通过互联网发送的信息不能保证被对方收到，因此信息收到后的确认就显得非常必要。

与计算机和互联网一样，移动通信技术的进步，对人们沟通和分享信息的方式也有巨大影响。在某些方面，手机对人们日常生活的影响程度不亚于电脑和互联网。电脑、手机和互联网为执行工作及向世界任何地方传输结果提供了无限的能力。然而，使用这些工具也对项目经理及其团队的时间管理制造了挑战。这使得项目团队将信息分成“最好知道”和“需要知道”相当重要，以便节约项目团队的时间和精力。快捷传输不必要的信息会导致信息泛滥，也会造成效率降低和误解增多。随着新技术的发展，项目经理必须对潜在的应用作出反应，并建立容纳新技术的方法，以提高项目管理的效率。

11.3　管人的方面

前面章节定义了成功完成一个项目，必须收集和管理的信息。尽管对于项目的管理和控制必须建立一个体系，然而毕竟是人在让事情发生，所以不能忽略对人的管理。

项目管理系统用于指导整个项目的全面协调，然而，对于一个具体项目而言，对系统做一些微调和修改有时也很必要。只有人才有能力监测问题并做出必要调整，以便有效管理项目的资源。因此，项目经理不应只是依靠项目管理系统，而忽略与项目相关的人的重要性。

总之，成功的项目管理可以恰当地描述为，在执行项目工作的人员之间进行有效的沟通。任何项目的管理都需要对那些提供专业化工作的人员进行协调。一个成功的项目经理必须是一个好的计划者、授权者和沟通者。

某些项目经理经常会抱怨，工作没有完成是因为有很多因素超出了他们的控制。例如，一个项目经理可能感觉团队成员过于缺乏经验；或用于向员工解释需要做什么的时间比亲自做花的时间还要多；或者害怕一个员工犯错会造成严重的浪费。还有其他典型的例子是，他们感觉其他人都很忙，没有时间承担额外任务或其他人逃避承担责任等。尽管这些因素需引起注意，但这都是与人打交道的常见情形，可以使用好的管理技巧来加以克服。

通常来讲，在被安排管理项目之前，项目经理已有多年的工作经验。因为他们熟悉要做什么，所以常常宁愿自己去做而不向他人授权。结果是，他们又要自己做还要管理项目，导致其工作过载，加班加点完成任务，然后抱怨工作不能完成是因为其他人缺乏经验。项目经理必须认识到，其他人只能通过工作来获得经验，并且很多时候其他人做也不一定比你差。问题是要接受，其他人可能不会完全跟你以同样的方式完成工作这个现实。衡量标准不应当是谁做的工作最好，而应是谁能做出令人满意的工作。项目经理必须平衡整个项目的准确性和工作质量。感觉员工太缺乏经验，可以通过密切沟通和培训来得到改善。

项目经理感觉向别人解释比自己做花的时间还多，常导致项目经理自己利用晚上和周末来加班。确实，很多时候自己做会比向别人解释如何做来得更快，但如果这个工作在本项目或未来项目还要重复，那通常向别人一次性解释清楚，以便他们有经验在未来工作中执行，显得就更加快捷了。项目经理必须认识到，在告诉别人做什么之前，他们自己必须知道做什么。如前面章节所述，完善的工作计划可以提供一个行动计划，可用以向团队成员有效地沟通工作安排。

一个项目的完成常常涉及在很长的工期内花费很高的成本，并且有很多风险。害怕员工犯错会带来高昂的代价，是每个项目经理的担心。由于这种害怕，项目经理可能会不乐于向别人分配任务，结果是自己来完成工作。这个问题是对其他人缺乏信心，并害怕他们在发生问题时，对问题处理没有足够的判断力。他们给出的借口常常是“如果你想把事情做正确”“你就必须自己去做”。然而，一个好的控制系统能够有助于确保工作的正确性。如果总害怕冒一点风险，也就没机会发现潜藏着的能力了。

由于每个人看起来都很忙，项目经理可能因为感觉他人没时间承担额外工作，而不情愿再分配任务。这种情况是，当某些工作只有极少有特殊技能的人员能够完成时，才会比较常见。这就必须建立一个系统，以确保项目参与人员能够有效地管理时间。最好的办法是在项目开始时，通过编制定义详细的进度计划来达到目的，并且要求每个主要人员都参与编制。要相信总会有足够的时间去完成所需的工作。

项目经理另外的抱怨可能是员工倾向于逃避责任。假如员工害怕，犯错就会受到不公正的批评，或感觉他们的工作没有得到充分认可，就可能导致人们逃避责任的倾向。项目经理必须建立一个项目控制体系，以防止项目产生灾难性的重大失误，同时也要容忍一些不可避免的细微错误。有些员工可能会发现，简单地询问项目经理比自己做决策更加容易，因为这些项目经理事无巨细，宁愿做所有的决策，导致的结果是所有责任都被推给了项目经理。因此，项目经理必须学会明确地定义所需的工作。总体上来讲，人都会尽最大努力达到对他们的要求和期望。

11.4　工作分配

项目管理的主要任务是协调工作而非执行工作，因此，项目经理需要将工作授权给项目团队成员。向别人分配工作就需要给执行工作的人做必要决策的权力和责任。然而，授权并不是要求项目经理放权。项目经理可能会对授权进行不同程度的定义，例如：完成任务并提交结果；提交工作方案并在执行前汇报；或者执行部分工作，并提交审查和批准。

管理包括将任务分配给正确的人，对预期的结果有清晰的定义，并要明确何时必须完成。沟通不畅是项目管理中一个非常普遍的问题，所以必须要确定接受任务的人，真正理解了分配的任务是什么。项目经理必须给予每个成员用自己的方式完成工作的机会。简单来说，要认为“他们完成任务的方式跟我的方式一样好”。

项目经理应建立合理的期望值。如果要求的结果是无法合理达到的，那么被安排任务的员工就会了解到这个事实，并抗拒压力和责任。评估任务目标合理性的最好方法是，与被分配任务的人一起工作，在他的协助下来定义为达成最终结果所需的工作。

在执行工作过程中，会出现很多障碍。项目经理有义务对未明确理解的事情做进一步解释，并根据情况做必要的调整。简而言之，项目经理必须在被需要时能够找到。另外，需要定期召开团队会议，保证工作清晰地流动，以便所有参与者能形成一个团结的整体。

一个高效的项目经理必须领导项目团队，并增强每个人的信心，对他们的能力、智慧和判断要展现出信任感。每个团队领导者必须时常对成员工作进行检查，以了解他们在做什么以及做得如何。这会在团队成员中建立信任和尊重；反过来，他们也会高质量地完成工作。

项目经理必须认可并奖赏那些有成功和杰出表现的人。人们享受这种认可，并且也应当得到这种认可。同样，项目经理应要求员工对无法接受的工作结果承担责任，说明为什么其工作不能被接受，错误在什么地方，明确如何改善工作，并找出预防未来问题的方法。

很多项目经理倾向于果断地冲进去并接手工作。尽管每个人会有各自的管理风格，但对这种情况的过激反应也需要谨慎。有正确的态度和工作关系，暂时的问题可以随着时间转化为解决方案。

11.5 激励措施

有经验的项目经理都会认可人是多种多样的：能让事情发生的人；看着事情发生的人；不知道在发生什么的人，在某些情况下，还有不想知道发生什么的人。项目经理必须找到所有这些类型人的激励方法。

项目团队每个成员都会提供完成项目一个必要的技能。通常，每个团队成员是从不同的专业部门由他们的主管安排到项目上。尽管每个人都为项目工作，但每个人可能向不同的主管汇报。因此，项目经理作为团队领导者常被置于一个尴尬的境地。他需要激励这些实际上向部门主管汇报，而非向他汇报的人员。所以，项目经理必须建立激励团队成员的有效方法，而不仅是传统的职位和薪水提升。

很多经理相信，金钱是对人最好的激励手段。很明显，如果没有钱，没有几个人愿意去工作。尽管金钱在一定程度上可能是激励手段，但也有其他因素会影响人们的动力。除非待遇差别很大，否则就必须考虑其他因素。如果金钱是唯一的激励手段，那项目经理将会存在激励的问题，因为项目经理通常不是为每个团队成员制定工资单的人。由于大多数项目经理不能控制工资标准，所以他们必须通过其他方法来激励员工，例如，对个人工作的认可；赋予有挑战性的责任；给予成长的机会等。

关于人的激励问题，已有大量的书籍和理论，人要按照需求进行激励。马斯洛的需求理论识别出人们努力达到的五种需求：基本生存、安全感、社交、自尊和自我实现。这个理论认为，一个人首先要满足生存需求（衣食住行）。这些需求满足后，会向下一个层次努力：安全感，这可能包括稳定的就业、财务安全等。随着每个层次的需求得到满足，人会追寻更高层次的需求。项目经理必须努力识别项目参与人员的需求，以便能有效地激励他们。这在日常工作中可能难以做到，所以有时在工作环境之外与他们交往会更加理想。很多时候意识到一个人的兴趣和对他们需求的认可，是理解他们为什么对情况如此反应的第一步；进而，可以产生有效的激励。好的管理会承认团队每个成员的激励需求，并制定办法来改善人们的绩效。

专业化的人员会寻求工作乐趣、认可和成就感。每个人都希望感觉自己很重要，并乐于满意地完成工作。那些对自己感觉良好的人会产生更好的结果，因此，项目经理应帮助员工释放全部潜能，并认可每个人都有潜力获得成功。团队成员中的这种氛围可以对每个人形成激励。

11.6　决策能力

在管理项目时要做很多的决策，这需要项目经理投入大量时间和精力。

尽管很多决策是常规性的并可以快速作出，但其他重要决策可能对项目的质量、成本和进度有重大影响。

除非对基本目标和要达成的结果有足够了解和充分理解，否则很难作出高效的决策。决策过程涉及从各种不同的选项中选择一个行动路线。项目经理的责任是理解并明确地向所有参与者沟通项目目标，以便他们的努力聚焦于符合期望结果的选项上。这很重要，因为大量时间和成本会花费在评估不同选项上；这可能会解决一个问题，但其并不符合要达到的中心目标。项目经理必须协调所有团队成员的工作，以保证目标的集中性。

决策必须及时作出，以防止可能影响项目成本和进度的工作延误。大多数决策是内部决策（项目经理组织内），这管理起来相对容易。然而，有些决策由外部机构（业主或政府当局）来做，特别是在文件审批过程中。在项目早期阶段，项目经理就必须识别那些需要外部决策的活动，以便能提供适当的信息，并明确将要做决策的人。这必须包含在项目进度计划中，来提醒负责任的一方，以便工作不会被干扰，项目不会由于在合适的时间没有决策而延误。

项目经理应尽可能避免危机性决策，尽管很多决策可能是在压力之下作出。人们必须收集所有相关信息，预测潜在结果，思考并使用最佳判断来做决策。虽然不可能预见所有最终结果，但通过认真的思考和评审，可以消除那些不太可能的事件。做任何事情都会有一定风险，并且优秀的经理有时也会犯错误。然而，出现的新信息或发生的新情况都可能需要改变以前的决策。

项目经理需要具有果敢性，来赢得团队成员的尊重。项目经理必须避免拖沓和犹豫，并应鼓励团队成员做决策。犹豫不决会给团队成员制造紧张气氛，这会引起焦虑并加剧这种优柔寡断。不能果断决策会造成很多事情出错，没人知道做什么；由于缺乏方向导致工作无法完成，所有这些都会导致才智、资源和时间的浪费。

确保由正确的人，在正确的时间，基于正确的信息做适当的决策，是项目经理的重要责任。一旦作出决策，就应向所有项目参与者传达，以便所有相关人员都知道要做什么，这可以通过分发包含决策的会议纪要很容易地办到。

11.7 时间管理

时间是不可再生资源，对于每个人的工作和生活都很重要。项目经理要花大量时间和项目参与人员沟通与互动。因此，以富有成效的方式管理时间是非常必要的。项目经理必须特别谨慎，因为总有更有趣更值得做，但时间不允许的事情需要去做。

为了确定时间利用的有效性，有必要对时间花费情况做一个分析。通常需要使用一个时间登记表，记录每天主要时间是如何度过的，需要整理2～3周的记录，看看每项活动花费多长时间、参与者是谁、完成了什么任务。活动可以按照类别分组，例如电话、会议、不速之客、特殊请求等。按照分类的时间分布分析，将能使项目经理确定其时间花费最多的地方在哪里，以便进行改善。通常，通过压缩少量耗时多的任务时间，要比减少耗时少的任务时间要容易得多。

项目经理最普遍的时间浪费因素是没有成效的电话和会议。尽管电话对于项目经理的工作非常必要，但有时也会造成许多干扰。有时，需要关闭电话以便完成某项任务。对于项目管理，会议是必须进行的。召开卓有成效会议的最有效方法，是在会前准备一个日程，并分发给所有参会人员。会议日程能起到聚焦讨论内容的作用，并能按照一定的组织形式来传递信息。表11-1提供了普遍时间浪费因素的部分清单。

项目经理的工作必须要有轻重缓急，并建立一个系统来管理其时间。将那些最枯燥的任务安排在一个人精力最充沛的时候。对工作应进行全面的审查，以评估哪些活动可以安排给别人完成；并进行工作分析，确定什么任务可以进行组合或删除。项目经理工作的重点应放在长期任务上，而不应是那些常可以授权给他人的短期事项。大部分人对于计划好的工作，比临时发生的工作会更有动力，因此工作计划无论对于时间管理或是激励员工，都有很大价值。

普遍的时间浪费因素　　表 11-1

1. 没有成效的电话
2. 没有成效的会议
3. 不速之客
4. 特殊请求
5. 同时工作太多
6. 缺乏工作目标
7. 延迟决策
8. 参与日常工作太多
9. 工作缺乏重点
10. 不会说不

11.8 沟通技能

在项目管理和与人一起工作过程中，最常见的错误和误解的来源之一就是沟通失误。经常是，“其他人”没有听见或明白信息要表达的真实意图，造成信息传递的脱节。沟通可能是口头的（说和听）或者书面的（写和读）。在每种情况下，具备清晰、符合逻辑和有效的沟通技能，以确保项目所有参与者成功地完成工作，都是相当重要的。项目经理必须认识到，所有人不会以同样的方式去理解同一个事情。除非信息被收到且被理解，否则沟通毫无意义。

项目经理的角色就相当于计算机系统中局域网的中央服务器。他要对团队成员之间信息流动的连续性和完整性负责，并特别要注意那些可能影响项目团队工作的信息和决策。这些沟通包括谈话、会议、纪要、通信、报告和演示等。

项目很多日常工作通过团队成员之间非正式的信息交流来完成。例如，在两人或多人之间的电话沟通和非正式会议。尽管大部分此类交流是日常性的，但有一些可能影响其他人的工作，或可能影响与范围、预算或进度有关的决策。那些影响范围、预算或进度的非正式信息交流，必须在定期安排的团队会议上，以书面形式确认。

项目经理需要保留电话交流的记录，包括谈话双方的姓名、日期、时间、地点、讨论的内容，以及任何与谈话相关的信息。在每个项目应保存电话记录的复印件。有时，针对项目经理负责的所有项目，保存一个记录每个电话的总登记表也很有帮助。每个电话可以记录为一行，包括日期、时间、号码、人的名字及谈话内容的简要描述。总登记表有助于跟踪项目经理的所有工作。

项目经理必须培养并实践良好的讲话技能，谈话必须是清楚的、符合逻辑的、观点明确的。在沟通前，要以系统性的方式组织思想和想法，这可以通过理解沟通的目的而达到，例如是传达信息、接收信息、做决策或劝服别人。沟通前，对时间和地点也要给予考虑，以确保获得别人的注意力，因为聆听也是沟通的重要组成部分。跟踪一个谈话，并确认信息被收到和理解，也常是很必要的，这可以通过获得反馈来确认。

11.9 总结汇报

作为项目的主要联系人，项目经理经常要向业主、外部机构、董事会和其他利益相关团体做演示汇报，这有点像项目的主要发言人。对一个成功的演示汇报，很重要的是要了解听众，并向听众传递有价值且其感兴趣的信息。要记着，演示汇报是为了听众，而不是为了做演示的人，所以应从听众的角度来准备演示材料，并以符合逻辑的方式进行组织，以便演示的每一部分与其他部分相关联。例如，问题和回答、未知和已知、原因和结果或时间顺序。

很多演示的一个毛病是试图告诉听众太多东西，对主题的所有内容都进行详细描述。演示汇报通常有时间限制，听众大多也很繁忙，因此，演示应是与直接利益相关的重要内容的概括，将详细信息包括在书面报告中，以供会后阅读。由于只有有限的几个图形、表格或打印件可以演示，因此需要精心挑选。

一个演示应从标题开始。它是主题的简单陈述，然后对要演示的内容进行一个简要的概述。在演示过程中，演示者必须认识到听众不可能记住你讲的每一句话。为了进一步澄清和强调关键点，可以通过选择不同的词汇和语句对关键点进行重申，以强化同样的主题思想。这对于有效演讲很必要，但不能用于书面报告中。因为读者可以重复阅读材料，以澄清并理解所写的内容。

演讲者应对其认为听众可能不知道或不理解的词汇和缩写进行定义。这应在使用这个词的过程中，而不要在演示的开始或结束时解释。定义和澄清词汇有助于听众听到并理解所讲的内容，也能保证聆听者思考这个汇报材料，并关注演讲者的主旨观点。

直观教具可以大大增强演示效果，特别是数据表格、公式、技术数据等，其价值在于听众不仅听到还能看到演示，这会大大增加他们对演示信息的记忆和理解。直观教具也有助于演讲者保持演示的连续性。

很少有人会对复杂的语句或演讲者的哗众取宠留下深刻印象，演示的详细程度取决于听众对这个主题了解多少。因此，最好是要了解听众，应尽量使用简单、直接的语言来做讲解，以便容易理解。为获得听众的注意力，演讲者不要使听众心神不定。应避免消极评论，即便在讨论有争议的话题时，也要使用积极的态度并充满正能量。

在演示的最后要进行总结，正如在开始时要讲演示的目的一样。并且，在演示的结尾，要留有足够的时间进行问答环节。

11.10 会议组织

在整个项目期间，要召开很多会议来交流信息并做出决策。对于定期会议的计划，应在项目开始时作为工作计划的一部分予以明确。项目经理要主持项目的周例会，最好是每周的同一天和同一时间。会议纪要应记录讨论的内容、作出的决策、要采取的行动。有时，还要召开专题会议讨论特殊问题或无法预见的情况。这些会议纪要也应保存在项目文档中。

其他会议是与业主召开，汇报进度或获得审批。可能还要与其他利益相关团体召开特别会议，例如，市政当局或一般公众等。项目经理可能不会主持这些会议，经常需要团队其他主管陪同，以协助讨论与项目相关的问题。

会议应以高效的方式组织，因为参会人员通常都很忙，有很多其他工作需要完成。会议日程可以提供一个有效的会议组织方式，以明确会议内容和讨论顺序，并防止讨论的内容跑偏。当使用会议日程来引导讨论时，会议召开的时间也大大减少。同时，它也可以防止一个人主导整个讨论，而要给每个人一个参与的机会。

会议应按时开始和结束，晚开始就是对准时的人的惩罚，和对迟到的人的奖赏，最好在日程中明确会议的开始时间和结束时间。有时间限制的会议所涵盖的内容常常不会比有无时间限制的会议要少。

对于每个正式会议，都应准备会议纪要。如前所述，会议纪要应记录讨论的内容、作出的决策、需采取的行动（包括负责人和截止日期）。会议纪要应分发给所有参会人员，留一份在项目文档中。会议纪要可以给每个参会者一次验证所讨论内容和决策的机会，帮助项目经理准备下一次会议的日程。

11.11　报告与通信

书面沟通将记录项目的大部分活动，常常对决策、成本、进度和法律问题有重大影响。基于此，所有书面材料应标注日期，并以清晰、简明、符合逻辑、易读的方式书写。

为达此效果，必须要考虑谁将阅读这个材料，以及编写的目的是什么，例如：获得信息、传递信息、澄清问题、提交方案以得到审批。作为项目团队的领导者，项目经理必须负责准备描述项目进展的状态报告。很多此类报告包含大量电脑生成的图表和简短的书面描述。其他典型的通信是以书信、办公室备忘录和会议纪要的形式。

尽管电脑具有图表功能、文档处理软件，激光打印机有自动和加强书面沟通的能力，但项目经理仍必须依靠自己的书写技能，来生成符合逻辑的书面文件。剪切、粘贴、合并和拼写检查均不能保证得到一个符合逻辑的文件。例如，一个文件的拼写检查不会验证使用的词汇是否得当。同样地，在文件的一部分删除或增加段落，可能会对文件的其他部分造成较大影响，甚至很小的错误可能会导致很多问题和误解。因此，项目经理必须特别谨慎，以保证文件的逻辑性。

第 12 章

项目信息化管理

12.1 项目信息化背景

1. 项目管理

建筑项目中的三个相关任务——策划、设计和施工，经常会放在一起考虑，这是因为它们都发生在设施使用前一个相对较短的时期内。在远古时代，所有这三个任务都由建筑匠师进行管理，一个人负责为业主策划、管理和实施项目。所有项目的策划是从建筑匠师的脑海，通过比例模型或个人指令向业主和工匠们进行沟通。在那个时代，整个项目团队都在现场工作，不存在现在所说的“施工文件”。建筑匠师通过口头或演示来指导工人，管理所有的行政要求，指导建造过程的各个方面。通过在现场建造一比一的样板来构建原型细节。建筑匠师用于向业主沟通设计意图的模型，就成为施工合同的基础，也可以用来修改施工过程的细节。

只要建筑匠师被赋予了代表业主管理项目的权力，这个过程就能运转良好。然而，这限制了项目的速度、规模和范围，仅限于建筑匠师一人能够应付的程度。同时这也意味着，当建筑匠师需要被更换时，项目很容易就进入危机状态。这个方法的优势是，一个人在现场可以解决和应对所有问题，因为这个人拥有所有的信息。

随着项目变得越来越大和复杂，建筑匠师需要更多时间在“办公室”把事情搞清楚。图纸开始被用作沟通设计意图和传达施工信息的工具。这些图纸成为向现场施工人员沟通建筑信息的主要方式。最大的变化是建筑匠师离开了施工现场，并由一个现场“主管”代其管理日常工作。建筑匠师的角色被分成两个角色，这增加了可靠沟通的必要性。项目管理上的这个变化，对建筑行业的演变产生了深刻的影响。为项目酝酿和设计了图纸的人，现在必须将其理解传递给另一个人（建筑承包商），并要确保这些设计图纸变成实际的工程。传统单一的业主－建筑匠师关系变成了更复杂的三角关系，包括业主、设计师和承包商。

这个过程的演变就产生了我们今天所知道的施工文件。随着设计师的角色从建筑承包角色的分离，绘制的项目图纸变得越来越复杂。建造项目的指令越来越多地使用纸版文件进行沟通。这种沟通方法导致了很多未回答的问题和现场未预见的情况，因为设计项目图纸的人不在现场工作，不能随时解决这些问题。

建筑项目范围的逐步增加，导致各个必要专业的发展，以应对项目的复杂性。即使单一的建筑匠师在建筑业已不再适用，但整个项目扔需要一个全面的协调人，这甚至变得更加迫切。在国际工程中，建筑师扮演了项目团队的这个角色。然而最近几十年来，任何一个人担当这个角色都变得相当困难，建筑业正在寻找解决途径。建筑师一般关注于项目的美观和功能问题；建筑承包商聚焦于项目成本和施工过程，例如进度计划、质量和安全；业主试图在各个方面取得平衡。

施工管理在过去几个世纪以来没有发生质的变化，这种持续性导致了流程改善的缓慢。如今，在各种项目交付方式中有了一个选择，可以努力使施工过程更加高效。过去几百年来，问题性质可能没有发生多大变化，但目前建筑项目的复杂程度已达到了无以复加的地步。

当代建筑项目的成本和复杂性，将建筑行业的问题带到了业主最为关注的位置。建筑行业的效率低下引起了大量的研究和分析，以寻求改善建设绩效的方式和方法。根据美国政府统计，美国制造业的生产效率从 1964 年到 2000 年提高了一倍；然而，建筑行业的效率在 2000 年却下降到了 1964 年的 80%。尽管这有很多其他因素，例如在这个时期建筑项目变得越来越复杂，但这仍然是建筑业需要关注的问题。

2. 项目文件

几百年来，各种标准随着施工图纸和规范的发展而演变。利用二维（2D）的图纸和书面规范，让承包商建造业主、建筑师想象的建筑物，仍是目前的“行业状态”。然而，最多的误解也可能来源于此，大部分建筑从业人员都同意，仅仅使用图纸和规范来设计和建造当代复杂项目并不是完美的方法。在 3 维的世界使用 2D 的图纸需要多次转换，从设计者脑海中的原始概念构思，到需要使用、添加或修订文件的各个层面人员。2D 文件被用于人们之间沟通每个信息交流，每次交流都需要将 2D 信息转化成 3D 想象，因此每一步都需要某人在脑海中进行一次转换，直到最终由施工人员完成了正确的想象。人与人之间这些转换可能导致很多忽略和错误未被查出，直到有效纠正时为时已晚。

建筑项目几乎总是处于不同地理位置，并很少会由完全同一个团队来完成。这些变量使得项目的准备更加复杂，并会对项目团队形成巨大挑战。因此，项目团队需要进行一定程度的学习，以便根据具体项目和团队水平建立一套工作流程。

图纸中信息的重复性是产生错误的另一个来源。大型项目的图纸组织相当复杂，随着项目的进展，很可能某些变更不会在所有受到影响的文件中得到体现。也就是说，一个窗户的变更可能在平面和立面图上进行了修改，但墙的剖面详图却被忽略，因此就产生了文件冲突。复杂项目一般需要很多绘图员来整理文件，他们理解设计师头脑中的想法，并提供施工细节的任务相当棘手。文件的这些特征很明显对所有团队成员的沟通技能构成了挑战。

随着计算机的到来，很多施工和设计人员感觉他们的绘图工作量减轻了，因为很多重复性的任务可以自动生成。然而，文件的本质并没有改变，同样描述项目的图纸和规范还在使用。仍然使用同样的图纸审查方法来分析各系统间的干扰，使用很难辨别高度的平面视图。这个过程仍然会有很多出错的机会，因为这对于准确地想象构件协调关系是一个挑战。因此，大多建筑项目会有大量的技术联系单，并在施工过程中出现很多返工。使用传统的施工文件，完整而准确地呈现当前的很多复杂建筑比较困难。

在 2D 图纸中，经常是在两种构件的交接处较难展示，并且很容易遗漏设计和记录。其中，一个例子是不同维护系统的交接，特别是在防水需要给予特别关注的情况。经常很容易认为，项目要素已进行了完整描述，并不知道什么被忽略了，直到施工人员开始装配时才发现问题。

3. 项目交付方式

交付方式就是用来实现建筑项目的一种合同方法。合同描述所有团队成员间的关系，以及他们对于项目和相互之间的法律和财务责任。

鉴于历史的经验，并且出于个人的利益和绩效的激励，以及某些项目团队成员间缺乏信任感，合同结构演变得越来越倾向于保护合同起草者的利益。合同起草权基本是归于项目业主，其将负责项目自始至终的大部分财务责任。合同通常会使得项目风险从一方到另一方的分配和转移，因此制造了“非团队”行为及团队成员之间的竞争状态。

1）设计－招标－建造。传统的设计－招标－建造交付方式是基于业主通过设计团队完成设计，以便几个施工企业根据完成的设计文件，针对项目施工进行投标。然后，总承包商在建筑师的监督下施工项目，建筑师作为业主的专业代表出现。这个过程的时间按线性排列，施工团队一般不会参与项目策划和设计过程。在设计和施工团队之间缺乏早期的沟通，常常导致对项目很多细节的忽略和误解。

由于这个过程存在的固有缺陷，20 世纪演变出了很多其他合同方式。鉴于建筑师和承包商关系的竞争性，有些业主会首先雇用一个承包商，然后要求承包商咨询一个建筑师进行项目设计；或者，业主雇用一个建筑师，并规定从项目早期策划阶段就让一个具体承包商参与进来。在某些情况下，业主将雇用一个工程管理公司（CM），并让管理公司与设计师和承包商签订合同。这些方法已经开始让招标过程变得复杂化，成为如下一些建筑合同议标方式的原因。

2）设计－建造。设计－建造合同是以建筑师或者承包商牵头的形式出现。这个过程是试图在项目的各个阶段让设计和施工团队共同参与。这从合同的角度又制造了新的挑战，因为在这种交付模式下项目不能容易地进行招投标。设计－建造项目通常是有保证最高限价（GMP）的议标方式，以便整个项目团队在这个限价内共同努力交付最好的产品。

3）设计－协助。设计协助施工方式是设计－建造方法的一种变异。业主雇用一个总承包商和专业分包商，由他们在项目策划阶段咨询设计团队，以提供设计技能并编制施工文件。

设计－建造和设计－协助这两种方法，都鼓励设计和施工团队在项目策划早期阶段就参与。在项目团队中，可能是设计或施工起主导作用，大部分工作是通过谈判而非投标来确定。这些谈判可以在不同层面进行；机电系统的设计－建造公司可以按照保证最高价承担其负责的工作，但随后会将施工任务分包给分包商或制造厂家。这当然就使分包商或厂家在项目设计和策划阶段无法参与，然而在项目的策划阶段也不可能包括所有的参与方。

在传统的设计－招标－建造项目交付方式中，设计和施工通过业主、建筑师及承包商之间的合同被人为地分离了。尽管使用这种方式的理由存在争议，但毫无疑问的是，业主至少在三个方面失去了增值的机会，承担了额外的风险。首先，项目预算在早期就已确定，并成为项目计划的一个重要约束条件。项目的范围和质量需要跟预算相匹配。不幸的是，最了解项目真实成本的施工人员直到施工文件完成后才能介入。常出现的情况是，业主在招标投标时才意识到这种方式的缺陷。这会使业主感到震惊，因为有时承包商投标额远远超过提供的预算，因而陷入极大的困境。准备施工文件需要付出巨大的努力，涉及大量时间和费用的投入。开标后，业主和建筑师有理由希望施工文件是可以补救的。然而，不管采取怎样的策略来识别并减少产生过高成本的方面，最好的结果也就是减少伤害，而更经常地会造成灾难性的后果。

第二个机会损失的方面是原始设计方案的优化，以使最终项目价值的最大化。很明显，在投标时再增加面积或楼层就为时已晚。考虑更换已经深植于招标文件中的材料或系统也已太晚了。全生命周期成本以及销售或租赁情况的营销分析，也不能再作为影响项目设计的考虑因素了。

第三个损失的机会是由于建筑设计阶段的工作组织引起的。方案设计、初步设计和施工图设计成为项目的主要里程碑节点。导致的结果是，设计师花费了大量的时间却没有聚焦。经常在这个阶段责任很不明确，造成大量时间的浪费和无效的设计。这种跳跃的流程也会导致项目关键部分不能相互协调，直接将会转换成工程返工，进而增加项目工期和成本。

业主和整个项目团队将发现，利用建筑信息模型（BIM）的交付方式会使项目更加成功，这在整个项目期间会使各个专业产生密切的协调。设计－建造（DB）方式允许分包商和厂家的建议在施工前的策划阶段就被包括进来。这些团队成员为项目策划阶段不仅带来施工技术，而且也带来详细的成本数据。

4. 设计和施工流程的缺陷

建筑项目设计和施工过程最大的问题，是对项目信息的错误理解。如果不能全面地想象、理解和沟通信息，就不可能将其在合同文件中正确地表达出来，并最终可能在施工过程中制造问题。构思的难度开始于业主和最终用户的需求定义及空间想象。设计师和业主 / 最终用户针对项目需求的相互理解非常关键，设计师能够理解业主设想中存在的问题也很必要。

一旦设计通过一系列图纸来表达，使用者可能会对这些文件的内容不太明白。处理这些问题的一贯做法是发送技术联系单（RFI）。技术联系单首先就表明沟通不充分、信息没有被理解或根本不存在，或者项目实际上存在未解决的问题。技术联系单一般至少是沟通不畅的表现，经常是由于准备文件的人对这部分工作理解的不正确或不完整。

1）沟通困难

建筑项目的复杂性和参与人员众多，对项目团队成员间的沟通提出了很高的要求。人性可能也会成为有效沟通的一个障碍，不同性格或文化背景的人经常要一起工作。某个人可能简单地不喜欢另外一个人，或可能很难“理解”那个人。也可能某个人对另一个团队成员的成功会产生嫉妒。所有这些情况对一个成功合作的团队非常不利。

大部分与设计和施工相关的沟通，是使用 2D 图纸在 3D 空间的思想来回转换。想象、理解和实现（施工）都发生在 3D 空间，但大部分沟通是通过 2D 图表和书面文件（图纸和规范）来进行。当一个想法在不同人之间来回传递几次，它可能就变得无可辨认了。这个过程之所以被接受，是因为没有其他更好的方法来替代。电脑绘图对这个过程没有产生本质的变化，同样的视图和文本仍然应用于复杂项目的建设中。

2）团队成员的竞争

建筑项目团队经常包括一些将个人利益置于项目目标和整体利益之上的人员。目前，使用的合同文件大都倾向于保护起草合同一方的利益。承包商可能在感觉招标文件不完整时，指望利用投标后的澄清来增加项目范围，这将使其对原始投标大胆地压价，然后利用变更单获得索赔。一个分包商在其他分包商之后或周围工作，也是很困难的，例如现场清理问题、设备和材料的及时清除等。分包商对之前完成工作的破坏，可能也会造成问题。换而言之，当今的施工团队经常不是作为一个团队来挑战项目，而是作为竞争对手在相互挑战。

3）风险转移

对传统合同模式的不满意导致了其他交付模式的发展，从本质上来说，大部分这些变化仅仅体现风险从合同一方转移到另一方。到最后，仍然是由业主来承担因项目的低效和问题引起的财务责任。

大多数合同关系对团队合作没有激励条款。施工承包商也不愿意去尝试新的方法，因为从这些方法他们看不到对自己有利的方面，而只是业主从中受益。这也包括风险问题，只要业主最终承担风险就没有改变的动力，除非业主采取激励措施。目前，大多数合同和管理程序的变化仍然是由业主支配。然而，只有从根本上消除风险，才能从根本上改变建筑行业的性质。

4）法律诉讼

法律诉讼和工程建设很久以来就相伴相随。由于建筑行业的复杂性，有太多可能对冲突、错误的解决产生争议，这一般是来源于项目的策划阶段。项目团队经常会在投标估算时考虑一定的诉讼成本。诉讼的发生是由于团队成员之间没有足够的沟通与合作。几乎所有的争议都可以通过有效沟通而让步解决。因为律师是唯一真正能从诉讼受益的个体，所以加强合作并降低这些可以避免的费用，对团队来讲都是最有利的。

5. 流程改善的目标

项目的相关目标一般直接来自于业主和其他团队成员的需求和期望。目标将聚焦于达成理想的项目最终结果，因此它们也涉及扫除达成这些结果的障碍。这些目标因此可以看成是加强积极因素，清除消极因素。

需要理解建造过程中的缺陷，才能更有效地应对。但简单地分析这些表面现象是不够的，必须发现问题深层的原因并进行纠正。项目目标的形成需要将施工过程固有缺陷深层次的原因一并考虑进去。这些缺陷有时可能是流程本身的一部分，而有时可能是源于项目环境或团队成员的具体特征和局限性。

所有下面列举的概念都可以在改善项目效率方面起到作用，并因此直接或间接地降低项目成本。为清晰起见，这些概念被分成为五大类：降低风险、减少成本、缩短时间、改善项目质量、提高全生命周期绩效。

1）降低风险

A. 改善沟通。不可靠的沟通是建筑项目产生风险的一个主要因素。建筑项目的复杂性提供了太多造成误解和遗漏的机会。每个团队成员都需在项目实施过程中负责沟通重要的信息。沟通渠道在项目开始就需要明确的定义和试验。

合作。团队合作也是风险降低的一个关键因素。一般来讲，团队成员更喜欢独立工作，不喜欢与其他团队成员或单位分享成功或失败（例如，水暖分包商对电气分包商的财务状况不感兴趣，但如果对其工作造成影响，将会帮忙进行协调）。

合作所基于的概念是所有团队成员在为同一个项目工作，有着统一的目标并维护业主的利益。每个人都应将这些目标放在首位，并得到其他成员的帮助来解决影响整个团队效能的具体问题。团队成员之间良好的沟通和稳妥的合同关系，是合作的重要前提条件。

B. 预见问题。这意味着在策划和施工过程中加强对各种问题的预见性。通过在项目策划阶段对施工信息进行完整而准确地记录和沟通，并充分理解施工的细节，就完全可能大幅减少技术联系单和设计变更。这就需要有效贯彻提高预见问题能力的方法。建筑项目的各个方面都应尽早地协调，并对整个项目更好地理解，以便减少相应的风险。

2）减少成本

A. 研究平行行业。平行行业生产流程的发展可以作为改善建筑行业的一个模板。丰田汽车的实践方法，已经被美国精益建造协会借鉴并应用于建筑行业。技术应用是这些改善的一个重要方面。施工管理流程相对于大部分其他行业，在新技术应用方面相对落后。汽车和飞机行业一直在通过虚拟原型产品来改善生产流程，因为已经有必要的可用技术。随着虚拟3D计算机模型的发展，在策划阶段进行原尺寸的建筑项目模拟也将变成可能。

B. 应用精益建造原则。精益建造协会为应对建筑行业的主要缺陷做了大量的尝试。精益建造原则对建筑行业目前的交付方式会产生深刻的影响。这些原则是在1990年代建立，并越来越受到业主和建筑公司的青睐。这个方法的核心原则是减少浪费和增加价值，它们起源于制造行业。精益建造原则是基于丰田汽车公司的生产实践方法建立的，也就是全面质量控制和零库存原则。

精益建造协会试图将丰田生产系统的原则合成到建筑设计和施工行业中。跟产品流动过程对等的，是一个团队完成工作并交给下一道工序。这使这个方法与施工任务的计划直接相关联，对于施工项目更容易理解。按照这种方式计划的施工过程，将促进项目团队可靠的工作流动，也只有通过所有参与每部分工作的人员共同策划才能达到。对已完的工作检查缺陷和未来工作的持续更新，是维持计划工作流动非常关键的因素。成功地运用这些管理技术将导致更低的项目成本、更短工期、和更好的安全和质量。

精益建造的一个重要方面就是优化现有方法，以提高效率或减少浪费。浪费是指材料、能源、时间、金钱等，并且减少浪费经常是来源于流程的改善，也就是改善做事情的方法。项目模拟为减少项目浪费提供了一个很好的机会，因为实现项目的所有过程都将变得可视化。

C. 预制化。预制化基于的概念是，工厂生产相对于工地生产更容易得到控制。建筑行业在尽可能地提高建筑构件的预制化率。预制的构件需要现场更严格的误差控制，以及对预制构件的各类应用会有更详细的约束。出于必要，预制单元需要有很多通用性，以便可以高效地批量生产，而不再是客户化定制。也就是说，生产通用标准屋架比特殊订单屋架会更加高效。

3）缩短时间

A. 改善施工前计划。 计划过程本身就需要通过所有 BIM 相关的活动策划来进行改善。团队成员之间通过更好的合作和快速的交流互动来改善施工进度计划，是完全可能的。这是常常被忽略的一个方面，但计划阶段复杂性的逐步增加，使得团队成员的密切合作变得越发重要。

B. 改善施工进度计划。施工过程本身也能够通过对所有施工活动更好的计划来加以改善。施工过程的可视化常常是用进度计划来体现，一般是显示各个任务时长及其相互关系的一个横道图。通过展现任务和它们的时间线，横道图可以变得在视觉上更清晰，以便更容易理解施工顺序。施工进度计划在建筑行业并未得到很好的应用，它们经常得不到定期更新，也常常不能体现对项目的全面理解。使用进度计划对所有项目任务进行更详细的分析，有助于更好地理解项目，并能允许所有施工任务有更紧凑的时间安排。

4）改善项目质量

A. 改善项目设计。人们总有机会找到改善建筑项目设计的方法。改善设计可以包括功能更优化、美观度更高、材料更好利用等。总体来讲，这些改善可以提高用户舒适度、建筑功能、项目社区影响力，加快项目施工过程或降低长期维护成本。让用户参与设计或早期咨询相关专家，是改善项目设计质量的另一个方法。

B. 改善施工质量。项目整体质量也可以通过影响项目的施工过程得以改善。这些改善包括更好的施工流程（例如，影响施工过程的现场和环境）、更好的装配方法、项目浪费的减少、更安全的施工方法等。

5）改善全生命周期绩效

A. 提高构件的可维修性。降低项目的全生命周期成本，通常与研究材料的耐久性和建筑构件的长期表现相关。

B. 改善项目的节能效果。项目的能源消耗是影响全生命周期成本的重要因素。减少项目运营相关的能源消耗和减少消耗能源的生产要素，可以通过设计过程不同方案的比选得到优化。

12.2 BIM的介绍

在建筑业发展的历史进程中，曾使用过多种形式的模拟。在15世纪欧洲文艺复兴时期，就开始使用木制项目模型进行模拟；而已经使用了几百年的图表、图纸和规范也是模拟。然而，在这些例子中包括的信息非常有限而且分散。我们这里所讨论的模拟是指一个整合协调的独立实体，包括（或可以链接）设计和建造一个建筑项目的所有信息。建筑信息模型既是项目的模拟，也是过程的模拟，需要认真策划和专门执行。本部分将讨论BIM的基本概念、策划和实施过程。BIM概念部分将描述BIM的性质和特征，创建和使用BIM的流程，以及创建和使用BIM流程所能获得的价值。下一部分将阐述成功地创建和使用BIM所需的策划，包括建立BIM使用的目标，根据这些目标生成一套规范，并编制执行这个流程的计划。最后，将讨论计划阶段内容的落实、项目团队的选择、流程的部署、可交付成果的规范要求。认真地理解、计划和贯彻BIM流程，对于在施工计划和管理中成功地运用建筑信息模型非常关键。

BIM的策划和实施与建造实际项目的策划和实施非常相似。模拟过程实际上将与其正在模拟的过程平行进行，这也是 BIM 成为如此有效工具的原因所在。准备 BIM 的过程事实上就是对实际情况的预演。创建 BIM 是劳动密集型的，牵涉项目团队的很多人员。BIM 满足项目团队的期望非常重要，因此不能贸然进入。执行过程不应粗心大意和急躁，如果很小的错误不能通过正确的计划和提前预防，可能会导致很大的麻烦。模型创建者经常会达到一个时点，强烈感觉需要重新建立模型（这可能是最好的办法）。这些感觉是源于对项目和流程理解程度的加深，并认为有更好的方法来改善 BIM。一旦到这个阶段，BIM 将已经相当复杂和详细，而频繁地编辑修订现有模型，事实上可能比重建模型花费的精力还要大。持续评估是创建 BIM 的一个重要部分，并对流程计划的实施也有很大影响。

由于对项目的理解会通过创建模型而加深，很可能在某个时点模型不再能准确地反映这个逐步增进的理解。这是对继续现有模型的用途重新评估的恰当时刻，或者是重新创建一个新模型。一般来讲，重新开始并达到目前阶段将花费很少时间，因为所有的思考和策划已经完成，模型也已进行了认真策划并可以快速执行。这会生成一个崭新的模型，它将不再延误进度或不准确地体现项目了。

BIM 的一个基本特征是它的发展要通过信息的反馈循环。模型的演变和相关项目信息是循环往复的，随着不同团队成员对项目的发展，在范围、深度和相关性方面可用的信息不断增加。通过 BIM 在越来越详细的层次持续循环，一个高度协调而智能化的项目将从建筑信息中成长出来。

图 12-1 中的球体代表项目收集信息，并随着更多信息与项目的联系而发展。白色的螺旋代表时间和随着时间的信息流动。球体体现的是项目经过关键阶段的里程碑，是需要进行评估和反思的时间节点。

人们通常会高估自己对具体事物的理解，直到某个时点才会认识到“如果我们知道……，事情就会不同了”。在信息爆炸的时代，很容易将知识和理解所混淆，但积累知识并不等同于理解。在任何领域都需要努力去建立理解，这个努力一般是通过积累经验来获得。一旦积累了一定的经验，理解也将随之发展到使用知识一个全新的层面。这看起来是增加了知识，而实际上是增进了理解。没有知识就会理解得很少，但没有理解有多少知识也都不重要。

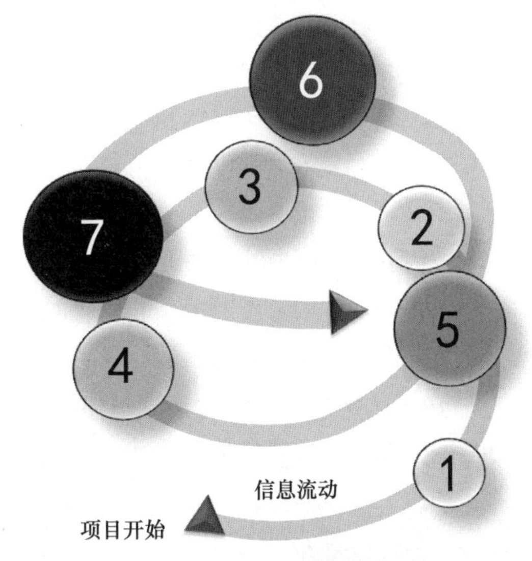

图 12-1　重复的项目信息发展

12.3　BIM 的概念

建筑信息模型（BIM）是在一个虚拟的环境中模拟建筑项目。模拟具有使用软件在电脑上实现的优势。虚拟建造意味着在实际项目建造之前，可以预演施工、进行试验和调整。虚拟的错误只要能够及早发现并纠正，以免其在现场发生，一般不会造成严重后果。当对项目进行虚拟策划和建造时，大部分相关方面在施工文件完成前，就可以得到考虑和沟通。在建筑施工领域使用电脑模拟是革命性的。过去几十年来，各个制造行业在应用模拟技术方面已取得巨大成功。很多建筑公司现在也对他们的建筑项目应用了相似的技术，即使批评者声称模拟只适用于重复生产的过程，而建筑项目都是有独特定义的。然而，如果仅有一次将事情做正确的机会，那为这个机会做很好的虚拟准备就十分重要，进而可以减少固有风险并提高成功的机会。

1. 建筑信息模型的性质——BIM 是什么

建筑信息模型是一个包括 3D 项目构件模型的项目模拟，并与项目设计、施工或运营及拆除等所有需要的信息相联系。这里将描述 3D 模型、模型包括或链接的信息、模型间链接的性质、项目构件和信息。各种信息存储器相当复杂并且令人头疼，但理解这些基本概念的性质非常重要，只有这样才能很好地策划和管理 BIM。

1）项目模型

最近十几年来，建筑师和工程师们开始在 3D 空间模拟他们的项目，而不仅是在 2D 平面上绘图。很多情况下，由于办理许可证和与其他项目团队成员沟通的需要，还不能取消对 2D 文件的要求，但这是一种新方式的开始。现在，项目可以在 3D 空间构思，细节随着项目演变不断发展到不同的详细程度。这就为想象和沟通信息创造了巨大的潜力，而之前这种能力只有能“读懂图”的人才拥有。这就使那些可以理解 3D 模型并和项目有关的任何人，能更早和更准确地提供反馈。

A. 虚拟模型。虚拟模型一般分成两类：平面模型和立体模型。那些仅为可视化目的的模型可以利用平面建模软件制作。平面模型的要素仅包括信息如尺寸、形状、位置等，这有助于对项目可视参数的研究。平面建模软件不能创建“立体”要素，因为这些构件仅包含“表面”信息，虽看起来像立体的，但实际上是空的，所有表面都没有厚度和体积特征。平面模型对于项目的视觉形象是很理想的，因此更适合美学设计、策划和营销等目的。平面模型软件通常比其他模型工具更简单，对于汇报和沟通比较有效。

比平面模型包括更多信息的模型经常被称为智能模型，一般是由立体建模软件生成。虚拟施工技术主要是利用立体建模，因为它们允许更多的模拟，不仅仅是建筑项目的视觉方面。在模拟中，建筑信息的性质和处理可以呈现多种形式。

立体模型另一个优势是它可以生成 2D 视图，并转化成常规的施工文件。这意味着一个立体模型可以首先用来建立项目概念和细节，然后这个虚拟项目的视图，还可以转换成办理许可证和施工过程需要的图纸。理论上讲，BIM 应能够沟通项目所有的信息，没有必要再使用 2D 图纸；但现实中，在 2D 图纸需求被消灭之前，软件工具和许可证流程还需要进一步发展。然而，在一些项目案例中，BIM 的各个方面已得到成功的应用，很显然消灭传统 2D 施工图纸只是个时间问题了。

B. 模型信息。模型信息是指信息可能会包含在一个 3D 虚拟模型中这个事实。部分信息是物理的。换而言之，它将包含一个物体性质的信息，因为它是一个实际物体的模拟。这些物理信息包括物体的尺寸（大小）、相对于模型中其他物体的位置、模型中物体的数量和其他固有的参数信息。参数信息是指区分一个具体构件和另一个类似构件的信息。例如墙，所有墙都有墙的共性，但每个具体的墙，尽管建在同样的基础上，仍可能有不同的参数：它的尺寸、材料构成或供应商信息等。这类信息的每个方面都可以输入到具体的墙体，以便能准确地代表项目需求。由于这些信息将被包含在每个模型构件（物体）中，也就可以提取和使用，因此便形成一个智能模型。带有要素参数的立体模型也被称为以对象为基础的模型。建材行业的有些公司为他们的生产线制作了虚拟 3D 构件，然后这些虚拟构件可以用在智能模型中，并携带厂家内置的所有信息，例如，门窗厂家可以生成一个虚拟目录，包括“3D 物体模型”格式的生产线，可以方便地用于项目模型中。在所有情况下，如果计划在一个具体建筑信息模型中使用某个对象，那么就需要考虑这个对象的文件格式。

创建组合模型能够提供另一个维度的模型信息。项目不同要素的各种模型可以整合在一个组合模型中，它将包含所有子模型内置的信息组合。组合模型的一个优势是，不同的项目团队成员可以独立地针对项目某些部分开展工作，在某个具体时点进行组合并分析组合后的结果。建筑、结构和机电模型常由各个负责的设计咨询或专业分包商制作，然后整合成一个组合模型，以显示整个项目的可视化、协调性和其他目的。

C. 模型来源。建筑模型最好的来源是企业内部，由那些与项目相关的团队成员创建。从创建模型所获得的理解，将使团队受益并成为项目团队资源的一部分。创建模型本身以及由此获得的对项目的理解，事实上是 BIM 流程的主要优势之一。在建筑设计过程中，从熟悉项目特征的角度来讲，几乎没有其他可以比拟的机会了。项目模拟将暴露很多问题，否则这些问题很可能直到设计或施工过程后期才能发现。一般来讲，让结构工程师模拟结构，让给水排水工程师模拟给水排水等，对整个项目团队都很有利。当所有模型组合到一个视图中时，使得团队成员能以更好的形式合作。这时，团队成员都能看到有每个人贡献的所有工作成果。

获得模型的另一个选择是外包给不属于项目团队的建模公司。虽然这要比没有模型好得多，但很明显项目团队较难从理解项目的角度受益。获得外包的模型对项目团队是有好处的，但这将需要大量的时间对其进行充足的分析，以认识到模型制作者可能会发现的问题。项目团队的主要挑战是内部沟通与合作，增加外部建模师将会提高团队合作的难度。如果没有其他选择，那么努力将建模师作为一个远程团队成员包括在团队中，并针对团队目标及流程建立个人层面的责任和义务，将会比较有帮助。长期的合作关系也将使建模师对模型的准确性、细节和相关性更有责任感。建模师也常是应对项目各种问题的最好人选，因此需要积极地参与到项目很多计划活动中。

2. 链接

链接是虚拟施工模拟中的一个重要概念，将讨论几种类型的链接方式。链接是指不同信息源的相互连接。这些信息可能是 3D 模型的一部分，或者可能包括在另一个独立于模型文件的格式中，例如进度计划、电子表格、数据库或文本文件。

A. 模型－信息链接。参数信息是项目模型中一个具体对象信息的一部分。链接的性质是自动的，通常很容易编辑模型对象，来体现信息发生的任何变化。有些软件允许在不同位置来更改这类信息。也就是说，一个包括钢屋架的 3D 模型，将允许在那个具体屋架对象的对话框来编辑具体屋架。屋架的长度、高度、连接方式、承载特征等可能是一个屋架对象的参数值。在模型的构件列表中，也可以更改某些元素的参数值，并且这些变化也将在构件列表链接的模型中反映出来，换句话说，模型和构件列表只是同一个 BIM 中的两个不同视图，只需要更改其中任何一个视图，就可以达到编辑项目模型的目的。

B. 模型－模型链接。BIM 中另一个普遍的链接，存在于各种模型的信息互换性，这些模型可能是由不同软件生成。这是一个要求很高的领域，在建立标准来定义模型之间的兼容性方面，已做了大量的努力。国际信息互换联盟（IAI）已为软件开发商创造了一个通用的平台（文件格式）。这意味着一个模型要和使用其他软件创建的模型能够兼容，有必要将它们转换成一个通用的文件格式，以便对象的所有信息可以正确地传输。在大多数情况下，对于这样的转换且保留模型原文件格式的所有信息比较困难。软件开发商将需要针对这个问题继续努力。

3. 项目信息

成功的项目管理依赖于获取信息并对其正确地管理。BIM的主要优势之一，就是与项目相关的所有信息可以被包含或链接到BIM中。然而，管理好这么复杂的信息存储是一个巨大的挑战。

模拟的模型包括很多种用户获得项目数据的方法。最基本的模型信息是与物理参数相关的信息，例如尺寸、位置、数量，进一步的信息将内置于模型的对象中，例如材料规范、模型编号、供应商等。时间相关的信息也可以与模型构件相联系，这将允许订货、制作和安装任务的进度安排。模型构件还可能与其他电脑附件链接，例如电子邮件、采购订单、厂家网站、安装规范、成本信息、项目会计信息等。几乎所有的信息都可以与BIM链接，关键问题是将某些具体信息链接到BIM，是否对项目目标真的有益。管理信息类似于组织一个桌面和一个文件夹。有些文件可以轻松地从桌面得到，其他的可以从文件夹获取。可能会有一些文件将在桌面上存放项目一半的时间，另一半时间放在文件夹中。即使从理论上可以把BIM看作是单一的信息来源，但实际上这样做并不可行。总之，目标不是简单地获取信息，而是能够智慧地使用信息。

许多因素对BIM的信息结构会产生影响。模拟模型可能会在项目策划或运营的任何阶段生成，模型所包含的信息也因此将取决于项目开发阶段。信息的性质、详细程度、数量，在策划过程中会发生很大变化，因此，模型的性质需要反映那个具体阶段对模型的要求。这就是为什么在项目策划的不同阶段，保持同一个模型如此困难的最重要原因，可能针对项目相应阶段创建满足要求的新模型实际上会更好。然而非常重要的是，要认真地策划模型，以便使模拟过程尽可能地高效，达到模型效能最大化的目标。

4. BIM的流程——BIM如何使用

与项目模拟和项目虚拟3D模型相关的流程可以分为几个主要部分：

- 能够使业主建立准确理解项目和目标要求的流程；
- 能够满足项目设计、开发和分析的流程；
- 能够进行项目施工管理的流程；

- 与项目运营管理相关的流程。

这些流程将描述使用建筑信息模型的信息做什么，才能达到既定目标。这些分类很明显与建筑项目的阶段有关，可能在每个阶段需要非常不同类型的 BIM。然而，从一个阶段使用的 BIM 到下一阶段任务需要的 BIM，可能会有大量的信息重叠。这就需要理解，BIM 不是单一的静态模型这个事实。构成一个 BIM 要素的性质（3D 模型和项目信息），将随着项目开发阶段而演变，并导致 3D 模型及链接信息的特征发生各种变化。这个认识就需要特别强调流程的重要性，而不是模型本身，建筑信息模型是一个动态的过程。

下面内容按照三部分进行组织，代表项目的时间阶段：施工前（策划和设计阶段——施工之前的活动）、施工过程（施工管理阶段——施工过程中的活动）、施工后（运营管理阶段——施工后的活动）。由于很多活动需要提前计划，不同阶段的活动之间会有搭接，例如，采购将是第一和第二阶段的一部分，而设备维护或拆除可能是施工和施工后阶段的一部分。

1）施工前策划

设计过程通常聚焦于思想的发展和分析。业主的运营可以作为商业价值流程图进行分析，并因此产生空间需求，以及对这些空间性能的规范要求。模型可以帮助沟通这些概念，并产生一个清晰的项目需求计划。设计活动可以包括一个目标价值设计，例如，基于功能要求和项目预算的设计优化。这在项目早期阶段（施工前）尤其重要，也非常适用于对已经建立的方案进行分析或修改。

虚拟设计和施工。在 1980 年代早期，就出现了几种软件工具可以建造“虚拟”项目，例如包括有附带信息构件的 3D 模型。这些工具很快就显示出使用 3D 视图来沟通设计意图的潜力，也可以帮助设计师针对项目细节的设计（通过提高可视化）。3D 模型促进了对设计备选方案的研究（不同情景可以较容易地模拟和对比）。模型与传统施工文件有着联系，因为大部分图纸都可以在模型视图中生成。模型和施工文件之间的联系，确保项目模型中的任何变化将准确地反映在链接的图纸上。在一整套施工文件中，通常同一个建筑构件会在图纸的很多地方显示，所以使用模型链接施工图纸，将大大减少不能更新每一张受影响图纸的潜在风险。因此，通过图纸内容和3D模型的链接，施工图纸将最终变得更加“智能”。

在模型的帮助下，项目的设计效果也会变得更好。设计方案在项目早期阶段可视化能力的提高，会极大地促进对项目空间和美学装饰的评估。设计师的意图能够更容易和准确地向项目团队其他成员传达，并可以做相应调整直到设计满足期望的目标。

虚拟3D项目模型的创建，常常需要团队不同成员的共同努力。咨询工程师或专业分包商（如果模型将用于加工目的，且可以作为装配图）通常将对其负责的领域进行模拟，以便将这些单独的模型整合到一起，来展示项目更完整的模型。这个整合模型的所有构件可以进行协调，以便发现和解决任何现有的冲突（多个构件占用同一空间）。这个过程被称为碰撞检查。这对于特别是机电相关的设计任务特别关键（暖通、给水排水、电气、消防）。传统的系统协调方法是将2D图纸叠加在一个看片灯桌上，在脑海中想象系统构件在3D空间中的位置。不用说，传统方法为误解和忽略留下很多空间，并通常产生潜在的冲突，最终由安装人员在现场发现和解决。平面图纸对物体的高度无法提供视觉的线索，因此潜在的冲突必须通过对好几个图纸和书面规范的研究，才能想象出来。

使用虚拟的3D模型来协调这些建筑系统，效果要好得多，如此所有构件潜在的位置和关系冲突，在项目的设计阶段就能够解决。这个方法对检查碰撞和解决冲突显然更有优势，但是这仍然只能通过设计师（或安装人员）的合作才能达到。在协调过程中，3D模型的可视化效果也能帮助建立解决冲突的方案。碰撞检查是一个重复性的过程，以便对所有发现的项目冲突进行纠正和重新评估（通常在每周基础上），直至达到预期的协调程度。目前有特殊的模型视图软件，可用来发现、标记并列出模型构件的碰撞情况。复杂项目系统之间的协调，也许是当前最受欢迎的BIM应用，它也是建立团队合作技巧及工作程序最理想的过程。这类合作可得益于使用“大房间”方式，关键团队成员共享同一个工作空间以增进相互的联系。沟通技巧和解决冲突的反应时间，是建立项目施工前进度计划的重要因素，这通过利用“大房间”可以得到改善。

虚拟模型还可以进行多个施工过程的模拟，这些过程也可能聚焦于设计评估，并协助确定项目是否，或在多大程度上能满足其规范要求（目标）。

使用一个完整的虚拟项目BIM，可以观看项目的可施工性和施工工序。简单地在3D空间观看虚拟的项目施工过程，将会达到一个新的可视化和理解层次。模型将允许在狭窄空间进行构件安装准备，这些构件的安装顺序也可以通过影片的形式进行模拟。对一个具体任务的空间布局，也可以通过可视化来确定多个任务如何排序。因此，模型就成为可视化施工进度计划的来源。

由于模型已经在其构件中包含了数量信息，它可以与一个成本数据库相链接，并基于模型数量生成一个成本估算。所有的模型部件都包括例如材料、尺寸、数量、长度、宽度、高度、面积、体积等信息，这些信息可以与成本数据相连接，来生成可解释的项目成本。例如，如果模型包括一个楼板，这个楼板将有体积，可以将体积与每立方混凝土的成本相乘，便得出这个模型部件（楼板）的总成本；如果模型包括一定数量的窗子，用窗子数量乘以数据库中每扇窗子的成本，即可得到总成本。因此，成本估算与3D模型内容直接相关，并能反映模型中的项目变更。施工成本估算可以在创建BIM过程中根据模型数量得到。在概念设计阶段，成本可以在概念层面进行评估，在更详细的模型层面，成本估算也可以变得更详细。这可以促进目标价值设计方法的应用，并有助于在设计过程中按照预算来跟踪项目成本。与不断演变的3D模型相链接的成本数据，能够提供这样的成本跟踪。成本数据－模型链接的灵活性，允许有很多不同的解释，可以生成几乎任何类型的成本信息。

项目的设计能耗绩效可以用BIM进行模拟和评估，利用相对性分析来研究可替代材料。因此，一个建筑的能耗情况可以在项目设计阶段进行预测和调整。这对于研究项目的生命周期成本比较理想。换句话说，模拟建筑的运营并分析建筑整个生命期内的使用成本是可以做到的。这个工具将有助于长期投资策略的策划。建筑照明可以用同样的方式进行研究，可以在3D模型中对空间的日光照度进行分析，然后设计人工照明对其进行补充或模仿。

装配说明书可能是BIM要素附带信息的一部分，以便能在3D模型中可视化的环境下，帮助设计师、厂家和安装人员针对装配说明进行沟通。在各种建筑构件相互很靠近的复杂区域，在设计阶段研究安装顺序将很有帮助，以保证安装人员有必要的进入空间，来进行正确的构件安装。这是系统协调的另一个方面。

2）施工过程

施工管理阶段可能已经有了在设计阶段创建的建筑信息模型（BIM）。这就有必要对这个阶段BIM的性质进行重新评估，确定其是否能为施工阶段提供必要的管理过程信息。现在，项目已进行了详细的设计，所有构件也进行了协调，因此聚焦于沟通、成本控制、建筑构件的制作和安装就更加重要。跨越项目阶段使用BIM，必须提前进行详细计划。正如模型可以用来帮助协调各个建筑系统的关系，它也可以在日常的施工会议上发挥作用，以增强分包商安装要求（现场条件）的可视化和协调。安全问题也可以借助3D可视化进行分析和讨论。施工顺序分析（用影片格式或实时3D模型）可以为所有项目班组提供一个“6周的展望计划”。

让模型显示出实际已完成的部分也很有用处，这可以作为付款和成本控制的跟踪机制和沟通工具。模型可以包括构件的状态信息，例如制作、安装和付款阶段等。项目在这个阶段需要BIM最多的细节内容，特别是将它用于加工制作的目的时。很普遍的情况是，机械分包商为其负责的工作创建单独的3D模型，这可能会取代装配图，与其他工种的协调也很有用。到这个详细程度的模型也可以用于研究狭窄空间的安装顺序，例如，在一个医疗设施或试验室的暖通和给水排水间隙空间，可以建立安装入口和净高的模型，也可以模拟安装顺序。

当在施工过程中产生具体问题时，通过BIM对问题正确地观察和分析，很可能帮助找到一个解决方案。这也许需要在问题区域显示更多细节的一个模型，那么可以发展BIM模型的某个具体方面，或只是为了解决这个问题创建一个新模型。这种模型可能会使用不同软件根据其需要的详细程度来创建，不需被整合到项目的主BIM中。一般来说，创建模型都是值得的，不管要达到的目的是什么，只要能达到目的就好。

因此，BIM在这个阶段又变成项目团队成员沟通与合作的焦点。它不仅将促进团队成员个人间的互动，也能帮助对项目需求和约束的共同理解。BIM一个很有价值的作用是其展现现场情况的能力，因为这对施工过程会产生重要影响。比如现场入口、材料卸货空间、临时建筑、现场安保等，都可以通过 3D 模型的可视化协助来获益。

3）施工后阶段

在项目的施工后阶段，建筑的运营和物业经理将会得到 BIM 模型。模型的性质和信息可能需要再次进行调整。

在施工阶段使用的 BIM 可能需要做一些修改，以便准确地体现项目的“竣工”情况。这对于地下设施区域尤其重要，因为日后潜在的开挖，可能需要对具体地下管线的准确位置进行调查。一般来说，如果有对项目竣工图纸的要求，那么就应考虑更新 BIM，以反映项目的实际情况。

在施工后阶段，需要增加的模型可能包括家具或其他可移动财产，这些作为建筑管理活动的一部分也可能需要跟踪。有些建筑系统的控制，例如机械系统或特殊供水系统、能耗等，经常也是物业经理感兴趣的方面。设备维护计划也可以使用 BIM 进行管理。维修说明和服务电话跟踪，都可以通过 BIM 及其链接的数据库进行记录和进入。如果需要维修或应急反应，很可能通过寻求模型 3D 视频的帮助，会对问题的理解和应对更加快捷、有效。不难想象，报警系统也能够从模型受益，以显示哪里可能发生了安保问题。

对于项目的使用者来说，BIM 在空间利用方面具有非常好的可视化效果。模型能够跟踪空间的分配，以及家具和设备在这些空间的布置。

5. BIM 的价值——为什么使用 BIM

BIM 的很多好处被看作是直接的价值，而实际上其最大的好处是间接价值。直接价值是那些例如改善建筑信息的可视化和集成性等特征。间接价值包括增强合作的必要性，以及对项目更好的理解和降低项目风险。

模拟使人们在实际建造项目之前，可以对设计进行虚拟的计划和试验。模型可以帮助构思项目，激发关于项目需求的思考，并协助更加快捷、有效地描绘项目。

设计和施工项目的这些基本变化带来的好处，将在后面内容变得更加明显。简单来说，BIM 过程的基本好处是项目风险的降低。在过去几十年发展起来的各种项目交付方式，大部分将施工风险成功地从合同一方转移到另一方；而在降低风险方面收效甚微，在克服建筑行业其他痼疾方面的进步也微不足道。

项目模拟（BIM）过程，实际上是需要代表项目团队成员做大量的策划。因此，没有整个项目团队的密切合作，就不可能创建完整高质量的项目模型。无论项目团队能够生成何种程度的模拟，团队都将从为达成这个结果所需的合作而获益。模拟过程的根本原则是将降低风险作为其焦点，因此，它是贯彻精益建造技术的基本工具。恰恰是由于项目设计和施工过程的这些变化，BIM 最基本的价值才得以实现。当前，建筑行业很多根本性问题的解决，就在于团队的成功合作。

BIM 的价值是在其流程中所固有的，它将决定于参与者对流程的正确使用，进而收获成果。这有点像根据太阳来调整房子的方位。如果布置得当，太阳将增加房子的舒适度；否则，将会减少房子的舒适度。

BIM 的价值下面按三个主题来组织，即：可视化、合作和消除。事实上，在这些分类之间有很多重叠，但它们被选作主题思想，以便围绕它们的价值可以更好地被理解。可视化主要是针对个人，及其使用 BIM 获得理解程度的提高。合作是指几个团队成员的合作行动，因为 BIM 将促进和鼓励团队合作。消除主要是指与项目相关的好处，例如冲突、浪费、风险的减少。

1）可视化

3D 模型最明显的好处，是对所体现内容的想象（理解）能力的提高。很多人对于理解 2D 图纸有一定难度，即使那些有熟练技能的人员有时在深入研究图纸后，也会惊讶地发现有些东西突然变得更清楚了。然而，一个 3D 模型能清楚地展示项目，即便细节很少，也可以使项目很多特征更加可视化。人类大脑擅长的是抽象思维和通过使用抽象来理解的能力。符号是使用最少信息来传递大量含义的一个强大工具。

人们必须能够想象一些事情（一个物体或想法）并对其进行沟通，以及理解一些事情来想象它。想象其实就是对一个物体或想法的抽象，不可能立刻就看到其很详细的程度——先关注的是主要特征，而其他内容还处于模糊状态。这意味着，每个人可能会关注稍微不同的特征来形成对事物的想象，正是这些区别经常会造成人们沟通时的误解。人们学习如何想象的能力也有区别，即使具有超强能力的人也会相信“一张图片胜过一千个文字”。如果是这样，那么一个 3D 模型又值多少呢？因此，通过使用模型可以帮助建立想象（和理解），因为它比大部分人头脑中想象的信息和细节要多得多。

想象的一部分是以正确格式获得正确信息的能力，以便它能在整个项目背景下“被看到（理解）”。BIM 成为大部分项目信息中央存储器（或链接）的可能性，是非常令人振奋的。仅仅这一特征就可以说是项目信息化管理的革命。模型能允许更好地获取项目信息，进而改善对项目的理解和控制，因此成为一个强大的管理工具。

人与人之间几乎所有的关系都基于沟通。沟通的概念是基于双向的信息交流。简单地发送信息并不构成沟通，接收者必须作出反应才算建立了沟通。沟通效果可以根据信息接收者所采取的行动进行评价。确认收到信息是建立沟通的第一步，这也可能包括证明信息已被正确理解的一个表示。下一步就是通过使用这个信息所采取的某个行动。沟通可以采取很多形式，施工中最普遍的沟通形式，一般是通过想象一个主题和问题，在参与者之间建立共识。这将使参与者们形成合力来共同解决问题，这也是进行项目模拟的主要目的之一。BIM 模拟绝对是沟通思想、形式、概念的最佳方法，以及解决与设计和施工相关问题的最好方式。

项目的所有方面对于所有相关参与者，必须是清楚的和能够理解的。沟通很重要的方面是信息的自由获取和流动。BIM 就是以项目所有信息的可获取性和关联性为特征，例如它的维度——2D、3D、4D（时间相关）、5D（成本相关）及任何其他类型的信息。在集成的模型中，所有信息都可以与模型相链接或通过内置链接来获取。信息应当在一处存放，不应为了方便进行不必要的复制。为了方便而进行信息复制会产生很大风险，因为这增加了用户鉴别信息是否为最新版本的难度。

良好的沟通将产生评估，一旦一个想法被“看到了”，就会对其进行评估。评估可以产生反馈，反过来它将影响模拟过程，并使得模拟进一步演变。可以针对一个主题的几种变化进行建筑（或流程）模拟，然后通过对比评估，进而形成更好的解决方案，例如，设计方案比选、结构体系选择、装饰材料选择或施工流程方案等。在这种情况下，可能没有必要修改整个模型来反映替代方案，通常使用一个简易模型工具，创建一个小模型就能达到目的。因此，重点在于工具的正确使用，而不在于 BIM 本身。

通过项目主要系统 3D 模型的可视化，项目的协调性也将大大提高。模型视图将允许参与者分享在某个方面的困扰，并就解决问题的合作方式进行相互沟通。可视化是为合作与协调进行必要沟通的基础。

2）合作

毫无疑问，建筑行业应用模拟技术导致合作的必要性是其最大的价值。经验一再表明，建筑项目设计和施工阶段的早期合作会有极大的好处，因此，创建虚拟模型是团队在项目策划、设计和施工相关问题上，产生早期和深度合作的最好方法。如果音乐会的乐师和指挥不能很好地合作是不可思议的，即使每个人可能有不同的方式，但他们需要与乐队和声来创造一个令人满意的表演。这对于任何领域都是一样，正是由于不尊重这个事实，才导致建筑行业糟糕的管理表现。

如果要总结问题来帮助项目团队学会如何合作，那么使用 BIM 流程将是最理想的工具。BIM 可以是如此奇妙的工具，以至于团队成员会越来越积极地参与，并将乐于将模型作为他们讨论、谈判和理解几乎任何问题的焦点。团队管理、BIM 及它所链接的信息是挑战的本质所在。通过使用 BIM 产生的团队精神是耐人寻味的，这可能是源于参与者们对问题形成的共识感。现在的讨论将聚焦于模型的 3D 视图，并能很快产生相互理解，而不是使用文字描述在 2D 图上看到的东西。当进行实际沟通时，两人会认真地相互聆听，并对相互的反应、谈话很敏感，沟通欲望会进一步被激发，进而建立起相互的理解和尊重。团队成员之间真正的合作、相互依赖和相互支持需要真正的沟通，并为共同的目标去努力。

信息反馈循环代表项目相关信息的持续变化。BIM 提供了产生新信息的来源，这些信息再反馈到 BIM 中，将形成信息的增加或修订，进而导致 BIM 的成长。BIM 就像一棵树一样，吸收养分并成长，然后吸收更多养分并成长更多。

3）消除

由于通过使用 BIM 提高了可视化、沟通、评估和协调能力，在建筑项目管理中加快和改善理解、协调和材料使用等就变得非常可能。BIM 可以帮助减少施工冲突、施工浪费和项目风险。

通过项目所有信息的集成，冲突可以更容易地被识别出来。构件位置、进度计划等的冲突可以在 BIM 各种视图中进行检查。当然非常关键的是，所有这些信息源应在空间、时间和格式上保持同步。

位置冲突适用于占用同一空间的模型构件。这可能包括在间隙空间的管道、结构构件、电缆槽，或穿过多层楼板的竖井排布。进度计划冲突和在同一空间由不同班组执行的工作有关，或者后续工作计划开始时，前置工作还没有准备好。项目的施工顺序分析可能会暴露出这些问题。

减少施工浪费是模型分析的另一个潜在应用。精益建造理论定义浪费为“不必要的东西”。施工模拟分析可以帮助建立更高效的施工流程，并能激发改善材料、时间和能源使用效率的想法。

通过更好的可视化和更彻底的策划而形成更深入的理解，很多潜在的冲突将从项目中被去除，施工风险也就减少了。可视化的提高使项目在策划阶段更加明确，例如，最终用户将更快地理解设计意图，消除很多不必要的重新设计时间，减少会议时间。系统安装的更好协调，将大大增加预制的可能性，并减少技术联系单的数量。

12.4 BIM 的策划

BIM 项目策划是基于 BIM 的基本概念，并包括：

（1）确定 BIM 的目的（设定项目和流程目标）；

（2）编制 BIM 规范（选择流程、工具、和工作里程碑）；

（3）建立流程的实施计划（建立流程策略、选择团队、建立评估和调整方法）。

建筑信息模型策划就是对 BIM 流程的实施准备。这个阶段的基本问题如下：

- 项目的性质是什么？
- 项目交付方式的性质是什么？
- 模拟的预期价值是什么？
- 预计的最主要困难（与项目和流程相关）是什么？

很重要的是，要清晰地定义项目开发的所有预期方面，并建立控制和评估流程结果的方法。对上述问题的回答将成为模型规范的依据，这是一个关键而常被低估的方面！

人们更倾向于关注以对象为导向，而非以流程为导向的BIM规范方面，但实际上最终是流程决定模型对象的要求（特征）。例如，如果正在研究按施工顺序浇筑的混凝土楼板的确切尺寸和位置，那么将需要根据计划浇筑顺序对楼板分块进行准确模拟，以便它们能够代表正确的施工顺序。这可能要求建模师与施工主管密切配合，需要举行几次建模会议来优化楼板的浇筑顺序。如果期望得到一个成本估算，就需要精心选择模型要素（按照恰当的详细程度）来估算项目的成本。换句话说，在聚焦于实际模型本身之前，更重要的是先建立各种需要应对的流程。BIM 策划按照三部分进行讨论：首先，BIM 的目的分析；其次，为达到预期效果需要编制的规范；最后，为满足选择的规范必须采取的实施计划。

1. BIM 的目的策划

模拟的目标将在很大程度上决定需要模拟什么，模拟需要的信息是什么。项目设计阶段将确定信息的可得到程度；这反过来将决定能够模拟什么，以及模拟能如何最好地实现。

模拟的目的与其要获得的价值密切相关，一个具体价值由于其性质就会成为目的。例如，更好可视化的价值将使建筑系统的协调大幅改善，导致利用 BIM 来协调建筑系统的目标；反过来，这个目标也受到项目各个阶段可获得信息数量的影响。按照阶段来分析项目目标比较有用，因为这将使其变成更加线性化和简单化的流程。业主的目标基本上是与项目相关的，其他团队成员的目标还将包括流程相关的主题，一个优秀的团队将会在所有目标间寻求平衡。很显然，在早期目标中，业主会对建筑系统的协调很感兴趣，因为这会节约项目的成本，而设计师和分包商将对减少技术问题和返工感兴趣。

1）策划和设计－策划与施工前阶段

目前，BIM 在项目施工前阶段的应用比较普遍。这主要是因为，在策划阶段相对简单的模型和少量信息都会对项目提供很大价值。讨论这个阶段可以分为两部分，首先针对项目的概念设计和营销方面，然后是准备项目施工文件的策划和设计过程。

概念设计和营销用途，通常需要使用 3D 模型进行可视化沟通的目的，以及使用 5D 模型着手编制概念设计阶段的成本分析。即使一个非常简单的模型，也可以很好地达到这些目的。尽管可能希望有更详细的渲染视图，但从早期设计模型可以生成各种形式的图像。只要选择了正确的软件，利用相对简单的模型生成复杂图像是完全可能的。这些图像的基本目的是沟通，以及根据项目参与者的反馈来发展设计思想。这类模型的相应成本分析也主要是基于平方米造价或大型系统成本，这要取决于在这个阶段模型体现的详细程度。目标价值设计在建立业主需求和相应预算方面非常重要，这可以在设计的后续阶段不断修订。在如此早期的阶段就编制反映实际项目设计的预算，事实上是革命性的，这能使设计工作更加高效和聚焦。在早期设计阶段没有成本预测，经常会出现设计完成后很高的施工报价，这只能运用价值工程、不情愿的让步或大量重新设计和绘图，以图挽救项目。

这种简易的概念性模型，也可以用来在施工前预售项目，以协助搞定项目融资。销售工作可能利用复杂的图像或影像来展示虚拟完成的项目。利用平面建模软件生成的示意性模型，就可以达到这些目的。平面模型通常要简单得多，其结果完全能满足沟通目的。

施工前阶段的策划和设计活动可以从 3D 模型受益很多，它能够快速而可靠地沟通和评估设计意图。在这个阶段可能需要生成项目设计比选方案，模型可以提供在一起比较 3D 视图效果的能力，也会鼓励讨论并促进项目团队的反馈。策划和设计的各个方面，如 3D 模型发展、可施工性分析、施工进度计划、项目成本分析，将在后面讨论。

A.3D 模型的发展。这是项目策划和设计阶段的本质。模型内容赖以发展的信息反馈循环，非常依赖于模型本身。模型是设计过程演变的焦点，所有团队成员主要通过使用模型进行沟通。借助 3D 模型提高的可视化能力，对于设计师的工作进展也很有帮助。几乎关于项目所有的想法都能在模型中以不同的形式体现。在这个阶段，项目仍然是相当示意性的，因此一般不难在模型中展示项目团队成员的想法。模型变成了团队工作生动的表现物。这个阶段工作成功的关键是，采取一个能增强团队互动并记录评论和讨论反馈的流程。

在这个阶段，咨询工程师的合作非常关键，以便在正确的时间利用他们的技能来发展项目的设计概念。利用一个可理解的 3D 示意性建筑模型，能比较容易地得到结构或机电工程师有价值的意见，并可以将他们的想法纳入项目设计中。在方案设计阶段，这通常不会给建筑师团队增加工作量。因此，设计评估和沟通是 BIM 在项目这个阶段最基本的价值。评估经常包括不同方案的研究，这非常有助于快速抓住某个想法的本质，并向设计师提供有意义的反馈。3D 模型很明显也是向业主沟通设计决策的绝好方式，以便其理解、反馈和批准。

3D 示意性建筑模型将是工程师开始设计工作的依据，它将帮助他们发展和评估潜在的比选方案。节能问题也可以在这个时点进行考虑，各个建筑系统（结构、机电、外维护等）的设计方案也可以进行概念性的评估和协调。这可能包括一个项目能耗分析。模型可以生成热量的损益数据，并且可以包括对材料使用、设计方法及对建筑长期的能耗影响评估。通过这些分析，可以得到供热和空调设备更明智的选择。它也可以对建筑和能源相关的要素，进行投资回报评价。同样，也可以针对与项目维护保养相关的问题。例如，可以考虑关于长期维护内容的投资回报，以便能对项目的建安成本进行优化，以更好地体现业主的目标。

随着项目在设计阶段的演变，3D 模型是协调各个系统构件非常有效的工具。这可以使用碰撞检查软件，来分析冲突和协调。模型将包括所有系统构件的位置，因此软件显示占有同一空间或相互靠得太近的对象。这显然是解决这些冲突最理想的时点，以确保所有建筑构件得到很好的协调，并消除安装冲突。

B. 可施工性分析。这是施工前阶段另一个很有价值的部分，是指对施工过程本身的要求和环境进行评估，以期达到最理想的效果。这将包括材料和系统应用的评估，以及所有项目构件的制作、装配和安装细节的分析。可施工性分析也包括对施工现场布置、材料入场通道、现场准备（包括开挖和回填）、拖车位置等的分析。在项目这个早期阶段，价值工程可以得到非常有效的应用。价值工程是指对项目设计和要素的价值最大化所做的考虑。项目价值的优化可以通过整个团队的头脑风暴法来达到，3D 模型可以改善团队成员的可视化能力和沟通。

施工前的最终准备，也包括与分包商关于项目具体细节的沟通。比较理想的是分包商在设计阶段已参与进来，这样他们的意见将会被纳入项目设计之中。然而，模型在任何情况下都会提高对现场发生情况的理解。

C. 施工进度计划。施工进度计划编制也可以借助 4D 模型。如果有初步的进度计划，就可以示意性地模拟施工顺序。这将促进施工过程的可视化，并能够考虑施工过程中的不同工序安排、现场布局、塔式起重机布置等内容。模型要素还可以包括生产效率信息（对所有相关的工作任务），这将可以做平衡性进度计划分析。这个方法将允许根据项目位置和生产效率对任务进行微调，并有助于消除任务内的开始和停顿周期。例如，如果内部隔墙的龙骨安装比石膏板安装要慢，这将被监测到并建议加快龙骨安装或减慢石膏板安装，以便整个施工过程得到优化。重复性任务和生产效率的改善对于大型项目的生产效率将产生较大影响。

D. 项目成本。在项目策划的各个阶段，项目成本都可以利用 BIM 进行预测和跟踪。在项目早期阶段就建立预算方面将很有益处，这对于极其简单的模型可以用平方米造价来体现。简略的 5D 模型将提供示意性的数量，然后可以生成一个概略性的成本估算。当使用模型对项目的成本估算和预算在设计阶段跟踪时，它就被称为“目标价值设计”。随着模型的演变，可以根据模型细节的增加程度来修订成本，并且不同设计方案对成本的影响，也可以在任何设计阶段进行评估。大多数成本分析是基于模型要素和包含实际成本信息的外部数据库之间的链接。模型中的数量与链接的成本数据相结合，就可以生成项目的成本估算。数据库是可以编辑的，并可以根据用户要求进行客户化。很多公司用历史数据作为成本估算的依据，可以从专有数据库得到熟悉的数据，也可以使用外部商业成本数据。

2）项目管理－施工前和施工阶段

施工阶段的 BIM 流程既适用于项目团队管理（与人相关），也适用于流程管理。BIM 也将在进入施工阶段的项目策划中继续发挥作用。

BIM 在施工管理中的应用，只是最近才开始得到关注。目前，BIM 在施工阶段的主要用途是沟通、识别并解决协调问题、计划施工顺序，以及用详细的 3D 模型代替装配图。所有这些用途都需要模型构件具有很高的详细程度，经常会使用分包商为此已创建的模型。

使用平衡线进度计划来优化施工进度计划或跟踪现金流，BIM具有很大的潜力，但当前这些应用还不太广泛。

A.项目团队管理。这适用于在项目设计和施工过程中，指导参与人员的互动过程。很重要的是，要记着项目团队是在为业主工作，因此在建立项目各种施工管理参数时，需时刻牢记这些目标。项目BIM计划应当反映这些目标，它应当是团队实现这些目标的工具。项目团队成员之间最关注的是沟通和协调问题。

为了成功地实施BIM流程，人们很容易低估项目团队结构需要发生的变化。建立准确、协调的项目模拟所必须的合作，强迫项目团队成员必须采取与常规施工管理完全不同的互动方式。

开始策划沟通渠道和分配责任的一个很好起点是，回答要向业主报告什么、何时报告，以及如何报告项目进展。报告程序有时会在合同中规定，但也可能团队必须自行定义。BIM更新是需要尽早明确的第二个关键方面。非常重要的是，要维持一个中央模型的协调和每个建模师详细角色描述系统。BIM将鼓励团队成员承担很多责任，因此也就需要建立团队成员之间的关系矩阵。团队将通过详细定义可交付成果来优化生产效率。对所有团队成员来讲，BIM的应用使得可交付成果更加透明化，因此也在某种程度上会激励每个成员去满足团队的期望。

项目团队的工作协调是BIM极有价值的一个方面。一个项目详细的3D视图能快速、容易地透露项目的很多特征，而使用传统的2D图纸格式是很难办到的。这种模型视图也鼓励关键人员互动，来解决明显的冲突，或讨论其他与设计和施工相关的问题。设计工程师和承包商之间基于3D模型的讨论，可以协助沟通设计意图，并在现场安装之前想象具体施工和安装的程序。因此，BIM可以在所有施工团队成员之间的关系和沟通方面起到焦点的作用。

B.施工流程管理。施工流程管理是指管理建筑项目施工所需的流程。这些流程通常与施工动迁、采购、进度计划和工序安排、成本控制和现金流分析、材料订货和处理、构件加工和安装等有关。所有流程的演变都是出于更有效管理这些活动的需要，这也就意味着消除不必要内容（时间、材料和资源方面的浪费），并在项目的材料、方法等方面增加期望的内容。

进度计划和工序分析针对的是，项目构件安装所需的时间和顺序。这可能会通过影响施工进度计划的任务效率而影响项目的总成本。生产效率可以通过减少项目班组的“开始和停顿”而得到优化。如果某项任务班组的生产效率是相对可预测的，那就可以对场地和周边任务进行计划，以优化这个班组的生产效率。装配顺序 / 空间研究也可能为改善具体任务的效率提供有用的信息。特别是在医院或试验室项目上，在极端狭窄空间内的机电安装，要求会很高并且非常复杂，创建虚拟的安装情景对安装人员会有极大的帮助，以便他们能在开始工作前，预见并解决安装的难题。

施工进度计划通常在施工前阶段就已编制。在施工阶段，施工进度可能要在进度计划上进行跟踪，或根据更详细和更新的信息调整进度计划。比较理想的是，进度计划能在施工阶段被积极地维护和使用，然而，在现实中经常并不是这样。进度计划也可以作为项目的采购清单，对采购工作的计划安排很有用处。BIM 将允许采购和安装信息与模型元素进行联系，因此可以提供一个材料采购状态的汇总表。

BIM 也可以用于付款控制。可以在 BIM 中跟踪和显示已完成的工作，以便根据模型计算出账单工程量，并进行相应的付款申请。融资机构通常需看到完成工作的实际描述才会放款，这个过程可通过 BIM 的可视化应用得到改进。检查人员在模型的帮助下，还能更容易地了解项目确切需要完成什么。

第三个并且可能是 BIM 在施工过程中，最大的一个应用方面就是加工制作。详细的模型可以取代装配图，并能提供很多额外价值。传统上是系统制造商策划加工过程。设计工程师在图纸发送给制造商之前，先提交建筑师获得审批，然后制造商根据图纸准备装配图。这些装配图应体现构件所需的加工和安装规范，并需获得建筑师或咨询工程师的审批。这是一个复杂的过程并且很容易产生某些错误，特别是由于在检查人员的脑海中，为试图发现构件图纸的不一致性，需要从 2D 图纸到 3D 空间的再一次转换。一大套装配图的协调是非常烦琐和耗时的。创建一个 3D 模型，可以对加工所需的信息有更深的理解，并且更容易发现设计错误。很多厂家已开始应用 3D 模型，作为向加工设备提供指令的工具，因此完全取消了装配图。这个流程被称为直接数字交换（DDE）或电子数据交换（EDI）。详细的 3D

模型允许很多承包商，在工厂预制构件而不是在现场加工，并且在工厂组装而不是在现场组装，因此进一步提升了安装效率。

3）物业和运营管理－后施工阶段

建筑信息模型在物业管理方面正快速地受到欢迎。BIM 容纳大量可视化信息的能力，引起物业经理及运营和维护公司的很大兴趣。其中的好处与前面其他阶段列举的很类似。直观管理任务经常会变得更容易，因为通过 BIM 可以看到所管理的某些方面，能帮助人们想象并与他人沟通。这部分的焦点是在控制，而不是策划，也就是等于运营、数据和流程的控制。

运营控制是指项目管理维护的能力。BIM 构件能显示与维修相关的信息，例如更换配件的采购信息、维修计划信息、以往的维修记录、安装和维修说明书。

其他数据控制可能包括家具库存、人员位置、空间分布、能耗数据、空间利用表和数据等。

流程控制是指使用模型来控制供热和制冷系统，能耗分析、安保系统控制以及项目的功能利用（制造流程或存储分析）。

对于大部分这些应用，以物体模型为基础的管理尚且很新，在未来几年内无疑将有很大的发展。如果打算在后施工阶段应用 BIM，那么在 BIM 策划阶段就应加以考虑，以便更有效地达到目标。

2. 建立模型的规范

一个模型就是对现实的抽象，成功模拟的特征和需要的详细程度取决于它的目的，以及使用者的理解层次。大多数情况下，创建模型是为帮助对某个主题的沟通和理解。在模型发展过程中，每个使用者会将其理解程度带入模型中。随着时间增长，由于使用者理解程度的提高，模型也将代表更多的意义。

模型的目的将决定建模的规范。这些目的通常与项目开发阶段相关。项目可用的信息类型和数量，受项目开发程度（项目阶段）的直接影响，并且随着项目计划的进展，可用信息及其详细程度都将不断增加。

很重要的是，在考虑通过 BIM 观看、分析和沟通所需的详细程度时，需要将模型和链接的信息考虑进去。在制定 BIM 规范时，构件性质、信息性质及两者间的联系都需要认真地计划和试验。

模型构件体现的性质，是由这个对象在项目中的实际功能决定的。例如，当模拟一个墙时，需要决定模拟的墙是否将包括一个简单的对象，并附有所有必要的信息，例如框架信息、装饰信息等；或是需要对每个龙骨、石膏板等都要进行模拟。这个决策取决于模型的最终目的。如果需要每个龙骨和石膏板的施工顺序，那么这些内容将需要单独模拟。但这种情况并不多见，通常一个简单的墙体通过变换颜色，来表明施工阶段，就可以达到目的。因此，模型规范主要取决于需要呈现什么或分析什么，以及谁将来观看。

按照如下分组对不同类别的模型定义规范：

（1）示意性模型。这种模型详细程度较低、信息内容较少，具有高度的抽象性，是属于概念性的。

在项目早期阶段，模型的目的将主要是以设计为导向。项目团队需要对不同设计方案进行对比和讨论。模型将成为咨询工程师生成各自负责领域方案的依据，也是设计师发展项目，以及和其他团队成员沟通设计意图的一种方式。项目各个部分的协调从项目开发最初阶段，就可以开始应对。

使用示意性模型，可以获得初步审批、早期可行性研究、市场营销、可施工性研究等。这种简易模型对于投标和最初的项目演示也非常有效。示意性模型还可以用来计划施工顺序，来演示项目施工阶段的时间安排。相对丰富的视觉图像，也可以从这类模型生成。

（2）设计模型。这些模型有中等程度的细节和信息。

设计模型被用以发展更详细的项目元素。在这个时点，团队已经对项目基本设计达成一致。很多细节将在这个阶段进行扩展，并且必须与项目要求的参数相一致，例如预算、进度计划、可利用资源等。设计模型将体现所有主要元素，例如带有门窗的墙、准确的平面尺寸、基本的结构单元（梁、柱、支撑等）、准确的层高、初步机电系统、垂直交通设计、屋面设计、遮阳装置等。在这个阶段，模型主要目的是团队成员内部的设计分析（和初步协调）、沟通（和演示），以及向外部的提交和审批。

设计模型通常由建筑师生成，并可能包括其他工程师的元素，例如结构和机电工程师。到这个详细程度的模型，通常包括的信息与传统初步设计文件类似。这种模型可用于向设计评审委员会，或潜在项目投资人做演示。提醒注意：对一个外行来说，这个层次的模型将看起来已包含所有施工需要的信息。因此，如果陈述不当，可能会导致观看者错误的期望，因其与模型制作者可能不在一个理解层面上。

这类模型也可以扩展到一个新的详细程度，并使它演变成下一个更复杂的类别。然而，这必须经过详细的计划，以便在建模策略中考虑这些因素。

（3）施工模型。这种模型包括中到高等程度的细节和信息。

施工模型是更加详细的模拟版本，可能包括足够的细节，来研究不同模型构件间的干扰，例如结构和机电系统。这个程度的模型可用于可施工性研究、详细的成本分析、生成施工进度顺序、节能分析等。

在BIM流程发展的这个阶段，由建筑师提供施工模型一般是不可能的。大多数情况下，将由总承包商为创建这个详细程度的BIM而付出努力。这个层次的BIM是在建筑设计完成后，将具体针对施工流程的。由于建筑设计合同的性质，通常由建筑师准备施工文件并办理建筑许可证等。这些图纸用初步设计层次的模型即可生成，因此从建筑师的角度就不需要再做额外的模型发展了。必要的施工详图一般会使用2D图纸形式进行绘制。因此，总承包商将需要发展建筑师提供的初步设计模型，或者基于建筑师的施工文件创建一个新模型，来满足施工流程管理的需要。

（4）装配图模型。这种模型具有很高详细程度的必要加工信息。

很多厂家现在使用模型取代装配图，来加工他们的建筑构件。整合其他系统模型来进行碰撞检查（干扰分析），对加工模型将很有用处。创建这些模型的时间是一个需要考虑的问题。使用可以将概念设计模型发展成加工模型的建模工具，很显然具有较大优势，这就不必因为细节程度的变化而重新开始建模了。设计和加工人员使用兼容的软件非常关键，以便在现有模型的基础上进一步发展项目信息。加工模型也可能在另一个已存在的模型框架内创建，例如建筑或结构模型。因此，它将体现与前一个阶段模型不同详细程度的同一构件。从概念上来讲，只要项目团队意识到这个问题及其影响，是完全可以接受的。

（5）详细模型。这种模型对项目某个部位具有很高的详细程度。

详细模型一般仅用于视觉分析，通常不包含很多其他信息，它们存在于项目 BIM 之外。然而，详细模型分析的结果和发展，可用于进一步修订 BIM，因此这对整个项目是有利的。

对需要深化或进一步分析的具体区域，制作一个详细模型来解决具体问题会很有帮助。在这种情况下，不需要将整个项目模拟到那种详细程度，仅将问题区域模拟到较高详细程度就足矣了。例如，医院的一个走廊，这里的公用设施需要在一个很狭小的空间进行安排和布局。

详细模型实际上是研究性的模型，模型性质对于解决细节问题比较有利。由于这种模型通常存在于 BIM 之外，因此使用什么软件工具来建模并不太重要。这种模型也没有必要与其他 BIM 团队成员共享，只是用来达成理解的一个具体工具而已。

（6）竣工图模型。竣工图模型的详细程度可能取决于现有的 BIM。

开发竣工图模型应在开始项目策划时就确定下来，以便在施工结束时这不会变成一个难题。在项目完工时，准确更新的 BIM，事实上就是竣工图模型。在施工前阶段建立的模型和项目信息更新程序，需要不断修订并持续到施工阶段，以便模型能体现项目的最新和准确的状态。

为了管理或策划一个设施的改造，对这个既有设施也可能需要建模。在这种情况下，模型可以根据现有图纸或现有设施的测绘信息来创建。这些测绘信息可以用传统测量方法生成，或可以通过 3D 激光扫描生成。然后，通过激光扫描生成的点云可以用来建立 3D 模型。激光扫描也可以用于新建工程来记录竣工情况，并与设计模型进行对比，以检查安装的偏差。这个方面目前正在发展，并快速地受到了欢迎。

（7）运营和维护模型。这种模型可以代表不同的详细程度。

用于管理项目运营的模型可能有很多种目的，对模型的要求将需要策划和实施（和前面讨论的其他 BIM 流程类似）。这个阶段使用的模型将主要是从设计和施工阶段继承过来，为了他们的新用途可能需要做适当的修改。首先考虑的是更新最新版本的 BIM，以准确地反映项目的竣工情况。

物业经理能够从模型要素和运维手册（电子版）间的链接获得益处。为库存和跟踪目的而模拟建筑内的内容也能够受益。室温和能耗监控可以与 BIM 相链接。所有这些用途都需要对设计和施工团队移交过来的 BIM 做特殊修改。

3. BIM 的实施计划

实施计划将直接根据 BIM 预期的目标和模型规范来编制。这个计划描述可交付成果、产生预期BIM效果所需的流程、达到这些目标必要的资源。

为了成功地计划这个阶段，了解对信息及相应格式的要求非常重要。每个目标都应有一个对工具和所需努力的概要描述。

第 1 步是可交付成果描述，第 2 步是完成可交付成果所需的流程，第 3 步包括最合适团队成员的选择。事情很少会按预期的那么顺利，然而有个详细的计划能帮助更好地应对流程出现的情况。BIM 流程是对建筑项目的计划和管理流程，因此，对流程本身进行认真的计划和管理，就显得很重要。

（1）理解 BIM 的可交付成果

这个流程到底要达到什么效果？如何对其进行最好的描述？需要 BIM 确切的可交付成果是什么？何时需要？项目开发的主要里程碑是什么？

对这些问题的回答，将来自前面关于 BIM 目的和规范的内容。当对信息的目标和详细程度确定后，就可以根据这些目标来定义可交付成果。例如，一旦决定要通过 BIM 协调机电的设计和安装，模型所需的详细程度将根据项目特征来确定（例如，管道吊架和绝缘材料需要模拟吗？），并且可以确定必要流程的确切可交付成果。

识别出每个可交付成果的客户和提供者，也很有帮助。这个定义将有助于聚焦产品的质量和完成时间。在很多情况下，一个阶段的可交付成果将是流程下一阶段的起点。分解步骤并概括所有部件及参与者之间的关系，将有益于项目的团队管理和信息流动。如果可交付成果简单、直接，实施过程将更容易理解和计划。因此，将一个复杂的流程分解成几个更小和更简单的流程，将更加有利。

为 BIM 流程的可交付成果准备一个进度计划也很有用，这将有助于在正确时间采购正确的资源。项目团队成员必须承诺遵守这个进度计划并按时交付。BIM 流程的透明度在某种程度上也有助于团队成员履行义务。不遵守计划对项目可能带来的严重后果，也会激发整个团队的合作精神。

（2）选择方法

创建一个 BIM 将包括各种流程，过程中将生成和管理很多信息。具体流程可以被看成是建立和处理项目信息的方法。这些方法需要被识别并描述，以便模拟能产生预期的效果。

BIM 的目的及其规范，将描述达成可交付成果所需的方法。需要回答的典型问题如下：模型构件需要链接或内置什么类型的信息？对不同构件或项目阶段需要多少不同的详细程度？这些信息直接可得到还是需要处理（例如进度信息、生产效率等）？信息需要输出吗？信息是输入（数据库链接）还是模型构件生成的？项目团队需要什么信息来有效执行所有的任务。这些问题与策划规范过程开始时的问题很类似，但在这个阶段就要考虑执行这些任务的工具了。这既是对流程也是对执行流程最适当工具的选择，以便能最好地完成项目。

执行必要任务的具体工具也将决定项目团队所需的技能。对于 BIM 领域的各种软件，在容易使用和学习曲线之间有个很大的范围。利用现有项目团队的技能来达到软件公司所声称的软件效果，通常是不太现实的。

对可交付成果的认真策划，将形成 BIM 能提供的所需流程。在项目任何阶段的信息数量和类型，都是一个关键因素，会大大影响流程的时间计划。大部分前期流程都与项目设计有关，例如项目及其系统的设计和开发。这些流程的实施将按照三个阶段进行组织。

第一阶段是信息收集。这是要输入 BIM 的信息，体现项目在概念和示意层面创造的大部分信息。

第二阶段是 BIM 的反复分析，这将导致 BIM 信息的进一步修订。这个分析阶段（及其相应流程）一般将在设计启动后就开始，有时会持续到项目结束。分析性流程的例子包括项目各个部分或系统的方案比选，以及这些方案对整个项目的影响分析（如成本）。

实施方法的第三阶段是对生成所需信息的流程管理。这个流程的一个典型例子就是利用碰撞检查对建筑系统的协调。当系统构件间的冲突被识别出来后，这将引发它自身的流程来纠正这些不一致性。负责冲突构件的团队成员需要合作来找到解决办法，然后 3D 模型需要进行修订。有必要再进行一次碰撞检查，来验证解决方案是否达到了预期效果，且未在其他方面产生新的问题。因此，实际的碰撞检查流程属于第 2 阶段，而对碰撞检查流程的管理和解决方案的实施，是第 3 阶段流程管理的一部分。牢记流程和流程管理以及它们之间的区别，将是很有帮助的。普遍的情况是，尽管团队关注于流程建设，但由于缺乏流程管理而不能从中获益。

12.5　BIM 的实施

BIM 的实施与实施策划的顺序是颠倒过来的。首先根据计划组建项目团队，然后相应地执行并调整流程，最后生成可交付成果。这和结构工程师先从最高层计算结构，然后往下到基础计算非常类似。然而，施工人员却要从基础开始并从下往上施工。现实中，好的计划需要前后多次往复的过程。每个往复过程都将生成一些需做某些修改和调整的信息，以帮助完善结果。这与创建 BIM 所依据的信息反馈循环是并行的。

1. 选择项目团队——团队信息处理

谁在团队中？他们的角色是什么？他们的技能、优势和劣势是什么？详细地评估现有的人力资源，并编制一个团队所缺技能的清单。BIM 流程的技能可以来自内部成员或项目其他成员，例如咨询工程师或分包商。如果必要，也可以外包给项目团队之外的咨询人员。在做这些方面的决策之前，需要对选择的优点和缺点理解清楚。事实上，“BIM 不是关于模型本身，而是关于因模拟过程而获得的理解”，这使得利用项目内部团队创建 BIM 具有很大的优势。只有当项目团队成员自己做所有工作，通过创建和处理 BIM，对项目获得的理解，才能保留在团队内部。换而言之，如果建模工作外包，项目团队从建模人员获得的理解，远达不到内部人员建模理解的程度。团队成员间的互动，对于项目有益的发展和理解会非常有帮助。

这时，需要解决好所有与团队相关的流程，包括角色和责任、合同关系、合作激励、沟通程序等。在项目正式进行前，团队将必须经过各种团队动力的激发，千万不要低估准备的重要性。

1）项目团队动力

必须定义团队的组织架构，以明确每个成员与其他团队成员的关系。这可以通过组织机构图来体现，显示出团队成员的关系和责任。这个组织机构图也将生成沟通的程序，以确保各个流程的信息流动。

这时，需要对沟通的实际方式和预期效果进行描述、讨论及计划。很重要的是，要定义团队成员相互交流信息的方法，这取决于工作地点和信息的可得到性。由于成功地合作对 BIM 流程如此的重要，沟通的便利性和可靠性就非常关键，因此集中办公将是最有效的方法。

在BIM流程的初期阶段，就应明确加强合作的思路，例如：定期会议、任务分组、明确可交付成果目标、可交付成果的团队评估、与流程相关的团队决策、质量问题、进度提前的奖励、冲突解决的奖励等。认真准备是非常有益的，团队动力越足，结果就会越好。

2）团队角色

与 BIM 相关的三个主要角色是 BIM 经理、BIM 操作员和 BIM 助手。每个角色都来自与 BIM 实践相关的不同责任和技能。

第一个角色是 BIM 经理是管理大部分与 BIM 相关流程的人。这个角色需要对概念和应用有良好的理解，并熟悉与建筑项目设计和管理相关的任务。这个角色也可能包括在个人层面带领团队实施 BIM 流程，例如选择和培训具体团队成员，以确保每个人都能满意地执行工作并达到所有目标。这使得这个角色就像传统的项目经理，只是加上了与 BIM 相关的活动。这个角色承担大部分与项目管理和 BIM 管理相关的责任。

第二个角色是 BIM 操作员。操作员将执行与 BIM 流程相关的任务。这将包括创建模型、分析模型、处理信息等。这些任务将需要更多与软件工具相关的技能，不需要太多项目管理能力。尽管熟悉设计和施工流程肯定是有益的，但对这个工作不必是一个前提条件。工作描述将与传统的“项目工程师”非常相似，只是增加了 BIM 相关的软件能力。

第三个角色就是 BIM 助手。这个工作在目前建筑行业没有直接对等的角色。在 BIM 技术和流程的应用之初，需要帮助那些以前没有 BIM 经验的人员。这些人需要得到 BIM 的帮助并从中受益。例如，如果项目的安装人员习惯于使用施工图纸，没有或有很少 3D 模型的经验，就有必要由项目的 BIM 助手，帮助这个安装人员通过 3D 模型观看信息。如果 BIM 操作员要依靠现场反馈的信息，并将信息输入到 BIM 流程，这将由 BIM 助手理解、收集并以正确的格式提供这些数据。BIM 助手也需要在以 BIM 为讨论基础的会议中提供协助。因此，BIM 助手就有点像现场主管的助理，大部分时间在现场帮助处理与模型和 BIM 相关的问题。

2. 建立 BIM 流程——项目信息处理

在团队组建以后，这时就需要评估团队要执行的具体流程。这与前面讨论的“选择方法”部分有关。团队成员现在将需要准备好，并开始为达成可交付成果而努力。这可能有必要对计划要达成可交付成果的方法做些调整，以适应项目团队现有的技能和资源。需要设定的流程包括与信息相关或工具相关的程序。信息相关的流程直接与处理或生成项目信息有关；工具相关的流程独立于具体项目，但它是用于操作项目数据的软件工具的一部分。尽管通常是由同一个团队负责，但这两个流程与 BIM 整体流程的关系是截然不同的，需要记住它们之间的区别。

1）信息管理

实施部分最根本的问题是：所有团队成员都准备好进行模拟流程（创建和使用模型以达成可交付成果）了吗？

这些问题可以分解成：

- 谁将模拟什么？
- 到什么详细程度？
- 要链接什么类型的信息？何时？
- 从这些信息将生成什么类型的结果？

这些问题是在前面策划过程中已经问过的问题，只是现在要包括人员姓名和完成日期。换而言之，现在有足够的可用信息，可以利用 BIM 流程本身的资源来编制一个时间计划。

人们通常不会在这些问题上纠缠太久，大部分情况是流程刚刚开始，就盲目地或根据经验往下进行了。通常，只有当事情没按照预期发生时才开始查找问题，并进行反思和分析。然而，这恰恰是我们所发现施工过程从总体上需要改善的主要原因之一。因此，现在要做好计划，这样在后面就不用总是纠偏了。

为了生成 BIM 成果，需编制一个必要的流程清单，整个 BIM 流程可以分解成如下的几组：

- 策划项目。项目在设计阶段是如何发展的？

- 沟通项目。项目信息是如何通过这些流程演变的？这些信息是如何传递给项目团队成员以及外部单位的？例如，融资机构、许可证颁发机构等。
- 协调项目。项目的所有构件是如何协调的？例如，机电和消防系统之间、建筑与结构系统、地下结构与地下设施或其他既有设施等。
- 更新项目。BIM 将如何随着所有设计和信息变化而保持最新状态？
- 信息反馈循环。所有流程中生成的信息如何反馈到循环中，以改善流程和项目信息？
- 跟踪项目。如何使用 BIM 跟踪项目实际进展？这既适用于设计也适用于施工阶段。需要交付竣工图模型吗？
- 交付 BIM。在施工完成后，需要将 BIM 交付给业主吗？

这些阶段可以生成一个完成相关任务很长的流程清单。然而，经常可以从这些功能得到多个好处。例如。设计阶段的初步成本估算将很有用处，为了实现这个目标，将需要为模型元素链接一些成本信息。这些信息将利用模型元素的数量信息，来计算那个元素的成本。另一个的好处是，既然有建立简单成本估算的 3D 模型必要元素，那就可以快速生成一个施工顺序，显示粗略的进度计划和项目的安装顺序。这将允许较早而直观地考虑施工场地利用和地下安装的顺序。

2）工具管理

流程将决定需要什么工具。当然很重要的是，这些工具要能够很好地相互沟通和发挥作用，因此兼容性是软件开发的一个很重要方面。选购工具软件的第一步是决定使用哪些软件包。这某种程度上取决于项目团队成员的技能，以及下游流程的要求。

培训是需要考虑的，因为目前的历史时点可以看作是BIM应用的开端，很难找到许多在这个领域有丰富经验和技能的人。因此，定期安排各种培训会议对于建设一个有能力的项目团队将非常有益。

当各类模型在BIM内经过不同流程时，兼容性将是一个很棘手的问题。缺乏兼容性可能是 BIM 的一个限制因素，因此在策划早期就需加以考虑。比较可取的方法是，先进行一次 BIM 流程的模拟，以试验所有实际的兼容性和计划流程的结果；同时，也考验团队成员的技能。这可能需要拿项目的一小部分（或一个样板项目），来提前检验所有预期的潜在问题。这也适用于模型及信息的组织。在非常复杂的项目上，这将有助于较早地检验预期的模型组织，以便根据检验结果来做适当的调整。模拟实际项目的一部分将会在很多方面暴露问题。如果没有适当的准备和策划，几乎不可避免地将造成初期建模工作的浪费。因为只有项目得到更好的理解后，项目真正的性质才会暴露出来。如果不通过策划和模型试验做必要的努力，这是很难实现的。

空间和硬件方面通常不会出现问题，但需要考虑以保证它们与团队目标保持一致。很多工作站有多个屏幕，工作站相对于其他团队成员的具体位置，可能会对他们的合作能力产生较大影响。

3. 定义和计划 BIM 的可交付成果——产品

这个阶段的关键问题如下：

- 基于现有资源和人员技能，能够实施什么？由谁实施？如何实施？
- 所需的最少成果是什么？最理想的成果是什么？
- 所需可交付成果的格式是什么？
- 明确说明何时将由谁交付什么？
- 这些可交付成果将如何生成？
- 目前，可预见的问题是什么？

所有工作都要从最理想的目标和流程规范开始。根据目前对项目的理解，现在可以列出流程、生成规范并确定工作范围。这个规范也需要包括对可交付成果的可测量标准。应安排定期的会议来跟踪进度、明确任务，解决项目团队成员提出的问题。

现在，可以编制一个 BIM 的进度计划，它将表明到某个日期将完成什么，与前置和后续任务的关系是什么，以及谁将执行具体的任务。这个进度计划应与实际施工计划密切协调，并要描述设计和管理过程的可交付成果。

作为反馈循环的一部分，应制定一个方法来监督模型规范的相关性，并允许在 BIM 工作进展过程中按照这些要求进行调整。需要建立跟踪团队成员任务的系统，以便项目能够按计划进行。在每周的项目团队会议上，花费几分钟时间审查所有参与者的工作进度会很有帮助，可以使团队共同解决与交付日期、可得到的信息、所需决策等相关的问题。建立一个开放的氛围相当重要，鼓励团队成员自由分享他们与 BIM 及流程相关的经验和发现。这种分享会使所有人享受工作并富有成效，得到的这些帮助也会使问题更容易解决。人们乐于独立工作的一个原因是不想暴露自己的劣势；然而，没有任何事情比为需要的人提供帮助更能带来满足感，因此，这种行为也会为自己带来丰厚的回报。